QUELLEN UND FORSCHUNGEN

ZUR

SPRACH- UND CULTURGESCHICHTE

DER

GERMANISCHEN VÖLKER.

HERAUSGEGEBEN

VON

BERNHARD TEN BRINK, ERNST MARTIN,
ERICH SCHMIDT.

LXII.
BEOWULF. UNTERSUCHUNGEN VON B. TEN BRINK.

STRASSBURG.
KARL J. TRÜBNER.

LONDON.
TRÜBNER & COMP.
1888.

BEOWULF.

UNTERSUCHUNGEN

VON

BERNHARD TEN BRINK.

STRASSBURG.
KARL J. TRÜBNER.

LONDON.
TRÜBNER & COMP.
1888.

G. Otto's Hofbuchdruckerei in Darmstadt.

DEM ANDENKEN

DES BEGRÜNDERS DER QUELLEN UND FORSCHUNGEN,

WILHELM SCHERER,

DESSEN ZU FRÜH ERFOLGTER TOD

DER PHILOLOGISCHEN WISSENSCHAFT WIE DER DEUTSCHEN LITTERATUR,

VOR ALLEM ABER SEINEN FREUNDEN

EINEN UNERSETZLICHEN VERLUST BEDEUTET.

INHALTSVERZEICHNIS.

VORBEMERKUNGEN.

Die mannigfachen Probleme, welche das Studium des Beówulfs anregt, haben einen gemeinschaftlichen Berührungspunkt in der Frage nach der „inneren Geschichte“ dieser Dichtung, und Niemand, der zu einem tieferen Verständnis oder zu einer richtigen Würdigung des altenglischen Epos zu gelangen sucht, wird eine eindringende Beschäftigung mit dieser Frage umgehen können.

Nun liegt seit bereits zwanzig Jahren ein Versuch zur Lösung derselben vor, der allen Anspruch auf die sorgfältigste Beachtung hat. Ich kann nur die bekannte Abhandlung Karl Müllenhoffs (Haupts Zs. XIV, 193—244) meinen als die erste und bisher einzige Arbeit dieser Art, welche über die Entstehung und Zusammensetzung des Gedichts eine in sich vollkommen zusammenhängende, bis ins Einzelne gehende Ansicht nicht nur darlegt, sondern auch im Einzelnen motiviert.

Diese Ansicht hat einerseits freudige Zustimmung, andrerseits entschiedenen Widerspruch erfahren; es hat auch nicht an Versuchen gefehlt, sie noch weiter fortzubilden. Gleichwohl behaupte ich, dass sie eine solche Prüfung, wie sie verdiente, bisher noch nicht gefunden hat. Die Gegner haben sich wesentlich auf die Negation beschränkt und nicht beachtet, dass eine Theorie nur durch eine andere Theorie widerlegt werden kann. Denn die bequeme Formel, wonach der Beówulf als Ganzes genommen das Werk eines Kunstdichters sein soll, der jedoch volkstümliche Lieder in seine Darstellung verarbeitete, hat solange auf den Namen einer wissenschaftlichen Theorie keinen Anspruch, als nicht gezeigt ist, was hier Kunstdichter und was volkstümliches Lied bedeute, wodurch sich dieses von dem Produkt jenes unterscheide, und wo im Beówulftext die Thätigkeit der volkstümlichen Dichter aufhöre und die des Kunstdichters beginne.[1] Die Anhänger der Müllenhoffschen Ansicht aber und ebenso die Fortbildner derselben haben eine Widerlegung der von den Gegnern erhobenen Einwürfe nicht einmal versucht, geschweige denn den Grundlagen, auf die jene Ansicht sich stützt, eine neue selbständige Untersuchung gewidmet.

Eine solche Untersuchung wage ich auf folgenden Blättern den Mitforschern vorzulegen. Wie man sehen wird, hat sie mich weniger zur Bestätigung der Müllenhoffschen Ansicht als vielmehr zur Bildung einer neuen Ansicht geführt, welche bei mannigfacher Übereinstimmung doch nicht minder häufige und erhebliche Abweichungen von jener aufweist. Das Wie wird der Leser zugleich mit dem Warum kennen lernen; doch scheint es angemessen, gleich hier zu der kritischen Leistung Müllenhoffs insofern Stellung zu nehmen, dass ich die starken wie die schwachen Seiten derselben im allgemeinen zu bezeichnen versuche.

Bewundernswert ist der Scharfsinn und die Feinfühligkeit, womit der Kritiker in unzähligen Fällen die Verbindung heterogener Bestandteile in der Darstellung des Beówulfs richtig herausgefunden hat. Man darf sagen: da wo Müllenhoff, sei es im Grossen, sei es im Kleinen, an irgend einer Verbindung Anstoss nimmt, da ist beinahe immer ein wirklicher Anstoss vorhanden, beinahe immer irgend etwas nicht in der Ordnung. Aber der Weg zwischen dem *falsa intelligere* und dem *vera cognoscere* ist mitunter ein weiter, und Müllenhoff hat ihn diesmal keineswegs immer glücklich zurückgelegt. Das, was er uns nach Ausscheidung der Athetesen und Auflösung späterer Verknüpfungen als zusammenhängenden Text der älteren Bestandteile zu lesen giebt, ist, wie Bugge und Andere dies für einzelne Stellen gezeigt haben, vielfach nicht weniger anstössig als das Ver-

[1] Was Rönning (Beovulfskvadet, København 1883) zur Beantwortung dieser Fragen vorbringt, ist für die erste und zweite durchaus ungenügend, für die dritte gleich Null.

worfene. Vor allem aber sind die jüngeren Bestandteile des Epos als das, was sie nach Müllenhoffs Ansicht sein sollen, mir wenigstens vollkommen unbegreiflich. Der fünfte Dichter und erste Interpolator, A genannt, ist mir in jeder dieser Eigenschaften, zumal aber in deren Verbindung ein psychologisches Rätsel, und ein fast noch grösseres Rätsel ist mir der zweite Interpolator, B, unter dessen vielseitigen und zum Teil gerade entgegengesetzten Tendenzen und Qualitäten vor allem doch die Neigung und das Geschick hervorragen, den Zusammenhang des Beówulftextes, oft auf die raffinierteste Weise, zu stören.

In der sogenannten niederen Kritik verlangt man von einer Konjektur, die Anspruch auf Evidenz erhebt, unter anderm auch dies, dass sie Einsicht gewähre in die Art, wie die zu beseitigende Korruptel entstanden sein könne. In der „höheren" Kritik nimmt man es mit den Konjekturen in der Regel weniger genau. Hier pflegt man sich beispielsweise mit dem Nachweis zu begnügen, dass eine Stelle, ein Abschnitt nicht in einen gegebenen Zusammenhang passt, vielleicht gar Unsinn enthält, ohne sich den Kopf darüber zu zerbrechen, was den Interpolator, den man für den Unsinn verantwortlich macht, zur Produktion desselben veranlasst haben kann.

Im Gegensatz zu solchem etwas summarischen Verfahren habe ich meine erste Aufgabe darin erkannt, Einsicht in die Entstehung des überlieferten Textes zu gewinnen, dessen nächste Vorstufen zu reconstruiren, um erst von diesen aus schrittweise vordringend schliesslich zu den letzten nachweisbaren Elementen der Überlieferung zu gelangen.

In wiefern meine Methode die Billigung gelehrter Leser findet, muss ich abwarten. Jedesfalls darf sie solche nur von Seiten derjenigen erhoffen, die meiner Theorie nicht als Gegner gegenübertreten, mit der Neigung, jede erspähte Schwäche der Verteidigung zur Bekämpfung der Sache zu verwerten, sondern die als unparteiische Mitforscher zu ihr Stellung nehmen.

Die allgemeine Voraussetzung, die meiner Kritik des Beówulfs zu Grunde liegt, ist die, dass die altenglische Epik, so lange sie noch mündlich entwickelt und fortgepflanzt wurde, innerhalb des Umfangs eines einzelnen Vortrags, des

Produkts eines einzelnen Sängers und weiterhin eines bestimmten Kreises und einer bestimmten Epoche eine gewisse Einheit der Auffassung und Einheitlichkeit des Stils bekundet habe, und dass jene Auffassung eine vernünftige und dieser Stil ein menschlicher gewesen sei; woraus denn folgt, dass die Widersprüche und Unebenheiten, die krassen Hysteraprotera und unerträglichen Wiederholungen, von denen der Beówulftext wimmelt, aus dem allmählichen Zusammentreten heterogener Elemente in der Überlieferung zu erklären seien.

Nun ist es sehr schwer, sich hier über die Grenzen dessen zu einigen, was in einem bestimmten Fall als erträglich und möglich zu gelten hat. Wer seine Anschauung von dem altepischen Stil auf den überlieferten Beówulftext mit allen seinen Unebenheiten gründet, wie das Heinzel (Anz. für deutsches Altertum X, 220 ff.) — allerdings mehr *γυμναστικῶς* als *δογματικῶς* — thut, dem wird die Erklärung, welche ich von derartigen Unebenheiten gebe, sehr oft in ihrer Berechtigung oder gar Notwendigkeit nicht einleuchten. Jeder Versuch einer prinzipiellen Beweisführung in dieser Sache würde sich unvermeidlich mehr oder weniger im Kreise bewegen. Ich könnte höchstens darauf hinweisen, dass die geistliche Epik — von einzelnen Fällen, die eben auch eine besondere Erklärung erfordern, abgesehen — der auffallenden Hysteraprotera und der unerträglichen Wiederholungen viel weniger enthält als der Überlieferung nach der Beówulf, während dieser doch im Ganzen eine viel höhere Kunst der Erzählung bekundet als jene. Allein man sieht leicht ein, dass dieser Hinweis mich dem Zweck der Verständigung nicht viel näher bringen würde. So gründe ich die Hoffnung, dennoch zu einer Verständigung zu gelangen, vornehmlich auf folgenden Umstand. Es gibt gewisse Fälle, wo der von dem überlieferten Text erregte Anstoss so grober Art und das Mittel, wodurch ich ihn hinwegräume, so leicht und einfach ist, dass der gesunde Menschenverstand dies Mittel ohne weiteres für probat erklären wird. Ein solcher Fall liegt z. B. in dem, im dritten Kapitel dieser Schrift besprochenen, Abschnitt Beówulf 837 — 924 vor. Die hier begegnende Wiederholung in der Darstellung ist der Art, dass Heinzel

(a. a. O. S. 222) zweifelt, ob sie nicht eine Wiederholung der dargestellten Handlung andeuten solle, und Andere haben solches ohne Weiteres angenommen. Ist jener Zweifel nun nicht höchst bezeichnend? Ausser der Wiederholung aber bietet der Abschnitt noch den rätselhaftesten Übergang, der sich denken lässt. Heinzel versucht diesen (S. 228) zu erklären; ich gebe mich jedoch der Hoffnung hin, dass er seine Annahme, die ich an Ort und Stelle leider unberücksichtigt gelassen habe, nunmehr zu Gunsten der meinigen fallen lassen wird.

Von diesen und ähnlichen Stellen ausgehend, gelangt man leicht zu der Einsicht, dass der in meiner Untersuchung eingeschlagene Weg im Prinzip wenigstens der richtige sein muss. Es wird sich demnach nur noch um die Frage handeln können, ob es mir gelungen sei, auf diesem Weg zu bleiben — und hier wünche ich mir nichts lieber als die schärfste Kontrole. Nur durch gemeinsames Suchen können die vielfach sehr undeutlichen Spuren, welche den Weg bezeichnen, alle gefunden werden.

Dem Versuch, den Beówulf in seine ursprünglichen Bestandtheile aufzulösen, sind die ersten neun Kapitel dieser Schrift gewidmet. In denselben wird fortwährend auf Müllenhoffs Abhandlung Bezug genommen, deren Wert für unsere Untersuchung aus dem oben Bemerkten ja schon ausreichend erhellt. Die übrige Litteratur über unseren Gegenstand ist natürlich gleichfalls berücksichtigt, jedoch nur gelegentlich angezogen worden. Hierher gehören, um nur das Wichtigste zu nennen, die, wie mit Recht geurteilt worden ist, in der Kritik von zu äusserlichen Gesichtspunkten ausgehenden Arbeiten Ettmüllers (Übersetzung 1840, Ausgabe 1875), die gleichwohl manchen richtigen Gedanken enthalten. Ferner die gelehrte und durch ihren Scharfsinn anregende Schrift Möllers (Das altenglische Volksepos in der ursprünglichen strophischen Form, Kiel 1883), deren Grundgedanke mir freilich verfehlt scheint, die aber nicht bloss über ethnographische und historische Dinge manches Beachtenswerte bringt, sondern auch in der Ansicht von der Komposition des Beówulfs (vgl. besonders S. 139 f.) einen Fortschritt über Müllenhoff hinaus bezeichnet. Entschiedene Bedeutung für die Kritik des zweiten Abenteuers hat trotz der grossen Schwäche, die sie in manchen und zumal in metrischen Dingen verrät, die neulich erschienene kleine Schrift von Friedrich Schneider: Der Kampf mit Grendels Mutter (Berlin 1887), die mir zuging, während ich damit beschäftigt war, diese Untersuchungen für den Druck zusammen zu stellen (vgl. das fünfte Kapitel). Hornburgs Abhandlung über die Komposition des Beówulfs (Metz 1877, auch abgedruckt in Herrigs Archiv LXXII, 333—404) enthält mehrere gute Bemerkungen, fördert jedoch in ihrer fast jeden kritischen Zweifel starr ablehnenden Haltung das Problem nur wenig, und dasselbe gilt von Rönnings „Beovulfskvadet" (København 1883). Von Arbeiten, welche die innere Geschichte des Beówulfs nicht eigentlich zum Gegenstand haben, gleichwohl aber meinen Untersuchungen in hohem Masse förderlich gewesen sind, wären mehrere zu nennen. Ich beschränke mich hier auf die Erwähnung derjenigen Bugges, der seinen früheren wichtigen Beiträgen zur Textkritik und Erklärung unsres Epos vor kurzem eine neue Reihe höchst bedeutsamer „Studien" (Beiträge von Paul und Braune XII, 1—112. 360—375) hat folgen lassen.

Nachdem die kritische Analyse beendigt ist, wird im zehnten Kapitel die Möllersche Strophentheorie an den gewonnenen Ergebnissen geprüft, eine Arbeit, die auch nach den Ausführungen Heinzels (Anz. X, 215 ff.), da diese nur auf den überlieferten Beówulftext sich stützen, für nicht überflüssig gehalten werden konnte.

Das elfte Kapitel beschäftigt sich mit der Widerlegung der Ansicht, wonach das Beówulfepos die Übersetzung oder Bearbeitung eines skandinavischen Originals sei. Eines näheren Eingehens auf die Analyse der Sage und auf eine Vergleichung mit verwandten nordischen Darstellungen konnte, ja musste ich mich dabei um so eher enthalten, als die gerade auf diesem Gebiet epochemachenden Forschungen Müllenhoffs durch die Veröffentlichung seiner Beówulfvorlesungen in Bälde vollständiger als bisher dem allgemeinen Gebrauch zugänglich werden dürften.[1]

[1] Besondere Reserve wurde mir durch den Umstand auferlegt, dass ich im Herbst 1886 durch die Güte meines verehrten Kollegen

Im Zusammenhang der durch die Frage nach der Herkunft der Beówulfsage angeregten Betrachtungen ergab sich aber die Notwendigkeit, die in neuerer Zeit aufgestellten Ansichten über die englischen Jüten und über die Gauten im Beówulfliede zu prüfen, was im zwölften Kapitel unternommen wird.

Dem schwierigen Problem von der engeren Heimat und Entstehungszeit des Epos ist das dreizehnte Kapitel gewidmet. Es werden hier die Ergebnisse der sprachlichen und metrischen Forschungen Lichtenhelds, Riegers, auch Rönnings, besonders aber Sievers' verwertet, bzw. geprüft, fernerhin aber die Bedingungen, welche wir für die Entwicklung des Beówulfepos voraussetzen müssen, mit Erwägungen über den Verlauf der älteren englischen Geschichte kombiniert. Hieraus ergibt sich eine bestimmte Ansicht über die Herkunft und das Alter der verschiedenen Bestandteile der Überlieferung bis zur Entstehung der vorhandenen Redaktion.

Im vierzehnten Kapitel wird dann weiter versucht, die Geschichte des Textes bis zur Entstehung der Cottonhandschrift zu verfolgen.

Das fünfzehnte Kapitel endlich stellt die Ergebnisse der ganzen Untersuchung übersichtlich zusammen.

Die Anschauung vom Wesen des Volksepos, welche im Verlauf dieser Studien immer deutlicher zu Tage tritt, steht derjenigen nahe, welche Steinthal in einem von den Philologen leider viel zu wenig beachteten Aufsatz (Zeitschrift für Völkerpsychologie V, 1 ff.) entwickelt hat. Ich habe diese Abhandlung seit lange nicht mehr gelesen, bin mir aber bewusst, ihr sehr viel zu verdanken. Möge es mir nun gelungen sein, in den vorliegenden Untersuchungen einige brauchbare Bausteine zur weiteren Ausgestaltung der Theorie vom Epos zu liefern und so jene Schuld einigermassen abzutragen.

Zupitza Einsicht in ein, wie mir scheint, gutes Heft von Müllenhoffs Einleitung zum Beówulf erhielt. Ich habe aus diesem fast nur solche Gedanken verwertet, auf die allenfalls auch ein Anderer gekommen wäre, wo immer aber ich es benutzte, dies mit peinlicher Genauigkeit bemerkt.

ERSTES KAPITEL.

DIE EINLEITUNG VON V. 53 AN.

Wir teilen den Beówulf vorläufig in die bekannten fünf Abschnitte ein: Einleitung V. 1—193, erstes Abenteuer 194—836, zweites Abenteuer 837—1904 bzw. 1913, drittes Abenteuer 1905 oder 1914—2199, viertes Abenteuer 2200—3183.[1] Die Grenze zwischen dem zweiten und dritten Abenteuer ziehen wir anders als Müllenhoff und auch nicht ganz so wie Möller; der Grund hiervon wird später einleuchten.

Indem wir uns nun der Einleitung zuwenden, lassen wir den sehr schwierigen Anfang, 1—52, fürs erste bei Seite und beginnen unsere Betrachtung mit dem in der Handschrift als erster Fit charakterisierten Abschnitt.

V. 53—85 geben, bis auf die Lücke in 62, keinen Anstoss. Wir erhalten von Beówulfs des Scyldings langer Regierung, von seinem Sohn und Nachfolger Healfdene, von dessen vier Kindern kurzen Bericht. Dann ist etwas ausführlicher von Hrôđgârs Kriegsglück, Ruhm und Macht, von dem Bau der Halle Heorot und von dem Leben die Rede, das der König mit seinen Mannen dort führt. Der Schlusssatz ist, nach Greins leiser Emendation *(ecghete),* von Bugge *(âþumswerian)* und Rieger *(lenge)* glücklich erklärt worden: „Die Zeit war noch nicht gekommen, wo der Schwerthass dem Eidam und Schwäher wegen tödlicher Feindschaft erwachen sollte.“ So stellt der Satz die vorläufige Fortdauer

[1] Ich citiere wie Grein, Möller, Holder, im Gegensatz zu Heyne, bei dem V. 586 auf zwei Zeilen verteilt wird und demnach V. 587 als 588 u. s. w. erscheint.

einer glücklichen Epoche in Aussicht; freilich mit sonderbarem, späteres Unheil ankündigendem Ausdrucke; was denn nicht übel dazu stimmt, dass gleich darauf ein nicht vorhergesehenes Unglück anderer Art erwähnt wird, das jenem behaglichen Zustand vor der Zeit ein Ende bereitet.

Mit dem Auftreten Grendels wird die Darstellung sofort komplizierter, bald auch etwas verworren. Im Abschnitt 86—114 stossen wir auf einen zweimaligen Anfang, 86 ff. und 99 ff.; zweimal wird Grendel eingeführt. Wer derartiges nicht von vornherein für episch hält, wird sich des Eindrucks nicht erwehren können, dass der Dichter hier mit einem Mal aufhört gut zu erzählen; er verliert den Faden, ja es ist, als wollte er ihn verlieren. Gar wenig fördert die Bemerkung, dass *ân* (100) in der alten Sprache nicht notwendig eine neue Persönlichkeit andeute, indem es auch eine bereits eingeführte bezeichnen könne; die ganze Verbindung erscheint zweckwidrig. Warum heisst es nicht einfach: „Da begann der Eine Frevel zu üben" —? Warum statt dessen: „So lebten da die Gefolgsmänner herrlich und in Freuden, bis —"? Wozu diese ganz willkürliche Unterbrechung des Zusammenhangs? Die Ausführung in V. 90ᵇ—98 vermag dies nicht zu entschuldigen, macht im Gegenteil das Übel noch schlimmer. An sich ist es ja sehr auffallend, dass zur Exemplifizierung des Gesangs, von dem die Halle alltäglich ertönte, das Résumé eines Schöpfungslieds gegeben wird. Es stimmt dies gewiss nicht zum Gesamtcharakter des Beówulfs, auch wenn wir von Stellen wie 175 ff. ganz absehen wollen. Aber lassen wir das Schöpfungslied in Hrôđgârs Halle gelten, so ist doch klar, dass der Dichter es nicht deshalb hat erwähnen können um anzudeuten, wie vortrefflich Hrôđgârs Mannen sich bei solchen Liedern hätten unterhalten müssen, sondern um uns den Verdruss des im Düstern weilenden Unholds (86 *ellorgæst*, mit Rieger, wohl besser als *ellengǽst*) recht deutlich zu motivieren. Um so weniger passt die Anknüpfung 99 ff. *Swâ đâ drihtguman* u. s. w., um so nötiger wäre es gewesen, direkt wieder von Grendels Zorn oder den Äusserungen desselben zu reden. — Die Verse 105—114 sind vor allem wegen ihres Inhalts verdächtig. In den Zusammenhang greifen sie nicht eigentlich störend ein; sie halten jedoch den Fortschritt der Darstellung in unerträglicher Weise auf — und zu welchem Zweck? Um uns von Cain und seinem Frevel und der Strafe, die ihn dafür traf, und den Unholden,[1] die von ihm abstammen, zu erzählen. Ich halte für unmöglich, dass dieser Passus im lebendig fortgepflanzten Epos vorgekommen sei; mit Müllenhoff, Ettmüller und der Mehrzahl der Erklärer erblicke ich darin eine Interpolation, welche mit der Feder in der Hand gemacht worden ist.

Wie aber ist dem Abschnitt im übrigen aufzuhelfen? Müllenhoff streicht V. 90—101; doch dies muss ich für willkürlich halten. V. 99—101 sind an sich durchaus untadelhaft und hängen mit dem Folgenden recht gut zusammen; wozu sie also aus diesem Zusammenhang reissen? Und weder die Stelle 90—98 noch die Stelle 99—101 berechtigen, jede für sich genommen, dazu, deren Dichter eine so thörichte Anknüpfung an das Vorhergehende, wie sie V. 99 nach 98 bildet, zuzutrauen. Müllenhoffs Argument, dass nach der Ankündigung des im Finstern hausenden Unholds der Name Grendel sofort hätte folgen müssen, ist, wie schon Hornburg (S. 15) hervorgehoben hat, nicht stichhaltig. Wäre es denn undenkbar, dass hier dasselbe Kunstprinzip befolgt wäre wie dort, wo Beówulf zuerst als Hygelâcs Degen, dann als der Sohn Ecgþeows bezeichnet und erst an dritter Stelle mit seinem Namen genannt wird? Oder kann man im Ernst zweifeln, dass Grendel der Sage eben so gut bekannt war wie Beówulf? Freilich — und dies ist Hornburg nicht eingefallen — sollte Grendels Name nur in der Weise genannt werden, wie dies 102 geschieht, so wäre solches besser ohne so viel Umschweife geschehen.

Handelte es sich bloss darum, durch Streichungen einen lesbaren Text herzustellen, so wäre das Verfahren Ettmüllers

---

[1] Beiläufig bemerke ich zu *orcnêas* 112, worüber man Bugge, Beiträge XII, 80 ff. und die dort berücksichtigte Litteratur vergleiche, dass Corpus Gl. 1080 *orcêas*, also die richtige Ableitung von *Orcus* vorkommt, dort als Glosse zu „inmunes" lies: „immanes" (Sweet). Vielleicht dachte man bei „immanes" an „manes" und wurde so an *nêas* erinnert, woher *orcnêas*.

in seiner Übersetzung (nicht in seiner Ausgabe) noch das einfachste. Von den zwei Teilen, in die der Abschnitt zerfällt: 86—98 und 99—114, verwirft er den zweiten ganz und behält von dem ersten nur 86—89 übrig. Doch auch dies muss zunächst als Willkür erscheinen, denn wenn einer nun fragte, warum wir nicht lieber den ersten Teil (86—98) ganz verwerfen und von dem zweiten den Anfang, 99—104, behalten wollten, — was liesse sich hierauf Triftiges wohl antworten? Könnte man doch sogar geltend machen, dass der zweite Passus (99 ff.) sich noch besser als der erste (86 ff.) an den Satz 83—85 anschliesst, insofern er dessen Absicht erst recht deutlich macht: „Die Zeit war noch nicht gekommen, wo der Kampf zwischen Hrôđgâr und Ingeld entbrennen sollte. So lebten da die Gefolgsmänner herrlich und in Freuden, bis Einer Frevel zu üben begann.“

Mir scheint ganz klar, was wir von der Sache zu halten haben. Die Abschnitte 86 ff. und 99 ff. verhalten sich zu einander wie zwei epische Varianten; es sind zwei Stellen, die zwar nicht ganz dasselbe sagen (in dem Fall hätten schwerlich beide zugleich Aufnahme gefunden), wohl aber in der Ökonomie des Epos den gleichen Zweck erfüllen. Die eine von ihnen macht daher die andere überflüssig, und wenn wir einen einfachen Text des Beówulfs herstellen wollten, müssten wir eine von beiden opfern. Vorläufig aber können wir solche Absicht noch gar nicht hegen, denn sie setzte die vollkommenste Einsicht in die Zusammensetzung des Beówulfs bereits voraus, und wir haben uns um diese Einsicht erst zu bemühen.

Ein sehr merkwürdiger Zufall ist es nun, dass der Abschnitt, der uns noch immer beschäftigt, sich nicht nur dazu eignet, uns in das Variantenwesen, sondern ganz vorzüglich auch dazu, uns in das Interpolationswesen des Beówulfs einzuführen. Von beiden Varianten nämlich gilt, dass sie einen ursprünglichen Kern und eine spätere Erweiterung enthalten. Über die Erweiterung der zweiten Variante, 105—114, ist nach dem Vorigen nichts weiter zu bemerken; wir haben darin eine Interpolation im gewöhnlichen Sinn zu erkennen, und Müllenhoff bestimmt ihren Umfang ohne Zweifel richtig: *fîfelcynnes eard* 104ᵃ schliesst als Apposition zu *môras* bzw. zu *fen ond fæsten* den vorhergehenden Satz in vollkommen befriedigender Weise ab. Anders verhält es sich mit der Erweiterung der ersten Fassung. Ob der Kern der Stelle gerade mit *þǽr wæs hearpan swêg* 89 abschloss, wie Ettmüller und Müllenhoff annehmen, kann billig bezweifelt werden, da das *swutol sang scopes* 90 sich mehr wie eine natürliche Fortsetzung denn wie ein künstlicher Zusatz ausnimmt (vgl. auch Bugge, Zs. f. D. Ph. IV, 199). Gleichwohl passt die Erwähnung des Schöpfungslieds nicht recht in den Zusammenhang. Dass sie sachlich verdächtig ist, wurde schon oben angedeutet und wird mit Grund nicht zu bestreiten sein. Aber auch formell giebt sie mehrfachen Anstoss. Handelte es sich darum, über den Inhalt der Lieder, die in Heorot erklangen, zu orientieren, so müsste doch mindestens mehr als ein Stoff und gar als dieser Stoff namhaft gemacht werden. Und wie weit ist durch die Ausführung über das Schöpfungslied das *Gewât* 115 von dem Substantiv entfernt, das man als Subjekt zu dem Verbum hinzuzudenken hat! Es ist daher wohl zweifellos, dass 90^b—98 nicht zum Kern der ersten Variante gehören, sondern eine spätere Erweiterung dazu bilden. Aber warum sollte diese Erweiterung nicht im lebendigen epischen Vortrag stattgefunden haben? Wenn die Thatsache richtig ist, die ich Litteraturgesch. I, 47 aus eben dieser Stelle, ohne sie zu bezeichnen, gefolgert habe,[1] warum hätte nicht der eine oder andere epische Sänger einmal darauf Bezug genommen? Man erwäge doch auch, wie leicht sich hier die Erweiterung mit dem Kern der Stelle verbindet, so dass die Fuge nur schwer zu erkennen ist. Ich vermute, dass sie in der Mitte von V. 90 liegt und dass der ursprüngliche Schluss

[1] „Es ist wahrscheinlich, dass, ehe noch englische Gelehrte begonnen hatten, mit den Schwierigkeiten lateinischer Versifikation zu ringen, englische Sänger ihre epische Sprache und ihr episches Versmass in Dichtungen zum Lobe Gottes oder zum Preise biblischer Helden verwandten. Dieselbe Halle, in der heute von Beówulfs Kampf mit Grendel oder von dem Überfall bei Finnsburg gesungen wurde, mochte am folgenden Tage ertönen von Liedern, in welchen das Sechstagewerk der Schöpfung gefeiert wurde, und welche die heidnischen kosmogonischen Hymnen ersetzten." — In derselben Richtung bewegen sich die Ausführungen Bugges, Beitr. XII, 366.

dieser Zeile uns verloren gegangen ist. Auch dies aber macht es nicht wahrscheinlich, dass der Zusatz das Werk eines federbewaffneten Interpolators war; denn solche pflegten, wie wir sehen werden, die vorgefundenen Verse intakt zu lassen.

Noch eine Bemerkung drängt sich hier auf, die ich auf die Gefahr hin, gewisse Leser abzuschrecken, nicht unterdrücken will. Das *cwæđ* 92, welches das *sægde* 90 nach so kurzem Zwischenraum wieder aufnimmt, bevor das zuerst stehende Wort irgendwelche Bestimmung oder Ergänzung gefunden hätte, ist mir immer verdächtig erschienen. Auch metrisch halte ich den Halbvers 92ª *cwæđ þæt se ælmihtiga* für überladen, was ich jedoch an dieser Stelle nicht weiter ausführen kann. Es genüge darauf hinzuweisen, dass Phön. 393 *þæt se ælmihtiga,* Crist 443, Gûđl. 923 *þâ se ælmihtiga,* Andr. 1192 *þe se ælmihtiga* die zweite Halbzeile, Gûđl. 732 *Swâ se ælmihtiga,* Crist 1373 *þæs ælmihtigan* das erste Hemistich ausfüllen. Da 92ª an elliptische Konstruktion (Auslassung des *þæt*)' nicht zu denken ist, so wird *cwæđ* ursprünglich nicht zu dieser Zeile gehört haben. Und da ist es möglich, dass es zu einer früheren Zeile (z. B. von der Form *cwæđ sê þe cûđe cwidegidda worn*) gehörte. In dem Fall würde also die Erweiterung der ersten Variante wiederum auf Verschmelzung zweier Untervarianten beruhen.

Die Darstellung von Grendels ersten Schandthaten in Heorot (115—125) enthält keine sicheren Spuren von einer Benutzung verschiedener Fassungen. Desto deutlichere der folgende Abschnitt (126—143), der den Eindruck des Ereignisses auf die Dänen und ihren König schildert. Müllenhoff bezeichnet 131—137 als eingeschoben; es lohnt sich zu sehen, aus welchen Gründen. V. 131, sagt er, sei „herzlich schlecht;" man wird hier indess wohl zur Emendation greifen müssen. *þolian* im Sinne von „dulden" (anders, wenn es „ausharren" bedeutet) pflegt nicht ohne Objekt konstruiert zu werden, und so wird dieses Objekt hinter *þrŷđswŷđ* stecken. Ein Nomen *þrŷđswyđ (þrŷđswiđ)* = „ungeheurer Schmerz" anzunehmen, wie Grein wollte,[1] scheint bedenklich; Beów. 736 haben wir

[1] In seiner Separatausgabe des Beówulfs hat er diese Auffassung fahren gelassen, während sie in der zweiten Auflage der Übersetzung wieder erscheint.

þrýðswýð jedesfalls wohl als Adjektiv = „der Gewaltige" zu fassen. Ich vermute, dass an unserer Stelle ursprünglich *(þolode) þreánýd* stand (vgl. 284), das in Folge der Vorliebe für Kompositionsreim leicht in *þrýðnýd* und weiter in *þrýðswýð* verwandelt werden konnte. Was Müllenhoff über 133^b. 134^a im Verhältnis zu 191^b. 192^a, sowie über 137^a im Verhältnis zu 153^a sagt, müssen wir einstweilen auf sich beruhen lassen. Vollkommen zutreffend aber ist seine Bemerkung über 132: „da Grendel dreissig Männer geraubt hat, so ist die Motivierung des Kummers durch den Anblick der Fussspuren des Bösen mindestens seltsam;" und der Erwägung wert auch die folgende: „wenn die trockne Notiz 135 f., dass Grendel in der folgenden Nacht noch grösseres Unglück anstiftete (also mehr als dreissig Degen nahm) richtig wäre, so würde folgen 138 ff., dass erst sein zweites Erscheinen in Heorot nötig war, um die Helden zu bewegen sich anderswo ein Nachtlager zu suchen." Es wird sich zeigen, dass beide Bedenken bei unserer Auffassung des Abschnitts wegfallen.

Beachtet man den gleichlautenden Anfang von 126 und 128, indem man eine früher gemachte Erfahrung sich gegenwärtig hält, so liegt die Vermutung nahe, dass jene Verse die Eingangszeilen zweier verschiedener Varianten bilden, die in einander geschoben sind. Diese Vermutung trifft, wie der Erfolg zeigt, das richtige. Die beiden Varianten sind folgende:

A. 126 Þâ wæs on ûhtan mid ǽrdæge
Grendles gûðcræft gumum undyrne,
132 syðþan hié þæs lâðan lâst sceáwedon,
wérgan gâstes. Wæs þæt gewin tô strang,
lâð ond longsum. Næs hit lengra fyrst,
ac ymb âne niht eft gefremede
morðbeala mâre ond nô mearn fore,
fæhðe ond fyrene, wæs tô fæst on þâm.

B. 128 Þâ wæs æfter wiste wôp ûp âhafen,
micel morgenswêg. Mǽre þeóden,
æþeling ǽrgôd unblîðe sæt,
þolode *þreánýd*, þegnsorge dreáh.
138 Þâ wæs eâðfynde þe him elles hwǽr
gerûmlîcor ræste sôhte,
bed æfter bûrum, ðâ him gebeácnod wæs,

gesægd sôđlîce sweotolan tâcne
helđegnes[1] hete: heóld hine syđþan
fyr ond fæstor, sê þæm feónde ætwand.

Zu A beachte man, wie vortrefflich der Anblick von Grendels Fussspuren jetzt zur Motivierung verwertet erscheint. Zu B, wie leicht der Übergang wird von Hrôđgârs Kummer um seine Degen zu den Anstalten, welche die Überlebenden unter diesen zu ihrer eigenen Sicherung treffen. Aber noch mehr: V. 128 gewinnt erst im unmittelbaren Anschluss an 125 rechte Kraft, und die Worte *æfter wiste*, die natürlich nicht „nach dem Frühstück (der Helden)“ bedeuten, sondern sich auf Grendels *wælfyll* beziehen (also etwa „um die Beute“, „um den Frass“), werden erst so recht verständlich. Man könnte nun weiter vermuten, dass auch 125 Variante zu 124 bildete, so dass A sich an diesen, B an jenen Vers anschlösse.

Näher liegt indess die Frage, wie die Varianten A und B sich zu den früher gefundenen 86 ff. und 99 ff. verhalten.

Die Antwort kann nicht zweifelhaft sein: B stimmt recht gut zu 99 ff., während A ohne jeden Zweifel zu 86 ff. gehört. Dort wird Grendels Name nicht wieder genannt, weil er schon früher erwähnt war; hier war der Unhold zunächst nur als der im Düstern weilende *ellorgæst* bezeichnet, und erst jetzt, nachdem er seine blutige Arbeit in der Halle begonnen hat, tritt sein Name auf das wirkungsvollste hervor. Man lese doch einmal im Zusammenhang die Verse:

86 Þâ se ellorgæst[2] earfođlîce
þrâge geþolode, sê þe in þŷstrum bâd,
þæt hê dôgora gehwâm dreám gehŷrde
hlûdne in healle: þær wæs hearpan swêg,
90 swutol sang scopes . . . . . .
115 Gewât þâ neósian, syđþan niht becôm,
hêan hûses, hû hit Hringdene
æfter beórþege gebûen[3] hæfdon.

---

[1] Mit Bugge statt *healđegnes* HS. Schon Ettmülller (Übers. zu 143) war der Gedanke gekommen.

[2] Mit Rieger statt *ellengǽst.*

[3] HS. *gebun.* Die nicht contrahierte Form scheint mir metrisch erforderlich (so gut wie im vorhergehenden Verse *hêan* st. *heán*). Freilich

Fand þâ þǣr inne æþelinga gedriht
swefan æfter symble: sorge ne cûđon,
120 wonsceaft, weras[1]. Wiht unfǣlo[2]
grim ond grǣdig gearo sôna wæs,
reóc and rêþe, ond on ræste genam
þrîtig þegna; þanon eft gewât
124 hûđe brêmig tô hâm faran.
126 Þâ wæs on ûhtan mid ǣrdæge
127 Grendles gûđcræft gumum undyrne,
132 syđþan hié þæs lâđan lâst sceáwedon usw.[3]

Kann man leugnen, dass in der Fassung, der A angehört, sich eine Kunst zeigt, die der in der Darstellung von Beówulfs Reise zur Entfaltung kommenden verwandt ist?

Vielleicht wird man einwenden, dass die zweite Hälfte der 8 Zeilen (126. 127. 132—137) umfassenden Variante A von dieser Kunst nicht viel verrate. Ich vermute auch, dass diese uns in einer wenigen guten Gestalt überliefert ist. Der Anstoss dürfte vor allem in 134 liegen; denn der Gedanke *Wæs þæt gewin tô strang* 133 scheint im Zusammenhang durchaus passend; aber das *longsum* 134 ist eine wenig geschickte Anticipation und das *lengra* (*fyrst*), das darauf folgt, bildet einen zu wohlfeilen Reim. Vielleicht lautete die Stelle ursprünglich:

syđþan hié þæs lâđan lâst sceáwedon,
wêrgan gâstes. Wæs þæt gewin to strang.
Hwæt! ymb âne niht eft gefremede
morđbeala mâre and nô mearn fore,
fǣhđe ond fyrene, wæs tô fæst on þâm.

Der Einfluss von 191 f., die einem andern Zusammenhang angehören, wird die wenig glückliche Änderung bewirkt haben. Nicht alle epischen Sänger machten ihre Sache gut, und nicht immer trug derselbe Scop mit gleichem Glück vor. Die Verbindung von Tradition und Improvisation musste un-

ist Sievers andrer Ansicht, vgl. Beitr. X, 480. Die metrische Auseinandersetzung mit ihm muss ich auf einen anderen Zeitpunkt verschieben.

[1] So Sievers statt *wera.*

[2] Rieger statt *unhǣlo.*

[3] Ettmüller gewinnt in seiner Übersetzung, indem er 90—114 als Interpolation fasst, bis V. 127 denselben Zusammenhang. Hiergegen stellt seine Ausgabe einen entschiedenen Rückschritt dar.

zählige Varianten hervorrufen — grössere und kleinere — von sehr verschiedenem Wert. Wir dürfen nicht erwarten, das Material, das dem Ordner des Beówulfs vorlag, überall vortrefflich zu finden. Die nächste Aufgabe der Kritik aber ist die, dieses Material — soweit er es aufgenommen hat — in der Gestalt wie er es vorfand zu rekonstruieren. Dass diese Aufgabe im wesentlichen lösbar ist, beruht darauf, dass der Ordner sehr wenig, ja so gut wie Nichts von dem Seinigen hinzuthat. Auch der Interpolator, der auf ihn folgte, — denn es kann nicht der Ordner selber gewesen sein — hat sich ziemlich massvoll erwiesen. Seiner Zusätze sind nur wenige, und diese haben einen bestimmten Charakter, der seine Tendenz überall durchschimmern lässt. — Schwerer sind die vor dem Ordner liegenden Erweiterungen und damit zusammenhängenden Änderungen zu erkennen. Sie vermögen wir oft nur zu ahnen, nicht nachzuweisen oder zu präcisieren; und dabei ist nicht zu vergessen, dass der Begriff des Ursprünglichen ein durchaus relativer ist. — Doch fahren wir in unsrer Arbeit fort. Wir werden im folgenden die Fassung, der die Variante A angehört, schlechtweg als A, die andere als B bezeichnen.

Der Abschnitt 144—193, der die Fortdauer des von Grendel herbeigeführten Zustandes beschreibt, zeigt eine grosse Konfusion, und so klar es auch gerade hier ist, dass verschiedene Varianten unter einander gemengt sind, so wird es doch nicht leicht, zu sicheren Ergebnissen zu gelangen. Nur ein paar Bemerkungen schicke ich der Mitteilung meiner Resultate voran.

Die von Müllenhoff hervorgehobenen Wiederholungen in dem Absatz 144—151, sowie das *wæs seó hwîl micel* 146 mit darauf folgendem *twelf wintra tîd* 147 — beides Halbverse von unklarer syntaktischer Beziehung — zeigen, dass hier etwas nicht in Ordnung ist. Der Versuch Sievers' aber, durch eine neue, von Holder adopierte, Interpunktion wenigstens den Versen 145—147 aufzuhelfen, macht das Übel eher schlimmer als besser. Müllenhoffs eigene Idee, 146 mit 152 zu verbinden unter Änderung von *hwîle wiđ* in *þæt hê wiđ,* ist zwar geistvoll, besteht jedoch, wie aus Bugges (Zs.

f. D. Ph. IV, 200) triftiger Bemerkung hervorgeht, die Probe nicht. Auch kommt es uns — ich wiederhole es — nicht bloss darauf an, auf die bequemste Weise einen lesbaren Text herzustellen, sondern vor allem darauf, der Überlieferung einen Sinn abzugewinnen und in den Prozess ihrer Entstehung einzudringen. Hierzu aber werden auch kleinere Züge und Umstände als Winke benutzt werden müssen, und so halte ich es nicht für zufällig, dass 159 *ǽglœca* für sich eine Halbzeile ausfüllen soll, wenn schon der Schreiber manchmal Worte, Silben, Buchstaben ausgelassen hat. Das Charakteristische dieses Falls besteht darin, dass die Ergänzung unsicher ist, obgleich es sich nur um höchstens zwei Silben und nicht um einen Eigennamen handelt, (Müllenhoff war von Thorpes *atol* ebenso überzeugt wie Rieger von seinem eigenen *ac se*) sowie darin, dass die Lücke am Anfang einer Zeile und eines Satzes sich findet, der das Vorhergehende nur matt und nicht ganz passend fortsetzt.

Die Verse 168 f. ferner lassen sich zwar leicht in den Sack einer Interpolation stecken; aber bevor man sie entfernt, möchte man zunächst begreifen, was sie eigentlich sollen oder woher sie kommen. Dies ist mir trotz der verschiedensten Deutungen bisher unklar geblieben, und daher möchte ich annehmen, dass sie von den Versen, zu denen sie ursprünglich gehörten, jetzt getrennt stehen.

Ich gebe nunmehr zunächst die zur Fassung A gehörige Variante:

144 Swâ rîxode ond wiđ rihte wan
âna wiđ eallum, ođ þæt îdel stôd
146 hûsa sêlest. Wǣs seó hwîl micel
159 *þæt se* ǣglǣca êhtende wæs,
deorc deáþscûa, duguđe ond geogoþe.
{Seomade ond syrede, sinnihte heóld
mistige môras: men ne cunnon,
163 hwyder helrûnan hwyrftum scrîþađ.
168 nô hê þone gifstôl grêtan môste,
mâþđum, for metode, nê his myne wisse.}
þæt wæs wrǣc micel wine Scyldinga,
môdes brecđa! Monig oft gesæt
rîce to rûne, rǣd eahtedon,
hwæt swîđferhđum sêlest wǣre
wiđ fǣrgryrum tô gefremmanne.

{Hwîlum hié gehêton æt hærgtrafum
wîgweorþunga, wordum bǽdon,
þæt him gâstbona geóce gefremede
wiđ þeódþreáum: swylc wæs þeáw hyra.}

Die eingeklammerten Stellen sind vordiaskeuastische[1] Interpolationen; das Übrige bildet den Kern des Abschnitts. Klar ist zunächst, wie gut sich 144 ff. an 137 anschliessen. 146 samt 159 f. enthalten jetzt wirklich einen neuen Gedanken. Wer an dem zweimaligen *wæs* 146. 159 Anstoss nehmen sollte, möge erwägen, dass die Syntax des Verses wie der Rede in beiden Fällen eine verschiedene ist und dass die altepische Zeit die Wiederholung eines derartigen schwächer betonten und nicht begriffswuchtigen Worts so wenig empfinden musste, wie wir etwa die Wiederholung des Artikels nach kurzen Zwischenräumen. Die Verschiedenheit des damaligen Sprachgefühls von dem unsern ergiebt sich deutlich aus der Schärfe, mit der man sogar unter Worten mit hochtoniger Silbe die stärkere und schwächere Betonung unterschied: uns wird es schwer z. B. in *swutol sang scopes* die dreimalige Abstufung zu fassen, und wenn wir es von Rieger nicht besser gelernt hätten, würden wir in dem Anlaut von *scopes* nur einen überschüssigen und auch der Qualität nach regelwidrigen Reimstab zu erblicken vermögen. — Ganz passend wiederum folgen 170 ff. auf 160, und diese Verse sind unentbehrlich, da von Hrôđgâr in A, soweit wir diese Version kennen gelernt haben, noch gar nicht die Rede gewesen war. 168 f. aber haben jetzt eine Stelle gefunden, wo sie wenigstens begreiflich werden. Sie gehören sicher einer vorredaktionellen Erweiterung an, da sie bei der Redaktion von ihren Vordergliedern getrennt wurden; aber sie bilden innerhalb jener Erweiterung vermutlich einen jüngeren Zusatz, da 163 ganz wie ein Schluss aussieht. Der Gedanke an das geheimnisvoll unheimliche Kommen und Gehen der *helrûnan*, man weiss nicht wohin und woher, rief — in einem Hörer oder Leser — den andern Gedanken wach, sie oder

[1] Es ist hierbei zunächst nur an die Diaskeuase zu denken, der wir den überlieferten Text im wesentlichen verdanken, also an die Thätigkeit des Gesamtordners.

der konkrete *helrûna*, um den es sich handelt, Grendel käme unter keinen Umständen zu Gottes Gabenstuhl.

War der Dichter des Verspaars ein Leser, so hätten bereits die — ohne Zweifel schriftlichen — Vorlagen des Ordners kleinere Interpolationen erhalten, was ja keineswegs undenkbar ist. Der Ordner aber, ein nüchterner und in seiner Art besonnener Mann, vor allem bestrebt, seine Varianten so gut wie möglich in einander zu weben und alle Verse, die ihm irgend einen Wert zu haben schienen, zu retten, fasste *gifstôl* als den Herrschersitz Hrôđgârs und schob dem Verspaar daher die einer anderen Fassung entlehnten Zeilen 164—167 vor, in denen von *Heorot, sincfâge sel,* die Rede ist.

179—188 habe ich gar nicht mit angeführt, da sie höchst wahrscheinlich erst nach der Redaktion interpoliert wurden. Sicher ist, was sowohl Ettmüller wie Müllenhoff erkannten, dass sie nicht von dem Verfasser der vorhergehenden Verse 175—178 herrühren. Aber — abweichend von jenen Gelehrten — halte ich es für ebenso sicher, dass 175—178 ihrerseits nicht zum ursprünglichen Kern der Fassung A gehören.

Ja sie sind ohne Zweifel verschiedenen Ursprungs und jünger als die Erweiterung (90ᵇ—98), welche die Verse 86—90 erfahren haben. Wer in Hrôđgârs Halle das Sechstagewerk besingen liess, konnte die Dänen nicht dem Teufel opfern lassen, und dass jene Auffassung älter als diese, ergiebt sich aus der ganzen religiös-ethischen Stimmung, die über den Kern dieser Dichtung ausgebreitet liegt. Jene Stimmung möchte ich als eine ideal religiöse, konfessionell neutrale bezeichnen, in der sich das Beste von heidnischem Ethos mit christlicher Milde verbindet.

Dass aber Geisttöter, *gâstbona* 177, etwas anders als den Teufel meinen, dass es „Wôden, þunar oder Freá“ bedeuten könne, hätte Ettmüller erst beweisen müssen. Wer sagt uns denn, dass riesische Wesen je als Geister bezeichnet wurden, bevor man sie mit den Dämonen in Verbindung gebracht hatte? Wollten wir aber annehmen, das Wort *gâstbona* sei an Stelle eines andern getreten, wie nach Ettmüller *þeáw*

178 an die Stelle von *þearf,* so dass der Passus doch in heidnische Zeit hinaufginge, so würden wir das so eben gesagte erst recht urgieren müssen. Die Entwicklung des Beówulfepos ist nur begreiflich unter der Annahme, dass man beim Aufkommen der christlichen Anschauung das spezifisch Heidnische in der Dichtung mit zarter Hand gemildert oder leise beseitigt habe. Die deutliche Anspielung auf das Heidentum der Helden in unserer Stelle verrät einen anderen Kulturzustand, ein anderes Verhältnis zur Religion und ebenso zum Epos als jene naive Umwandlung der heidnischen Dänen in Christen, die von 90ᵇ—98 vorausgesetzt wird. Wir werden später die zeitlichen und örtlichen Verhältnisse kennen lernen, die hier in Betracht kommen.

Sind nun 175—178 späterer, wenn auch vordiaskeuastischer und vermutlich vorlitterarischer, Zusatz, so werden wir wohl annehmen müssen, dass sie einen oder ein paar Sätze, die sich ursprünglich an dieser Stelle von A fanden, verdrängt haben. Ich finde nämlich, dass weder 189 ff., wenn man diese hier anschliessen wollte, noch, was mir viel richtiger schiene und auch eher anginge, 194 ff. sich ohne weiteres leicht zu 174 fügen. 189 ff., die eine Art Rekapitulation enthielten, würden unbedingt voraussetzen, dass die Fruchtlosigkeit der 171—174 erwähnten Beratungen vorher zum Ausdruck gebracht wäre. Aber jene Stelle 189 ff. sieht ganz so aus wie eine selbständige, wenn auch kurze, Variante. Weit eher würden sich 194 ff. unmittelbar mit 171—174 verbinden lassen. Während die Dänen sich in ihrer Not beraten, vernimmt Beówulf was bei ihnen vorgeht. Allein auch hier deutet *Grendles dǽda* wohl darauf hin, dass nicht zuletzt von den Beratungen die Rede war, sondern von dem, was trotz aller Beratungen und Versuche dennoch nach wie vor in Heorot geschah.

Dass 189 ff. eine selbständige Variante bilden, ergiebt sich vor allem daraus, dass sie wesentlich dasselbe sagen wie eine dritte, ausführlichere Variante und auch in einzelnen Worten auffallend an sie anklingen. Beide Stellen gehören folglich als Untervarianten zur selben Fassung und, da sie sich mit B beide vortrefflich vertragen, zu B.

B.[1] 147 Twelf wintra tîd torn geþolode
wine Scyldinga, weána gehwelcne,
sîdra sorga; forđâm . . . wearđ
150 ylda bearnum undyrne cûđ,
gyddum geômore, þætte Grendel wan
hwîle wiđ Hrôþgâr; hetenîđas wæg,
fyrene ond fǽhđe fela missera,
singale sæce: sibbe ne wolde
155 wiđ manna hwone mægenes Deniga
feorhbealo feorran, feó þingian,
nê þǽr nǽnig witena wênan þorfte
158 beorhtre bôte tô bananafolmum.
164 Swâ fela fyrena feónd mancynnes,
atol ângengea, oft gefremede,
heardra hŷnđa: Heorot eardode,
167 sincfâge sel, sweartum nihtum.

B.[2] 189 Swâ đǽ mǽlceare maga Healfdenes
singala seáđ; ne mihte snotor hæleđ
weán onwendan: wæs þæt gewin tô swŷđ,
lâþ ond longsum, þe on đa leóde becôm,
193 nŷdwracu nîþgrim, nihtbealwa mǽst.

A hatte an dieser Stelle folgende Disposition: I. Grendel setzt seine Frevel fort. II. Schmerz Hrôđgârs. III. Beratung zur Abhülfe. B dagegen disponiert, wie man sieht, in der längeren wie in der kürzeren Fassung so: I. Fortdauer von Hrôđgârs Schmerz. II. Unmöglichkeit einer Abhülfe. III. Rekapitulierende Charakteristik von Grendels Thaten. I knüpft in B, wie es recht ist, an frühere Darstellung an; während das entsprechende II in A wie ein neues Moment auftritt. Dies Alles ist so klar wie möglich. Das Verhältnis zwischen B[1] und B[2] betreffend vergleiche man noch *weána* 148 mit *weán* 191, *singale* 154 mit *singala* 190; in anderer Hinsicht *feónd mancynnes — heardra hŷnđa* 164. 166 mit *nŷdwracu nîþgrim* 193, *Heorot eardode .... sweartum nihtum* 166 f. mit *nihtbealwa mǽst* 193.

In der gegebenen Fassung werden die Varianten dem Ordner vorgelegen haben. Versuchen wir jedoch weiter vorzudringen, da sich die Frage kaum umgehen lässt, ob B[1] oder B[2] den grössern Anspruch auf Ursprünglichkeit hat. Nun kann B[1] unmöglich sehr alt sein. Der Ausdruck *fela fyrena* 164 neben *fyrene ond fǽhđe* 153 ist zwar nicht anstössig, mag aber gleichwohl bemerkt werden. Vor allem fällt Folgendes auf. Die Disposition ist ziemlich verwickelt; das oben für B gegebene Schema nimmt in B[1] folgende Gestalt an: I. Fortdauer von Hrôđgârs Schmerz. IIa. Die Kunde von seiner Fehde mit Grendel verbreitet sich. IIb. Diese Fehde lässt sich auf keine Weise beilegen. III. Rekapitulierende Charakteristik von Grendels Thaten. Die Ausführung von IIb aber bietet mehr als einen Anstoss. Da ist zunächst die Schwierigkeit der Konstruktion in 154—156. Auch die neueste Erklärung Bugges: er wollte keinen Frieden mit den Dänen, (wollte) das Lebensübel (nicht) beseitigen, (es nicht) durch Geld beilegen, — auch diese Auffassung befriedigt mich sehr wenig. Ich zweifle, ob *ne wolde* zu den Infinitiven ergänzt werden darf, wenn es dort, wo es steht, bloss mit einem Accusativ konstruiert ist. Fasst man nämlich *sibbe* 154 als Accusativ, statt als Instrumental, so liegt grammatisch gar zu nahe die sachlich widersinnige Auffassung, wonach es, wie *feorhbealo* 156, Objekt zu *feorran* wäre. Übrigens geht Bugge bei seiner Deutung zu einseitig von der Konstruktion von *feorran* aus; ich glaube, wir haben auch *þingian* zu berücksichtigen. Das richtige Objekt zu *þingian* wäre ein Wort wie *fǽhđe*, nicht *feorhbealo*. Jedesfalls wird *feorhbealo*, wenn es einerseits mit *feorran*, andererseits mit *feó þingian* konstruiert wird, in zwei verschiedenen Bedeutungen genommen: als ein drohendes Übel, das abzuwehren, ein bereits geschehenes, das wieder gut zu machen ist. Man hat daher die Wahl, entweder *feorhbealo feorran* etwa in *feorhbealo frêcne* (vgl. 2250. 2537) zu ändern oder das Vorhandensein eines entschiedenen Zeugmas anzuerkennen. Im erstern Fall hat man sich bloss um die Konstruktion von *þingian* zu kümmern; im anderen Fall ist man berechtigt, ein Weitergreifen der zeugmatischen Konstruktion anzunehmen, und darf daher gleichfalls von *þingian* ausgehen. Nun pflegt zu *þingian* bzw. *geþingian* mit oder ohne Sachobjekt die Präposition *wiđ* diejenige Person einzuleiten, die man für einen Dritten bittet, bei der man sich für einen Dritten verwendet, etwas für ihn gut macht, sühnt.[1] Wer ist hier nun derjenige,

[1] Wo der Dritte ausdrücklich bezeichnet ist, steht er im Dativ.

für den Grendel keinem der Dänen Sühngeld zahlen wollte? Die Frage führt uns auf den zweiten Anstoss: 157 f. enthalten die barste Tautologie; auch sie sagen nur aus, dass Niemand von Grendel Sühngeld zu erwarten brauchte. Die Einleitung des Satzes mit *nê* verbietet jedoch, darin eine variierende Aussage erlaubter Art zu erblicken.

Es ist also ganz deutlich, dass hier eine Verwirrung vorliegt. Dieselbe löst sich auf die einfachste Weise, wenn wir annehmen, dass die Variante B[1], wie sie dem Ordner vorlag, bereits eine gemischte war. Ich wage es, die Elemente herzustellen:

α.

147 Twelf wintra tîd torn geþolode
wine Scyldinga, weána gehwelcne,
149/154 sîdra sorga; sibbe ne *mihte*
wiđ manna hwone mægenes Deniga
feorhbealo feorran (, *oder* frêcne) feó þingian,
nê þǣr nǣnig witena wênan þorfte
158 beorhtre bôte tô banan folmum.
164 Swâ fela fyrena usw. bis 167.

Mittelst Änderung eines einzigen Wortes (*wolde* 154 in *mihte*)[1] ist die Sache — bis auf den Zweifel *feorran* oder *frêcne* betreffend — ins reine gebracht. Die Tautologie ist glücklich beseitigt: Hrôđgâr vermochte keinem der Dänen die Fehde mit Grendel durch Entrichtung des Sühngeldes beizulegen (weil eben Grendel unter keinen Umständen die „Eidschwüre" geleistet hätte, vgl. 472 *hê mê âþas swôr*), und noch viel weniger war daran zu denken, dass der Unhold selber die Busse zahlte. Zugleich fällt auch der Anstoss, den die Wiederholung von *fyren* etwa erregen konnte, fort.

Ohne, wenn auch schweigende, Beziehung auf ihn scheint *þingian wiđ* nur in der Bedeutung „mit einem reden" vorzukommen; *geþingian wiđ* Jul. 198 „zu einem beten, einen anbeten." Vgl. Greins Sprachschatz zu *þingian* und *geþingian*.

[1] Die Änderung ist gestattet, weil man annehmen muss, dass die umgekehrte Änderung in der mehr oder weniger bewussten Absicht geschah, bei der Verschmelzung der Varianten reinen Unsinn abzuwehren.

β.

(149) 150 Wearđ ylda bearnum undyrne cûđ,
gyddum geômore, þætte Grendel wan
hwîle wiđ Hrôþgâr: heteniđas wæg,
fyrene ond fæhđe fela missera,
singale sæce . . .

Das Zusammentreffen von *twelf wintra tîd* und *fela missera*, an dem Müllenhoff Anstoss nahm, war, wie wir jetzt sehen, eine Folge der Kontamination, deren Resultat B^1 bildete. Und jetzt begreifen wir auch, weshalb 149 die zweite Halbzeile unvollständig ist. Zwischen *forđâm* und *wearđ* ist nicht etwa ein Wort zu ergänzen — weder *syđđan* mit Kemble, noch *sorgcearu* mit Grein, noch *sârcwidum* mit Bugge; sondern streng genommen fehlt das Hemistich ganz: 149ᵃ ist mit 150ᵃ durch *forđâm* auf unmetrische Weise verknüpft worden.

Hieraus folgt aber, dass die Verbindung von *α* und *β* in B^1 das Werk eines mit der Feder arbeitenden Ordners war, den wir zum Unterschied von dem Generalordner den B-Diaskeuasten nennen wollen. Schon aus dieser Stelle ist ersichtlich, dass letzterer sich ein kühneres Verfahren erlaubte als der Redaktor des Gesamttextes, der immer nur ganze Zeilen (wenn auch mitunter um ein Wort gekürzt), keine Halbverse mit einander verbunden zu haben scheint. Warum aber der B-Ordner die Variante *β* nur unvollständig mitteilte, lässt sich mit Sicherheit nicht sagen. Nur vermuten darf man, dass der Schluss von *β* so ziemlich dasselbe enthielt wie der Schluss von B^2. Ja es ist durchaus denkbar, wenn es sich auch natürlich nicht nachweisen lässt, dass was sich an 154ᵃ ursprünglich anschloss selbst dem Wortlaut nach mit jenem Schluss, also mit 190ᵇ—193 ungefähr identisch war. Eine bessere Ergänzung für *β* dürfte sich wenigstens schwerlich ersinnen lassen. In dem Fall wäre B^2 als auf *β* beruhend anzusehen, und wir begriffen vollkommen, warum der B-Ordner, dem *α*, *β* und B^2 überliefert waren, bei der Verschmelzung von *α* und *β* den Schluss der letzteren Fassung geopfert hätte. Wie dem aber auch sei, als gesichert betrachte ich es, dass er jene Verschmelzung vollzog, und als sehr wahrscheinlich, dass er auf deren Produkt, B^1, in seiner Redaktion B^2 folgen liess. Man könnte zwar daran denken, dass der Generalordner die drei Varianten A, B^1 und B^2 aus drei verschiedenen Quellen geschöpft hätte; allein die Erfahrung wird uns zeigen, dass der Fall, wo wir drei Varianten nebeneinander benutzt finden, zu selten ist, um jenem Gedanken auch nur den geringsten Grad von Probabilität zu verleihen.

Sehr bemerkenswert ist nun, dass in diesem Abschnitt Berührungen zwischen den Fassungen A und B sichtbar werden, die wenigstens zum grössten Teil vor deren Redaktion stattgefunden haben müssen. Die Variante β scheint frühere Partien der Fassung A als Quelle vorauszusetzen: vgl. 150f. mit 127, 153^a mit 137^a. Ebenso wird 191^b (B^2 und vielleicht früher β angehörig) auf 133^b beruhen. Umgekehrt ist kaum zu bezweifeln, dass die in A interpolierte Zeile 134 unter dem Einfluss von 192^a enstand, der gleichfalls B^2 angehört und vielleicht früher einen Teil von β ausmachte. Der allgemeine Eindruck, den wir schon hier erhalten und der sich uns später immer mehr bestätigen wird, lässt von den beiden Versionen A und B die erstere als die ältere und ursprünglichere erscheinen.

Welche Rollen aber mögen die Varianten α, β und B^2 in der Fassung B vor deren Redaktion gespielt haben? Denken wir uns die B-Einleitung in ihrem überlieferten Zusammenhang (jedoch ohne die Interpolationen), so scheint α ein unentbehrliches Glied dieses Zusammenhangs zu bilden. Auch β liesse sich mittelst eines einzigen verbindenden Wörtchens oder, wenn dies metrisch ja nicht zulässig sein sollte, mittelst einer Zeile bequem an 143 anschliessen und somit gleichfalls der Version B einordnen. Die Stelle bildete jedoch wohl (mit unbedeutender Ergänzung am Anfang?) den selbständigen kurzen Eingang zu einem Vortrag über Beówulfs Reise nach Heorot und verträgt sich schwerlich mit einem ausführlichen Bericht über Grendels Thaten oder gar über Hrôđgâr und seine Ahnen. Die Variante B^2 setzt, weil gleichfalls selber kurz gefasst, auch eine kürzere Fassung als B, doch eine dieser verwandte als Anfangsglied voraus.

Wir dürfen nicht übersehen, dass gerade in der Zeit des Epos — im Gegensatz zum inhaltlich beschränkten, dem Umfang nach enger und genauer begrenzten epischen Lied — sogar derselbe Sänger, geschweige denn verschiedene, seinen Vortrag kaum zweimal mit denselben Worten und genau an demselben Punkt begonnen, auch wohl nur selten so geschlossen haben wird. Was wir das ganze Epos nennen, wurde gewiss niemals in einem Zuge deklamiert. Aber auch wer z. B. nur von Beówulfs Reise und dem Kampf mit Grendel zu sagen beabsichtigte, mochte der orientierenden Eingangsverse bald viele, bald wenige geben, je nach Bildung und Stimmung der Zuhörerschaft und der Eingebung des Augenblicks. Ebenso mochte er heute bei Grendels Niederlage, morgen erst bei Beówulfs Abschied von Hrôđgâr oder gar bei der Rückkehr in die Heimat Halt machen.

ZWEITES KAPITEL.

DIE ZWEI VERSIONEN DES ERSTEN ABENTEUERS.

Was mir ganz sicher scheint, ist dies, dass 194 f. keinen möglichen Anfang weder für eine epische Rhapsodie noch für ein episches Einzellied abgeben. Bugge, dem ich da nicht beistimmen kann, wo er die Einheit des Beówulfs — ich meine die reale im Unterschied von der idealen — gegen Müllenhoffs Kritik vertreten will, hat in seinen Einwürfen gegen die positiven Annahmen des Kritikers vielfach Recht. Insbesondere muss ich seine Bemerkungen (Zeitschrift für deutsche Phil. IV, 202) zu V. 194 ff. billigen. Was *gûđcyning* 199 angeht, so konnte, da auch andere Herrscher — z. B. Hygelâc — im Beówulf so genannt werden, kein geschickter Scop das Wort ohne weiteres für Hrôđgâr setzen, so lange dieser noch nicht genannt war. Und was die beiden ersten Verse betrifft: „Das erfuhr daheim Hygelâcs Degen, der treffliche unter den Gauten, Grendels Thaten," so können diese darum ein Lied nicht einleiten, weil sie weder eine Handlung noch eine Situation scharf bezeichnen. Nehmen wir den Eingang des bekannten Cheviotlieds: „Der Percy aus Nordhumberland that einen Schwur zu Gott, dass er binnen drei Tagen in den Bergen von Cheviot jagen wollte." Dies ist eine That, weil ein Schwur. Wie könnten wir uns aber einen Anfang denken: „Douglas erfuhr Percys Herausforderung, seinen Eid"? Das Erfahren gleich zu Anfang eines Lieds darf nur auf den Sänger bezw. ihn und seine Zuhörer gehen. Oder nehmen wir den Eingang folgender Cidballade: „Gedankenvoll war der Cid, da er sich so jung fand um seinen Vater zu rächen, indem er den Grafen Lozano erschlüge." Dies ist eine klar gezeichnete Situation. Dass die dramatisch einsetzenden, d. h. mit einer Rede beginnenden Lieder Müllenhoffs Eingang nicht entschuldigen, versteht sich von selbst. Für ein Lied, wie er es sich dachte, würden eventuell folgende Eingänge passend gewesen sein: „Grendel tobte in der Halle, die Hrôđgâr erbaut; das erfuhr u. s. w." oder: „Wir erfuhren, dass Hrôđgâr eine Halle erbaute u. s. w." oder: „Hygelâcs Degen lebte geehrt unter den Gauten; da erfuhr er, wie Grendel in Heorot tobte u. s. w."

Müllenhoff S. 197 erblickt einen Beweis für die Vortrefflichkeit seines ersten Liedes und das grosse Geschick des Dichters darin, dass „die Interpolatoren fast zweihundert Zeilen unberührt gelassen." Seine Athetesen beginnen erst wieder 377. Die Bemerkung würde erst dann rechten Wert haben, wenn gezeigt wäre, dass die Partien, die mit Interpolationen bedacht sind, weniger gut seien als der verschonte Teil oder dass in diesem keine Stellen sich gefunden hätten, wo eine Interpolation hätte einsetzen können. Uns aber ist man berechtigt hier die Frage entgegenzuhalten, wie die Thatsache zu erklären sei, dass für manche Partien des Beówulfepos nur eine einzige Fassung, keine Varianten überliefert sind. Die Frage ist unschwer zu beantworten.

Das Epos, wie das Volkslied überhaupt, lebt, solange es lebt, nur in Varianten. Aber diese haben zu einander keineswegs immer dasselbe Verhältnis. Nach grober Einteilung und indem man von den Mischprodukten absieht, lassen sich drei verschiedene Fälle unterscheiden. Erstens: die Varianten sagen dasselbe, von gleicher Auffassung ausgehend und in derselben Ordnung, nur zum Teil oder ganz mit anderen Worten. Schon hier sind die mannigfachsten Abstufungen denkbar; noch mehr in den folgenden Fällen. Zweitens: sie sagen dasselbe, von derselben Auffassung ausgehend, jedoch mit anderen Worten und in anderer Reihenfolge. Drittens: sie gehen bei Behandlung derselben Momente von verschiedener Auffassung aus, bringen also Abweichendes, das vielfach Widersprechendes sein wird.

Denken wir uns nun einen Diaskeuasten, der, mehrere

oder sagen wir zwei Fassungen eines Gedichts vor sich, dieselben so gut wie möglich zu einem Ganzen verbinden will. In der Regel wird er eine derselben seiner Arbeit zu Grunde legen, die, welche ihm am besten gefällt oder die grösste Autorität für sich in Anspruch zu nehmen scheint, die, welche die vollständigste ist oder die er für die schönste hält. Daneben wird er die andere überall da benutzen, wo er die Gelegenheit günstig glaubt. Wann darf er sie nun günstig glauben? In welchen der oben erörterten drei Fälle werden zwei Varianten neben einander brauchbar sein? Im ersten Fall offenbar nur dann, wenn ein glücklicher Umstand es gestattet, kurze Sätze bew. Satzglieder, Verse oder gar Vershälften der einen Variante bequem mit der anderen zu verbinden. Mit anderen Worten: die Gelegenheit wird hier nur selten eintreten, wohl nie für den ganzen Umfang beider Varianten. Am häufigsten wird noch die Möglichkeit gegeben sein, dem letzten Vers der einen Variante den letzten der andern folgen zu lassen, wobei dann das Variantenfragment den Charakter der Variation erhält, der historische Vorgang zu einer stilistischen Figur wird. Im dritten Fall werden zwei Varianten nur dann zugleich verwertet werden können, wenn das von einander Abweichende wenigstens den Schein hat, sich gegenseitig zu ergänzen, d. h. wenn kein Widerspruch vorhanden ist, bzw. wenn der Ordner keinen Widerspruch merkt. Günstiger stellt sich die Sache im zweiten Fall, also dann, wenn bei gleicher Auffassung der Sache die Einzelmomente nicht nur mit anderen Worten ausgeführt, sondern auch in anderer Reihenfolge gebracht werden. Liegen dem Ordner Varianten dieser Art vor, so wird er oft in der Lage sein, beide vollständig zu verwerten, manchmal sogar die eine auf die andere folgen zu lassen. Thut er das, so entsteht zwar thatsächlich eine Wiederholung, die sich jedoch nicht sofort und nur dem sehr aufmerksamen Leser bemerklich macht.

Unter welchen Umständen ist nun in zwei sich entsprechenden Stücken epischer Darstellung (es verschlägt nichts, ob wir uns die Stücke grösser oder ganz klein denken) — unter welchen Umständen, frage ich, ist abweichende Anordnung der Einzelmomente des Inhalts bei wesentlich gleicher Auffassung denkbar? Offenbar wird dies Verhältnis um so leichter eintreten, je weniger episch der Charakter der epischen Stücke ist. Wo einfache Erzählung, wo die anschauliche Darstellung einer Handlung vorliegt, wird eine Abweichung in der Reihenfolge der Teile fast immer auf Verschiedenheit der Auffassung beruhen, einen Widerspruch involvieren. Anders da, wo Reflexionen angestellt, Zustände vergegenwärtigt, Gemütsstimmungen ausgemalt, Charaktere gewürdigt werden. Die Reden der epischen Helden aber werden in der Regel nur insofern Abweichung ohne Widerspruch gestatten, als sie sich weniger streng an die Sache halten.

Wenden wir diese Betrachtungen auf den Beówulf an, so finden wir sie im ganzen durchaus bestätigt. Freilich hat der Ordner sich nicht überall streng an die Schranken gebunden, die er sich hätte setzen sollen. Manchmal hat er Widersprüche übersehen, Wiederholungen auch da sich gestattet, wo es die Momente einer Begebenheit, einer Handlung galt. Aber durchweg wird sich in solchen Fällen zeigen, dass Situationsmalerei, Reflexion oder Verwandtes, die Handlung für den Moment in den Hintergrund drängend, ihn dazu verführte.

Von den vier Abschnitten, in welche wir die eingehend betrachtete Partie 86—193 zerlegten, war nur der zweite (Grendels erster Besuch in Heorot) eigentlich erzählender Art, und nur diesen fanden wir in einfacher Gestaltung überliefert. Offenbar enthielten die beiden dem Ordner vorliegenden Fassungen hier entweder wesentliche Abweichungen von einander oder, was wahrscheinlicher ist, bis auf den Wortlaut vollkommen Übereinstimmendes. Der Ordner war daher genötigt, sich an die eine, bevorzugte Version zu halten. Nur den Schlussvers der anderen Version konnte er dem entsprechenden der benutzten noch hinzufügen. Dass 125 der Version B angehört, ergibt sich aus dem genauen Anschluss von 128 an diesen Vers (siehe oben S. 11). Aber ebenso schliesen 126 f. sich besser an 124 an (vgl. *hûđe hrêmig* mit *Grendles gûđcræft*); und somit sehen wir, dass 115—124 der Version A entnommen sind. Dazu stimmt, dass

A in der Eingangszeile des Passus das Wort *neósian* anwandte, B die Form *neósan* in der Schlusszeile.

War nun in der Einleitung A die vom Ordner bevorzugte Version, so dürfen wir erwarten, dass sie dies auch in dem ersten Abenteuer gewesen sein wird. Weder A noch B werden sich ja auf die Einleitung beschränkt haben, und die Form, welche diese erhielt, wurde naturgemäss von der Darstellungsweise in *Beówulfes sîđ*, bzw. beide von gleichen Momenten bestimmt. Deutlich erkennbar ist, dass der Ordner im ersten Abenteuer eine einheitliche Version seiner Arbeit zu Grunde gelegt hat, und die vorläufige Annahme, dass dies A gewesen, wird sich uns auf mannigfache Art bestätigen.

Von der Fassung B machte der Diaskeuast hier einen viel weniger reichhaltigen Gebrauch als in der Einleitung; am wenigsten in der bis zu Beówulfs Eintritt in Heorot reichenden Partie mit ihrer gleichmässig fortschreitenden, anschaulich detaillierenden Erzählung.

Ich stelle hier die B entnommenen Stellen für das ganze „erste Lied" zusammen. Zu denjenigen, deren Provenienz mir nicht ganz sicher ist, wird solches ausdrücklich bemerkt. Kenntlich sind die Stellen, die der Ordner von der zweiten Fassung geborgt hat, vor allem an folgenden Merkmalen: 1) Sie schliessen sich entweder dem Vorhergehenden oder dem Folgenden weniger gut an, mitunter beides zugleich. 2) Sie lassen sich ohne weiteres aus dem Zusammenhang lösen.

205—209. Das *Fyrst forđ gewât* 210 hat keinen rechten Sinn, wenn bereits erzählt ist, dass Beówulf seine Mannen ans Ufer führte, wo ja natürlich das Schiff schon in Bereitschaft lag. Dass der Held nicht unbegleitet, sondern mit seiner *eorla gedryht* (vgl. 431) die Reise antrat, verstand sich von selbst; die genaue Angabe der Zahl aber entspricht einer Vorliebe von B (vgl. 147). Ob man nun in diesem B entnommenen Passus den Vers 209, wo Beówulf als *lagucræftig mon* bezeichnet wird (denn Beówulf ist ohne Zweifel der *secg* 208), mit Möller für eine spätere Erweiterung anzusehen habe, lasse ich dahingestellt.

305—306. Interpolation aus B ist mir hier nur wahrscheinlich, und zwar aus folgenden Gründen. Mit Bugge lese ich 305 *ferhwearde* in einem Wort und ebenso 306 *gûđmôdgum men;* dagegen kann ich 303 sein *lîcsciónon* nicht acceptieren, sondern bleibe bei der Auffassung: die Eberbilder glänzten. In A war hier nur von den Gauten insgemein, in B im besonderen von Beówulf die Rede. A hatte demnach folgende Gestalt:

301 Gewiton him þâ fêran — flota stille bâd,
seomode on sâle sîdfæþmed scip,
on ancre fæst; eoforlîc scionon
304 ofer hleórbergan, gehroden golde —
307 sigon ætsomne usw.

377—385, von Müllenhoff verworfen. Nachdem 375 f. gesagt war: *is his eafora nû heard hêr cumen, sôhte holdne wine,* ist die Anknüpfung des Folgenden mittelst *þonne sægdon þæt sǣlîþende* recht ungeschickt. Zu beachten ist auch, dass der Hrôđgârs Auftrag genau ausrichtende Wulfgâr 392 den Gästen zwar sagt, dass sein Herr ihre edle Abkunft kenne (in Übereinstimmung mit 373—375), jedoch von ihrer Kraft kein Wort verlauten lässt. Die genaue Taxierung von Beówulfs *mægencræft* entspricht wiederum den Gewohnheiten B's. (vgl. 147. 207). Ob aber die Voreiligkeit, womit der Dänenkönig ohne noch irgendwelche sichere Kunde von Beówulfs Reisezweck zu haben die Absicht ausspricht, ihn für seinen Mut durch Geschenke zu belohnen, — ob diese Taktlosigkeit bereits die ältere Gestalt von B verunzierte oder aber auf späterer Verderbnis beruht, vermögen wir, wo uns nur kurze Bruchstüche der zweiten Fassung vorliegen, nicht mit Sicherheit zu entscheiden.

442—451. An dieser Stelle hat Müllenhoff einen Passus aus A (433—441) gestrichen und dafür ein Stück aus B aufgenommen. Dass die beiden Stücke nicht neben einander bestehen können, ist einleuchtend: 441ᵇ verträgt sich nicht mit 447ᵇ wegen der wörtlichen Wiederholung;[1] vor allem aber

[1] Von 441ᵇ im Verhältnis zu 452ᵇ soll später die Rede sein. — Ebenso von dem Verhältnis zwischen 433—441 und 677—687.

verträgt sich der frische Ausdruck überströmender Heldenkraft in dem ersten nicht mit dem melancholischen Charakter und den beängstigenden Zukunftsbildern des zweiten Stücks, ganz abgesehen davon, dass der erste Passus in 440 f. seinen klaren Abschluss hat. Schon aus jenem allgemeinen Eindruck, den beide Stellen machen, ergiebt sich, dass die erste (433—441) zu A und folglich, dass die zweite (442—451) zu B gehört; denn nur der Ton sich selbstvertrauenden, wenn auch auf das schlimmste gefassten, Heldenmutes stimmt zu der Färbung der an Hrôđgâr 426—432 gerichteten Bitte. Noch deutlicher folgt dasselbe aus dem Umstand, dass 433 sich viel besser als 442 an das vorhergehende anschliesst: da von Grendel eine Reihe von Versen hindurch nicht die Rede gewesen ist, bildet das *hê* 442, wie schon Bugge (Zs. f. D. Ph. IV, 200) sah, eine ungenügende Bezeichnung für den Unhold.

Endlich kommt der Sprachgebrauch in Betracht: 433 wird Grendel *se ǽglǽca* genannt, ein Lieblingsausdruck von A, der zuerst 159 vorkommt; andererseits heisst derselbe im zweiten Stück 449 *ângenga*, und dieses Wort findet sich nur noch 165, also wiederum in der B-Version; 450ª ferner (*mearcađ môrhopu*) klingt im Lauteffekt unverkennbar an 103 (*mǽre mearcstapa, sê þe môras heóld*) an. Ohne Zweifel richtig hat Müllenhoff von unserer Stelle 445ᵇ—450ª ausgeschieden; der Einschub bildet aber vordiaskeuastische Erweiterung in B.

452—455. Auch diese altertümlich klingende und echt episch anmutende Stelle glaube ich, zugleich mit dem vorhergehenden Passus (442—451), B zuweisen zu müssen. Vergleicht man 455 *Gǽđ â Wyrd swâ hió scel* mit 440 f. *đǽr gelŷfan sceal dryhtnes dôme, sê þe hine deáđ nimeđ*, so liegt den beiden Stellen, wenn auch vielleicht nicht eine verschiedene Anschauung, so doch eine verschiedene Gewohnheit sich auszudrücken zu Grunde. Nichts wäre verkehrter, als wenn man z. B. alle Stellen, in denen von der *Wyrd* die Rede ist, für älter, die, welche Gott oder die Vorsehung nennen, für jünger halten wollte; verhält es sich doch im gegenwärtigen Fall unseres Erachtens gerade umgekehrt. Allein dass die A-Version in ihrem Kern nicht nur von einer einheitlichen religiösen Anschauung — und zwar einer diskret christlichen — ausgeht, sondern diese auch zum einheitlichen Ausdruck bringt, ist eine unbestreitbare Thatsache. Nun kann es ja zunächst zweifelhaft erscheinen, ob der Passus 433—441 gerade zum Kern von A gehört, da er neben den Versen 677—687, die unzweifelhaft dazu gehören, eigentlich recht überflüssig ist; aber auch in diesen Versen spricht sich dieselbe religiöse Anschauung in ähnlicher Weise aus: 685 ff. *ond siþđan witig god on swâ hwæþere hond, hâlig dryhten, mǽrđo-dême, swâ him gemet þince!* Die B-Version dagegen operiert, wie wir sehen werden, auch sonst mit dem Begriff der *Wyrd.*

Noch ein weiteres Moment spricht dafür, 452—455 B zuzuweisen. Gehörte die Stelle zu A, so müssten wir annehmen, der A-Diaskeuast hätte in unmittelbarem Anschluss an 441 mit dem Ausgang *sê þe hine deáđ nimeđ* den Vers 452 mit dem Ausgang *gif mec hild nime* mitgeteilt, und es fragt sich doch sehr, ob man ihm solches zutrauen darf.

480—488, von Müllenhoff samt den vorhergehenden Versen, 473—479, gestrichen. Ich beschränke mich für jetzt auf 480—488. Die Erinnerung an das traurige Schicksal seiner tollkühnen Degen hätte in Hrôđgârs Mund nur dann Sinn, wenn er Beówulf von seinem Beginnen abschrecken oder ihn auf die Probe stellen wollte; jenes kann er nicht und dieses scheint er — aus allem folgenden zu schliessen — nicht gewollt zu haben. Wollte er aber etwas Anderes und sollten seine Worte eine Antwort auf Beówulfs Bitte sein, so hätte er mindestens hinzufügen müssen: Dir aber traue ich zu, dass du Grendel erfolgreich bekämpfen wirst. An einen Einschub aus der B-Version denke ich deshalb, weil die Stelle eine seltsame Exemplifikation zu den Worten *God eáþe mæg þone dolscađan dǽda getwǽfan* 478 f. bildet, und weil diese Worte ihrerseits wie eine Art Abschluss aussehen. Der ganze melancholische Charakter der Stelle stimmt übrigens zu 442—451, und das *dreóre fâhne* 447 kehrt 485 in *dreórfâh* wieder.

559—573. Ich bin genötigt, hier gleich auf den weiteren Zusammenhang der Stelle einzugehen. Müllenhoff erklärt bekanntlich den ganzen Abschnitt über Beówulfs Kampf mit den Seeungeheuern, 550—577, für eingeschoben. Das Resultat, zu dem er gelangt, ist jedoch stilistisch unmöglich. Wenn wir erfahren, dass Beówulf ein entblösstes Schwert in der Hand hatte, als er sich in die See begab (539), so erwarten wir auch einiges über den Gebrauch zu hören, den er davon machte. Und wenn er Unferđ am Schluss seiner Erzählung sagt: So gefahrvolle Kämpfe hast du niemals bestanden, weder Breca noch du habt jemals so kühne Thaten mit dem Schwert vollbracht, — so muss er, wie auch Bugge (Z. f. D. Ph. IV, 199) richtig empfand, vorher etwas mehr von jenem Kampfe erzählt haben als bloss dieses: Der Meeresfische Mut war aufgeregt; doch entging ich dem Griff der Feinde mit dem Leben. Zu der stilistischen Unmöglichkeit kommt die psychologische, Müllenhoffs Interpolator betreffend. Der Mann hätte, unter dem Eindruck des *hwæþere* am Eingang von 578, vier Zeilen vorher Satz und Vers mit demselben Wort begonnen und dabei das v o r g e f u n d e n e *hwæþere* ganz vortrefflich neu motiviert, s e i n e i g e n e s dagegen gegen allen Sinn und Verstand angebracht.

Bugge sucht den überlieferten Zusammenhang durch die Annahme zu retten, das erste der beiden *hwæþere*, 574, sei aus *swâ þǽr* entstellt. Allein abgesehen davon, dass hierdurch nur eins der vielen geäusserten oder noch zu äussernden Bedenken gegen jenen Zusammenhang hinweggeräumt wird, hätte bei jener Umwandlung ein sonderbarer Zufall walten müssen. Wenn eins der beiden *hwæþere* unursprünglich ist, so ist es gewiss das zweite. Stand 578 ursprünglich *swâ þǽr* in der Form *swa þer*, so war es fast unvermeidlich, dass diese Wörtchen unter dem Einfluss des vorhergehenden *hwæþere* sowie unter dem Einfluss des Zusammenhangs, in dem die Stelle überliefert ist, gleichfalls zu *hwæþere* wurden; und gleichwohl ist die Verwandlung thatsächlich nur bis *hwaþere* gediehen, denn so steht in der HS.

In Beówulfs Bericht über seinen Kampf mit den Seeungeheuern sind m. E. drei Elemente zu unterscheiden. Erstens die zusammenhängende A-Version; zu ihr gehört der Passus 550—558, dem sich 578 (*swâ þǽr ic fâra feng feóre gedîgde*) direkt anschliesst. Ein begründetes Bedenken lässt sich gegen diesen Zusammenhang nicht erheben. Es scheint Beówulfs Gewohnheit gewesen zu sein, sich gerüstet in die See zu begeben, so seltsam uns dies auch vorkommen mag. Dass die Brünne ihn nicht am Schwimmen hindert, sehen wir sowohl hier wie dort, wo er Grendels Mutter besiegt hat, oder wo er, nach Hygelâcs Fall, von der Rheinmündung nach der Heimat schwimmt und sogar dreissig Rüstungen auf dem Arme trägt (2361 f.). Die bestimmte Aussicht auf einen Kampf mit den grossen Seetieren giebt sich nicht darin zu erkennen, dass er mit der Brünne bekleidet ist, sondern darin, dass er das entblösste Schwert in der Hand hält. Daher wird letzterer Umstand gleich zu Anfang der Erzählung (539) erwähnt; der erstere erst da, wo das Panzerhemd sich nützlich erweist (550 ff.). Da nun 550 von mehreren Feinden die Rede war, gegen die ihn das Waffenkleid schützt, so schliesst sich 578 (*swâ þǽr ic fâra feng*) vollkommen richtig an, obwohl er 555—558 nur von einem Ungeheuer erzählt hat, das er mit dem Schwerte getroffen. Die Darstellung scheint mir so weder zu weitläufig noch zu knapp gehalten, sondern in jeder Hinsicht durchaus zweckmässig.

V. 559—573 gehören zu B. Die Stelle setzt eine Schilderung voraus, die in positiver Form Ähnliches berichtete wie das, was 550 ff. nur erschliessen lassen. (Die Rüstung schützte mich gegen die Leidigen.) Charakteristisch für B im Verhältnis zu A ist 1. das Töten von mehreren Ungeheuern,[1] 2. das Aufgehen der Sonne und die Beruhigung des Meeres nach erfolgtem Sieg.

---

[1] Man könnte wegen des Plurals in *mêcum* 565 und *sweordum* 567 (vgl. Heinzel, Anz. X, 220 f.) auf den Gedanken kommen, dass nach der Darstellung von B Breca an dem Kampf beteiligt war; dies ist jedoch aus mehreren Gründen, u. a. wegen des *mê* 563^b und des *ic* 571^a, höchst unwahrscheinlich. Dass die Annahme mit A oder auch mit dem kontaminierten Text, als Ganzes gefasst, absolut unvereinbar ist, wäre Heinzel nicht entgangen, wenn er 583^b ff. erwogen hätte. Daher ist es auch nicht möglich, in 579^b—581^a eine Hindeutung auf die Trennung von Breca zu erblicken.

Die dritte Variante 574—578 steht formell A näher (vgl. *Hwæþere mê gesǣlde* 574 mit *hwæþre mê gyfeþe wearð* 555), inhaltlich dagegen B. Was unter *niceras* zu verstehen sei, sehe man bei Rieger, Zs. f. D. Ph. III, 388; Bugge eb. IV, 197. Näheres über diese Variante später.

612—643. Dass die Stelle in den Zusammenhang der A-Version nicht hineinpasst, braucht nach Müllenhoffs Ausführungen nicht erst bewiesen zu werden. Die Annahme dass der Ordner sie B entnahm, ergiebt sich fast von selbst aus der Leichtigkeit, mit der sie sich beseitigen lässt, und wird sich uns später bestätigen.

664—668. Da A der Wealhþeow gar nicht erwähnt hat, kann die Stelle dieser Fassung nicht angehören; und 665^b—668^b würden (nach 654 ff.) in A eine nutzlose Wiederholung bilden. Der Passus gehört also B an und ist vielleicht nicht als eine spätere Erweiterung dieser Version zu betrachten. Denn wenn Wealhþeow hier den Saal verlassen hat, ohne dass dieses vorher bemerkt wurde, so ist zu erinnern, dass wir B eben nur höchst unvollständig besitzen. Es ist sehr möglich, dass der Ordner keine bequeme Gelegenheit fand, die Wealhþeós Abgang betreffenden Verse in seinen Text aufzunehmen.

691—709. Müllenhoff und Ettmüller strichen einen Teil dieser Stelle, 700—709. Wenn aber 702 f. nicht neben 710 bestehen können, so verträgt sich andererseits die pessimistische Stimmung, die 691 ff. den Gefährten Beówulfs beigelegt wird, nicht mit der Auffassung von A, dagegen sehr wohl mit mancher Stelle aus B; 694 ff. insbesondere gemahnen an 480 ff. Auch die ganze Färbung der Stelle — ich erinnere nur an die Art, wie das religiöse Element sich geltend macht, wozu man vergl. 665 ff., — stimmt eher zu B als zu A.

Der Ordner wird den ganzen Passus, wie er vorliegt, der B-Version entnommen haben. Hier aber scheint es möglich, den Kern von den späteren Erweiterungen zu trennen. Eingeschoben sind wahrscheinlich 697^b—702^a, wohl sicher hinzugesetzt 704—709. Letzteres ergibt sich aus folgendem. An 702^b—703:

Côm on wanre niht
scrîđan sceadugenga, sceótend swǽfon,

schliesst sich aufs beste an die gleichfalls zu B gehörende Stelle:

714—722. wôd under wolcnum, tô þæs þe hê wînreced,
goldsele gumena, gearwost wisse,
fǽttum fâhne; ne wæs þæt forma sîđ,
þæt hê Hrôþgâres hâm gesôhte.
Nǽfre hê on aldordagum ǽr nê siþđan
heardran hæle, helđegn, onfand![1]
Côm þâ tô recede rinc sîđian
dreámum bedǽled: duru sôna onarn,
fŷrbendum fæst, syþđan hê hire folmum gehrân.

Wie trefflich sich nach Ausscheidung dieser Stellen der Zusammenhang in A macht, davon wird jeder Leser sich überzeugen können. Wir kommen später auf A zurück. — Vorläufig bemerke ich nur, dass 721ᵇ. 722 einerseits, 723. 724ᵃ andrerseits deutlich verschiedenen Varianten angehören.

Die Partie der B-Version, die von Grendels Angriffen auf die schlafenden Dänen erzählte, ist unter den vom Ordner ausgewählten Fragmenten nicht enthalten; wohl dagegen einige Stücke, die sich auf Grendels Ringen mit Beówulf, nachdem dieser ihn ergriffen hat, beziehen. Hierher gehören die von Ettmüller und Müllenhoff verworfenen Verse:

755—757, welche die Darstellung in A nur entstellen würden. Die Übereinstimmung zwischen 756ᵇ. 757 und 718 f. ist schwerlich zufällig; daher die Annahme, dass der Passus B entnommen wurde, wahrscheinlich. Ferner:

770 und im unmittelbaren Anschluss daran

778—790. Wenn Müllenhoff von den beiden Varianten 771—777 und 778—790 die erstere als eingeschoben bezeichnete, so that er es, weil „779 das *hit* nur eine richtige Beziehung hat, wenn 770 *reced hlynsode* unmittelbar voraufgeht". Allein 770 wird den Schlussvers einer im übrigen unterdrückten B-Variante bilden[2], welche der Ordner dem, bis 769 einschliesslich reichenden, entsprechenden Passus aus

---

1 Mit Bugge statt *healđegnas fand.*

2 *rêþe rênweardas* ist übrigens vielleicht in *rêþe, rênhearde* zu ändern.

A hinzufügte. Seiner Gewohnheit entsprechend teilte er dann für den folgenden Abschnitt zuerst die Fassung A, dann die von B mit. Dass die Stelle der zweiten Version angehört, wird auch durch den Ausdruck *hellehæfton* 788 bestätigt; vgl. *helđegnes* 142, *helđegn* 719 (beide male nach Bugges Konjektur).

804—812. Die Ausscheidung dieses Passus wird Manchen überraschen, da sie mitten in eine Müllenhoffsche Interpolation hineingreift und ein Stück des von ihm als echt Acceptierten mitumfasst. Um unser Verfahren zu begründen, haben wir zuerst den ursprünglichen Text von A an dieser Stelle zu rekonstruieren. Er lautete:

791 Nolde eorla hleó ǽnige þinga
þone cwealmcuman cwicne forlǽtan,
813 ac hine se môdga mǽg Hygelâces
hæfde be honda: wæs gehwæþer ôđrum
lifigende lâđ.

Indem ich noch daran erinnere, dass 791 unmittelbar auf 777 folgt, glaube ich kein Wort weiter zur Anpreisung meiner Konjektur sagen zu sollen.

Aber nun weiter. Die umfangreiche Interpolation 793—812 ist schwerlich aus einem Guss. Den ersten Teil (793—803), in dem erzählt wird, dass Beówulfs Mannen ihrem Herrn im Kampfe zu helfen suchen, aber gegen Grendel, der sich hiebfest gemacht hatte, mit ihren Waffen nichts vermögen, halte ich für eine Erweiterung in A. Der in dieser Version herrschenden kräftig männlichen Auffassung entspricht der Gedanke jener Hülfeleistung durchaus, und der in den alten wie in jüngeren Teilen von A nachdrücklich betonte Umstand, dass Grendel sich der Waffen nicht bedient, konnte leicht die Vorstellung hervorrufen, dass er solche auch nicht zu fürchten habe. Der Übergang in V. 794 ist freilich recht ungeschickt: Beówulf will Grendel nicht lebendig entkommen lassen und hält dessen Leben auch zu nichts nütze; da wollen Beówulfs Mannen das Leben ihres Herrn beschützen. Vielleicht beruht diese Verknüpfung auf älterer Variantenverschmelzung. Dafür aber schliesst sich die letzte Zeile der Erweiterung, 803, ganz leidlich an die alten Verse 812 ff. an.

Der zweite Teil der Interpolation (804—812) gehört notwendig zu B. Die Verse 809—812 bilden in ihrer Verbindung mit 813 ff. ein Ganzes, das an Verworrenheit der Konstruktion und Schiefheit der Gedanken nichts zu wünschen übrig lässt. Dass Müllenhoff solche Verbindung hinnahm, ist mir durchaus unbegreiflich. Anders scheint es sich mit 804 ff. im Verhältnis zu den letzten Zeilen der A-Erweiterung zu verhalten; dies s c h e i n t aber nur so. Dass Grendel die Siegeswaffen verschworen hatte, bedeutet keineswegs, dass er sich hiebfest gemacht, vielmehr dass er mit den Waffen nichts zu thun haben wollte. Dies ergiebt sich unzweifelhaft aus 805 ff. *Scolde his aldorgedâl on đǣm dœge þysses lîfes earmlîc wurđan.* Hätte Grendel eine Waffe gehabt und sich ihrer zu bedienen gewusst, so wäre vielleicht noch Rettung für ihn gewesen. Es ist also ganz klar, dass 804—812 ungeschickter Weise aus B eingeschoben sind. Mittelst einer kleinen Ergänzung am Anfang aber würde es sich trefflich an 790 anschliessen. Berücksichtigt man jedoch die schon von Müllenhoff gerügte Wiederholung 806 zu 790, so wird man zur Annahme geführt, dass 804—808 das Stück einer Erweiterung in B bilden und dass in dieser Fassung ursprünglich 809 ff. auf 790 folgten.

Hiermit scheint die Zahl der im ersten Abenteuer anzutreffenden Bruchstücke der zweiten Fassung erschöpft. Wer zwischen den Zeilen zu lesen versteht, wird aus den Fragmenten sich eine Art Vorstellung von dem Ganzen zu gestalten wissen, und aufmerksame Beobachtung wird eine einheitliche Färbung in Auffassung und Sprachgebrauch nicht verkennen, die weit hinausgeht über die von uns gelegentlich gegebenen Andeutungen.

Nach Ausscheidung der Einschiebsel aus B wird aber die Einheit der Fassung A in der schönen Zweckmässigkeit ihrer Anlage und der kräftig anschaulichen Ausführung erst recht hervortreten. Damit aber dieser Dichtung ihr ganzes Recht widerfahre, sei der Versuch gemacht, ihren Kern von den späteren Erweiterungen zu sondern. Die Aufgabe ist hier weniger leicht als bei der Scheidung von A und B. Nur selten sind, wo Älteres und Jüngeres an einander stösst, die Fugen deutlich erkennbar, und nicht immer ist das Alte bis zur Vollständigkeit jedes Verses erhalten. Ungeschickte Anknüpfung begegnet nur ausnahmsweise; die Widersprüche liegen nicht so auf der Oberfläche, sondern betreffen meist den tieferen Plan der Dichtung, dessen Vortrefflichkeit wir es verdanken, wenn wir jene Widersprüche herauszufühlen vermögen.

Doch hier scheint es angezeigt, auf die charakteristischen Eigenschaften des Werkes näher einzugehen.

DRITTES KAPITEL.

DIE URSPRÜNGLICHE GESTALT DER ÄLTEREN VERSION.

Ein Haupteiz des grossen epischen Stils oder, was dasselbe heisst, der Darstellung im echten Epos beruht auf der engen Verbindung des Wirklichen, Alltäglichen mit dem Ungewöhnlichen, Wunderbaren. Das Epos lässt kolossale Gestalten, ungeheuere Thaten und Geschicke auf einem Hintergrunde sich bewegen und abspielen, die möglichst genau der lebendigen Gegenwart, der Umgebung, wie sie den Zuhörern aus eigener Erfahrung und Anschauung vertraut ist, entspricht. Darin liegt die Bedeutung der detailliert anschaulichen Vorführung des Zuständlichen. Das Epos bietet ein volles Bild der Wirklichkeit, aber diese Wirklichkeit ist in eine höhere Sphäre gehoben, idealisiert; das Epos verkörpert die volkstümlichen Ideale in konkrete Gestalten, und diese Gestalten sind in das wirkliche Leben verflochten.

Jene leibhaftig und lebendig gewordenen Ideale wirken nun so, dass sie zweierlei Affekte erregen: Teilnahme und Bewunderung. Bewunderung vermöge ihrer idealen Natur; Teilnahme vermöge ihrer Eigenschaft als konkrete und zwar menschliche oder doch menschenähnliche Wesen. Ohne Bewunderung fehlt der epischen Wirkung die ideale Erhebung, die sie von der Wirkung des Alltagsromans oder des Märchens unterscheidet. Ohne Teilnahme fehlt der epischen Wirkung die Wärme, der Bewunderung gerade diejenige Färbung, um derentwillen die Ideen nicht in abstracto, sondern in Gestalt lebendiger Ideale vorgeführt werden. Bewunderung wird durch grosse Eigenschaften, Gesinnungen, Thaten; Teilnahme durch persönliche Eigenschaften in Verbindung mit merkwürdigen, gefahr- und wechselvollen Geschicken erregt. Keines dieser Elemente darf im Epos fehlen; doch tritt bald die eine, bald die andere Seite stärker hervor, wie bald der eine, bald der andere Affekt mächtiger erregt wird. Die Erregung beider Affekte ist der epischen Wirkung wesentlich; doch, wie wir von Lessing gelernt haben, eigentlich charakteristisch für das Epos ist die Bewunderung. Denn der ethische Grundzug dieser Dichtart ist durchaus optimistisch; sie wendet sich vorwiegend an die idealistische Seite der menschlichen Natur.

Optimismus ist in hohem Grade dem Dichter (man gestatte mir den Singular) von *Beówulfes sîð* eigen, und er setzt dieselbe Gesinnung bei seinen Zuhörern voraus. Er spekuliert fast ausschliesslich auf deren Bedürfnis zu bewundern. Wechsel von Furcht und Hoffnung sucht er kaum zu erregen; die Teilnahme, die er für das Geschick seines Helden in Anspruch nimmt, ist nur gerade so gross als nötig, wenn der Hauptzweck nicht verfehlt werden soll. Gleichwohl ist er, und erfolgreich, bemüht, Spannung hervorzurufen; aber es ist eine Spannung ganz eigener Art. Unausgesetzt ist das Interesse des Zuhörers auf den éinen Punkt gerichtet: zu sehen, wie Beówulfs Heldennatur sich allmählich, Stück für Stück, entfaltet, bis zuletzt der Held in seiner ganzen Grösse vor uns steht. Dieses Interesse rege zu erhalten und zu steigern, bedient sich die Kunst des Dichters der mannigfaltigsten Mittel, grosser, kleiner und kleinster Kunstgriffe: sogar Namen, die Jedermann auf der Zunge trägt, dürfen erst in bedeutungsvollen Momenten genannt werden; denn auch der Name gehört zum Wesen des epischen Helden. Wie heutzutage naive Zuschauer im Theater sich auf eine Erkennungsscene freuen, wie sie sich gern überraschen lassen durch dasjenige, was sie im voraus wissen, — ähnlich haben wir uns die Wirkung derartiger Kunstmittel auf die Zuhörer des epischen Sängers zu denken.

Daher wird Beówulf zuerst nur als Hygelâcs Gefolgsmann eingeführt, als der treffliche unter den Gauten und der stärkste aller Menschen. Er hat von Grendels Thaten gehört und beschliesst Hrôđgâr aufzusuchen, da es diesem an Männern fehlt. Den nächsten Zug, der zu seinem Bilde hinzutritt, gewährt der Eindruck, den seine Heldengestalt, seine fürstliche Erscheinung auf den dänischen Strandwart macht, — beiläufig ein Zug, den Möller mit wahrem Wandalismus seiner Strophentheorie zu liebe ausgemerzt hat. Aus der Antwort des Helden auf die Frage des Strandwarts erfahren wir, er sei der Sohn des weitberühmten, edlen Fürsten Ecgþeow. In gewogener Gesinnung suche er mit seiner Schaar den Dänenkönig auf, für den er eine grosse Zeitung habe. Erst dem Hofmarschall Hrôđgârs, bei dem er sich und den Seinigen den Zutritt zum König erbittet, nennt Beówulf seinen Namen. Und aus des Hofbeamten Meldung an den König klingt wiederum der Eindruck hervor, den die bedeutende Erscheinung des Gautenführers ihm gemacht hat. Hrôđgâr aber hat Beówulf als Knaben gekannt, und vor allem kennt er seine edle Abkunft: die Mutter des Helden, Ecgþeows Gattin, war die einzige Tochter des Gautenkönigs Hrêþel. Jetzt, wo Alles für eine kräftige Wirkung wohl vorbereitet ist, betritt Beówulf den Saal, begrüsst den König und eröffnet sofort sein Anliegen. Mit einem Wort gedenkt er der vielen Grossthaten, die er in seiner Jugend unternommen, und kommt dann auf Grendel und das Unheil, das er über die Halle, wo sie sich befinden, gebracht. Zum ersten male seit der Einführung des Helden wird der Name Grendel wieder genannt, zum ersten male seit der Einleitung ist von jenem Unheil die Rede.[1] Beówulf bittet den König, ihm und seiner Schaar die Aufgabe der Säuberung Heorots anzuvertrauen. Aus der warmen Erwiderung Hrôđgârs erfahren wir ein wichtiges Motiv, das Beówulf zu seinem Unternehmen mit bestimmt hat: die Treue, mit der er der Gutthat gedenkt, welche der König einst seinem Vater Ecgþeow erwiesen.[2] Im übrigen beschränkt der Dänenherrscher sich darauf, die Pflichten des aufmerksamen Wirts zu erfüllen. (Die Situation

---

[1] Ich setze hier, wie an andern Stellen dieser Übersicht, die ursprüngliche Gestalt der A-Version bereits voraus.

[2] Vgl. die treffende Ausführung Bugges, Beiträge XII, 87 f.

legt ihm eine gewisse Reserve auf: weder sofortige entschiedene Annahme von Beówulfs Anerbieten war angemessen, noch war es möglich, schwächliche Bedenken vorzubringen oder gar Momente, die den Helden abschrecken konnten, geltend zu machen.) Als nun die Gauten der Aufforderung des Königs gemäss sich zum dänischen Zechgelage niedergelassen haben, während der Becher kreist und ab und zu das helle Lied des Sängers erklingt, beginnt der auf Beówulfs Ruhm eifersüchtige Unferđ seine Streitrede. Er berührt darin das grosse Jugendabenteuer des Helden, sein Wettschwimmen mit Breca. Die gehässige Art, wie er die Sache darstellt, reizt Beówulf zur Erwiderung, zur kräftigen, aber massvollen Vertretung des eigenen Ruhms, zur männlich derben Abfertigung des Gegners. Aus seiner Rede erfahren wir, dass seine „Meeresstärke“ die aller anderen Männer übertrifft, dass er bei jenem Wettschwimmen dem Nordwind entgegen in das Polarmeer geschwommen ist (Müllenhoff, Zs. VII, 420), dass er den gefahrvollen Kampf mit den Seeungeheuern glücklich bestanden hat; und wir schöpfen sowohl aus dem Inhalt wie aus der Form seiner Worte die Zuversicht, dass seine entschlossene Thatkraft auch mit Grendel fertig zu werden im Stande sein wird. Diese Wirkung erhält von seinen Worten auch der hocherfreute König, und als nun die Nacht hereinbricht und das Zeichen zum Aufbruch gegeben ist, übergiebt er dem Helden feierlich die Hut des königlichen Dänenbaus und mahnt ihn an seinen Ruhm und seine Stärke, indem er ihm für seine That reichen Lohn in Aussicht stellt. Der König verlässt mit seinem Gefolge den Saal; Beówulf bleibt mit seinen Gauten darin zurück. Der Held entledigt sich seiner Waffen und macht, bevor er sich auf das Ruhebett legt, seinem kühnen Selbstvertrauen in einem *gilpcwide* Luft: da Grendel das Schwert zu handhaben nicht versteht, so will auch er ihn ohne Waffen bekämpfen; Gott möge den Sieg dem von beiden verleihen, dem er wolle. Beówulf legt sich jetzt zur Ruhe, und um ihn entschlummern seine Degen. Da kommt Grendel herangeschritten; eine gewisse Beklommenheit bemächtigt sich der Zuhörer; ein kurzer Schrecken, als der Unhold einen der schlafenden Gauten ergreift, zerreisst und verschlingt. Dann wendet er sich zu Beówulf, er stösst auf kräftigen Widerstand, und der Kampf beginnt, dessen Ausgang von vornherein nicht zweifelhaft ist, in dem sich aber das Bild des Helden vollendet.

Diese Darlegung des dichterischen Plans ermöglicht es nun schon, die meisten und wichtigsten Erweiterungen, die innerhalb der Version A stattgefunden haben, als solche zu erkennen, während die Rücksicht auf das Ausgeführte in anderen Fällen wenigstens das Gewicht sonstiger Gründe zu verstärken geeignet ist.

Letzteres trifft gleich bei der ersten bedeutenderen Erweiterung zu, einer in die erste Rede des Strandwarts eingeschobenen Stelle, nämlich:

251^b^—256^a^. Die im Übrigen vortreffliche Rede (237—257) hat folgenden Gedankenzusammenhang: Was seid ihr für Krieger, die ihr über die See hierher gekommen seid? Lange habe ich diesen Strand gegen fremde Freibeuter gehütet; aber niemals Bewaffnete in dieser Weise, wie alte Bekannte, hier landen sehen ohne dazu ausdrückliche Erlaubnis erhalten zu haben. Einer unter euch sieht wie ein gewaltiger Held und wie ein Fürst aus. Sagt also schleunig, woher ihr kommt.

Beiläufig sieht man, wie der klar erkannte Zusammenhang die Ergänzung Bugges (Beiträge XII, 83) zu 240^b^ *(Hwîle ic on wealþle* || *wæs endesǽta* durchaus bestätigt, insofern er ein Wort wie *hwîle* oder *longe* gebieterisch erfordert.[1] Dieser Zusammenhang aber wird durch den 252 f. ausgesprochenen Verdacht (denn *sceáweras* kann doch, nach Cosijns richtiger Bemerkung, nur Späher und nicht etwa Touristen bedeuten) durchbrochen und damit zugleich — dies berührt den Gesamtplan — der Eindruck der schönen Stelle über Beówulfs Erscheinung abgeschwächt. Ferner bringen die

---

[1] Das *wæs* an sich, welches Bugge hauptsächlich bestimmte, erforderte solche Ergänzung nicht, vgl. Körner Einl. I, 63. — In Verbindung mit dem Umstand, dass in der Hs. deutlich *le wæs* steht, scheint jedoch das oben hervorgehobene Moment (auch abgesehen von Sievers' metrischer Bemerkung, Beiträge X, 274) ausreichend, Bugges Konjektur einen hohen Grad von Wahrscheinlichkeit zu verleihen.

Verse 251[b]—256[a] den Übelstand mit sich, dass der Strandwart, der gleich am Anfang seiner Rede seine Frage direkt gestellt hat, am Schlusse derselben zweimal, und ziemlich weitläufig, sagt, dass er sie stellen müsse. Dabei drückt er sich das zweite mal aus wie Einer, der das Bewusstsein hat, einen neuen Gedanken zu haben (255 f. *mînne gehŷrađ ânfealdne geþôht).* Mir ist nicht im geringsten zweifelhaft, dass ursprünglich 256[b] sich direkt an 251[a] anschloss. Auch das dürfte erhellen — aus dem zweifachen *Nû* sowie aus dem lautlichen Anklang zwischen *fyr heonan* und *feorbûend* —, dass die Erweiterung selber wiederum aus zwei Varianten gemischt ist, deren eine aus der anderen entstanden sein wird.

In Beówulfs Erwiderung (260—285) findet sich ein Zusatz, der die durch den planvollen Aufbau des Ganzen vorbereitete Steigerung ebenso grausamer wie überflüssiger Weise vereitelt, nämlich:

272[b]—285. Wie Beówulf erst dem Hofmarschall Hrôđgârs seinen Namen nennt, so entfaltet er seinen Plan erst dem König selber. Wie er Wulfgâr sagt, er wolle sein *ǽrende* dem Herrscher in eigener Person anvertrauen, so beschränkt er sich dem Strandwart gegenüber darauf, die treue Gesinnung gegen den Dänenkönig und die Grösse des *ǽrende*, das er an ihn habe, hervorzuheben. Seine Rede darf schlechterdings nur bis 272[a] reichen. Wozu hätte er mehr gesagt, als der augenblickliche Zweck erforderte, so viel mehr als der Strandwart ihn gefragt hatte? — Auch haben die Worte 271[b]. 272[a] *ne sceal þǽr dyrne sum wesan, þæs ic wêne,* bessern Sinn, wenn sie Argwohn und Neugierde im Hinblick auf die dem König zu machende Eröffnung beschwichtigen, als wenn sie eine solche Eröffnung direkt einleiten sollen. Man erwäge ferner aus der Erwiderung des Strandwarts die Worte 287 ff. *Æghwæþres sceal scearp scyldwiga gescâd witan, worda ond worca, sê þe wel þenceđ.* Das heisst: Ein wackerer, besonnener Kriegsmann soll nicht nur an den Werken, sondern auch an den Worten Freund oder Feind zu erkennen wissen. Auch dies hat mehr Sinn, wenn Beówulf nicht Alles gesagt hat. Und indem der Strandwart im folgenden (290 f.) nur die gute Gesinnung der Fremden für Hrôđgâr erkannt zu haben erklärt, aber kein Wort verlauten lässt von der Rettung aus der Not, die er von ihnen erwartet, bestätigt er nur unsere Auffassung. Der ursprüngliche Anschluss der alten Teile an einander ist leicht zu erkennen:

272/286 wesan, þæs ic wêne. Weard maþelode,
ombeht unforht:

Der Halbvers 286[b] *ðǽr on wicge sæt*, an sich recht gut, ist jedoch keineswegs notwendig. Wenn nicht einmal gesagt wird, dass der Strandwart den Gauten zu Pferde den Weg weist, sondern dies uns aus dem Anfang (234) und dem Ende (315) zu schliessen überlassen wird, so brauchte noch viel weniger gesagt zu werden, dass er während der Unterredung zu Pferd sitzen blieb. Dass der Zusatz auf Erweiterung in A und nicht etwa auf Einschiebung aus B beruht, ergiebt sich 1) aus dem Halbzeilenanschluss, der die Ergänzung *þǽr on wicge sæt* nötig machte; 2) aus der zu der Weise der A-Version stimmenden (vgl. 86 ff.) unbestimmten Bezeichnung Grendels; 3) aus gewissen für A charakteristischen Ausdrücken, wie 285 *hûsa sêlest*, vgl. 146 sowie *reced sêlesta* 412.

Beiläufig bemerke ich zur Stelle noch, dass nach Bugges glücklicher Emendation, 280 *edwenden* statt *edwendan*, noch eine andere Änderung zur Herstellung eines guten Satzgefüges notwendig erscheint: 282 ist, statt *wurðaþ, wurðan* zu lesen. Das Verhältnis zum folgenden *oððe . . . . . þolað* erfordert diese Besserung ebenso dringend, wie es die Entstehung der Korruptel einfach erklärt.

Aus der Annahme, dass 272[b]—285 zur Rede des Beówulf später hinzugesetzt sind, folgt mit Notwendigkeit, dass ebenso

299—300 einen nachträglichen Zusatz zur Rede des Strandwarts und gleichfalls eine Erweiterung in A bilden.

Aus dem entwickelten Plan der Dichtung ergiebt sich, dass die Stelle

419—426[a], in der schon Müllenhoff und, ihm folgend, Rieger eine Interpolation erkannten, von dem ursprünglichen Kern auszuscheiden sind. Der Dichter hatte sich die Erwähnung von Beówulfs Seeabenteuern für einen späteren

Augenblick aufgespart. Hier kommt die zum Teil mangelhafte, weil zerstückelte, Diktion des Passus als Beweismoment hinzu.

Der ursprüngliche Anschluss ist jedoch verloren gegangen, und Müllenhoffs, von Möller adoptiertes, Verfahren, wodurch 426ᵇ beseitigt wird und 427 die Gestalt erhält: *brego Beorhtdena, ic þê biddan wille*, scheint mir metrisch und zumal stilistisch bedenklich. Ich vermute, dass nach 418 eine Halbzeile mit der Alliteration *þ* (vielleicht zugleich ein Stück des zweiten Halbverses 426ᵇ, doch ist diese Annahme nicht notwendig) verloren gegangen ist. Schon diese Sachlage lehrt, dass wir in der Stelle vordiaskeuastische Erweiterung in A zu erkennen haben, und dies Resultat wird durch das für die erste Version charakteristische Wort *âglǽca* 425 wiederum bestätigt.

Um die Heilung des arg beschädigten Passus hat sich neuerdings Bugge (Beitr. XII, 367) sehr verdient gemacht. Glänzend ist seine Konjektur *fîfelgeban* (d. h. *fîfelgeofon*) statt *fîfe geband* 420. Doch hätte er nicht die Partikel *on* vor *fîfelgeban* einschieben sollen. Denn die Lesart: *þǽr ic (on) fîfelgeban ŷđde eotena cyn*, leidet noch immer an einem doppelten Misstand. Einmal an demjenigen, den Bugge durch seine Konjektur heben wollte: was die Lesart aussagt, stimmt noch immer nicht zu der Kampfschilderung in 550—569; dort ist von einer Bekämpfung der *eotenas* durch Beówulf keine Rede. Zweitens bedeutet *êđan* oder *ŷđan*, so viel ich weiss „veröden, entvölkern," nicht aber „dezimieren." Ich lese daher:

þǽr ic fîfelgeban
ŷđde, eotena *hâm*, ond on ŷđum slôg
niceras nihtes.

Jetzt erzählt die Stelle nur von der Tötung grosser Seetiere. Der Ausdruck *niceras*, unter dem man sich etwa Walrosse zu denken hat (Rieger), kehrt in der Variante 574—577 wieder, über deren Herkunft wir oben (S. 38) noch unentschieden waren. Vergleicht man nun 421 f.

and on ŷđum slôg
niceras nihtes, nearoþearfe dreáh,

mit 574 ff.

þæt ic mid sweorde ofslôh
niceras nigene. Nô ic on niht gefrægn
under heofones hwealf heardran feohtan,

so bekunden Inhalt wie Lautanklang einen engeren Zusammenhang. Wir werden daher, wie die Erweiterung 419—426[a], so auch die Variante 574—577 als zu A gehörig anzusehen haben.

433—441 führe ich gleichfalls hier an, obwohl der Abschnitt, wie wir weiter unten (im sechsten Kapitel) sehen werden, nicht als jüngere Erweiterung aufzufassen ist. Aber er behandelt dasselbe Moment, das wirkungsvoller einer anderen Stelle (677—687) vorbehalten bleibt; daher er den Plan der Dichtung stört. Auch dies hatte Müllenhoff richtig gesehen, wenn gleich die meisten seiner Gründe für diese Athetese in Wegfall kommen, seit wir 442—451 und 452—455 als der B-Version zugehörig erkannt haben.

473—479 wurden von Müllenhoff zugleich mit 480—488, die wir B zugewiesen haben, verworfen. Freilich bemerkt Bugge (Zs. f. D. Ph. IV, 200): „wenn Beówulf bei demjenigen verweilt hat, was ihm Seeleute von der Grendelsplage erzählt haben (411 ff.), muss er von Hrôđgâr eine Bestätigung dieser Erzählungen zu hören erwarten.“ Allein diese Bestätigung hätte nur dann Wert, wenn sie den Übergang zu einer direkten Berücksichtigung von Beówulfs edelmütigem Anerbieten vermittelte. Die Bemerkung 478 f. aber (*God eáþe mæg þone dolscađan dǽda getwǽfan*), ohne jede Beziehung auf Beówulf, wäre in diesem Zusammenhang so unpassend wie möglich. Schliesslich ist keine Antwort auch eine Antwort, und im Schweigen ist eine Zustimmung enthalten. Wie die Sache liegt, kann ich den Leser nur auf meine S. 45 f. gegebene Ausführung verweisen, wonach 473—479 wie ein späterer Zusatz erscheinen.

574—577 haben wir soeben (S. 50 f.) als jüngere Variante zu A (555 ff.) erkannt.

587—589 hat Müllenhoff mit Recht ausgeschieden. Ob die Beschuldigung, die Beówulf hier gegen Unferđ ausspricht, „durch nichts motiviert“ war, wissen wir freilich nicht. Aber die Worte *þæs þû in helle scealt werhđo dreógan* passen allerdings nicht in Beówulfs Mund, wie die Dichtung uns diesen Helden vorführt. Auch ist, wenn diese Verse bleiben, der Halbvers 586^{b} *nô ic þæs (fela) gylpe* oder, nach Kluges Vorschlag, *nô ic þæs (geflites) gylpe* zwar der Beziehung nach nicht unklar, er hat aber doch eine schiefe Stellung. Sehr gut schliesst sich dagegen 590 an 586 an.

596 und 597^{b}—600^{a}. *atole ecgþræce* 596 folgt zu schnell auf *atol ǽglǽca* 592, und 597^{b}—600^{a} zeigen die zerstückelte Diktion, welche den alten Teilen von A fremd ist, atmen überdies grössere Bitterkeit gegen die Dänen, als der Situation angemessen scheint. Vollkommen tadellos lautet die Stelle:

Ac hê hafađ onfunden, þæt hê þâ fǽhđe ne þearf
swîđe onsittan, secce ne wêneþ
tô Gârdenum: ac him Geáta sceal
eafođ ond ellen ungeâra nû
gûđe gebeódan.

Im Vorübergehen bemerke ich, dass ich 646^{b}—652 folgendermassen herstelle:

wiste þǽm âhlǽcan
tô þǽm heáhsele hilde geþinged,
siđđan hié sunnan leóht geseón (ne) meahton.
Wôd þâ nîpende niht ofer ealle,
scaduhelma gesceapu scrîđan cwôman,
wan under wolcnum. Werod eall ârâs;
(ge)grêtte[1] þâ guma ôþerne . . .

731—738. Setzen wir die Stelle, zu der diese Verse gehören, wie sie dem Ordner des Beówulfs in A vorlag, hierher:

710 Þâ côm of môre under misthleoþum
Grendel gongan, godes yrre bær:
mynte se mânscađa manna cynnes
713 sumne besyrwan in sele þâm hêan.
723 Onbrǽd þâ bealohŷdig, đâ hê gebolgen wæs,
recedes mûþan; rađe æfter þon
725 on fâgne flôr feónd treddode.
Eóde yrremôd: him of eágum stôd
ligge gelîcost leóht unfæger.

---

[1] Mit Grundtvig; vgl. 2516 sowie erste Halbverse wie *ymbeóde þâ, âlêdon þâ, gecyste þâ* usw.

Geseah hê in recede rinca manige
swefan, sibgedriht samod ætgædere,
magoþegna heáp: þâ his môd âhlôg.
{ Mynte, þæt hê gedǣlde, ǣrþon dæg cwôme,
atol âglǣca, ânra gehwylces
lîf wiđ lîce, þâ him âlumpen wæs
wistfylle wên: ne wæs þæt wyrd þâ gên,
þæt hê mâ môste manna cynnes
đicgean ofer þâ niht! Þrŷdswŷđ beheóld
mǣg Higelâces, hû se mânscađa
under fǣrgripum gefaran wolde. }
Nê þæt se âglǣca yldan þôhte,
ac hê gefêng hrađe forman sîđe
slǣpendne rinc usw.

Im einzelnen sei bemerkt, dass 729 die HS *sibbe gedriht* liest, ebenso 387, in beiden Fällen unrichtig, da das Kompositum erfordert wird und dieses *sibgedryht* lautet.[1] 730 ist *magorinca* überliefert, eine öde Wiederholung von *rinca* 728; der zwischen beiden stehende Ausdruck *sibgedriht* zeigt deutlich den Weg zur Besserung (*magoþegna*).

Kommen wir zur Hauptsache. Es ist klar, dass 731 ff. neben 712 f. nicht bestehen können. Der bequeme Anschluss aber und mehrere Übereinstimmungen im Sprachgebrauch (732 *atol âglǣca*, 735 *manna cynnes* und 737 *mânscađa* vgl. 712, 737 *mǣg Higelâces* vgl. 813), endlich auch der ohrfällige leoninische Reim[2] 734 (vgl. 194. 726 und die Assonanz 815) verraten, dass die eingeklammerte Stelle auf Erweiterung von A beruht. Vor allem ergiebt sich dies daraus, dass man zweifeln kann, ob bei Beseitigung des Passus der überlieferte Anschluss fest genug ist. Ich glaube zwar, dass der Sprachgebrauch gestattet, dem *þæt* 739 eine allgemeine (unbestimmtere) Beziehung zu geben, zumal da die 712 f. ausgesprochene Absicht Grendels dem Zuhörer ohne Frage

[1] Beiläufig schlage ich für 386 f. folgende Emendation vor: *Beó þû on ofeste, hât in gan(gan) (on) sæl sibgedriht samod ætgædere.*

[2] Ich bezeichne so der Kürze halber den Reim, der in derselben Langzeile Cäsur und Versschluss bindet, also das hervorruft, was man für das Lateinische einen leoninischen Vers nennen würde. Über die sonstigen Bedeutungen des Ausdrucks „leoninischer Reim“ vgl. E. Freymond, Über den reichen Reim bei altfranz. Dichtern S. 5 ff.

gegenwärtig ist. Denkbar wäre auch, dass es ursprünglich 739 *Nê þâ* statt *Nê þæt* geheissen und *yldan* somit absolut konstruiert wäre. Aber auch andere Vermutungen liessen sich aufstellen. Diese Unsicherheit erschüttert so wenig unsere Annahme in Betreff der eingeklammerten Stelle, dass sie vielmehr als eine natürliche Folge unserer Auffassung anzusehen ist. Denn es wäre ja ein Wunder, wenn bei den mannigfachen Erweiterungen, welche A erfuhr, der ursprüngliche Text überall bis auf den Buchstaben respektiert worden wäre.

760b—764a. Die Erkenntnis, dass diese Verse zugesetzt sind, verdanke ich meinem Freund Dr. Eugen Joseph, der im letzten Sommersemester meiner Beówulfvorlesung beiwohnte und mit grosser Lebhaftigkeit auf meine Ansichten einging. Er bemerkte mir einmal sehr richtig, dass 760b *fingras burston* eigentlich schon das Ende des Kampfes bezeichne und dass dieser Zug eine Reihe anderer: 764 f. *wiste his fingra geweald on grames grâpum*, 814 f. *ac hine se môdga mǽg Hygelâces hæfde be honda* und das ganze von 761 ab geschilderte Ringen bis zum Ausreissen des Armes als sehr überflüssig, ja lächerlich erscheinen lasse. Er war daher geneigt, 758—760 als Erweiterung auszuscheiden. Dies dürfte nun zwar nicht angehen; insbesondere wird man den Zug 759 f. *ûplang âstôd ond him fæste wiđfêng*, der eine neue Phase des Kampfes bezeichnet, unmöglich entbehren können. Es bleibt daher nichts Andres übrig als 760a mit 764b zu verbinden, wobei es um den Wechsel des Subjekts anzudeuten nötig sein wird, 764b *his* in *hê* zu verwandeln, also:

758 Gemunde þâ se môdga[1] mǽg Higelâces
ǽfensprǽce, ûplang âstôd
760/764 ond him fæste wiđfêng. Wiste *hê* fingra geweald
on grames grâpum; þæt wæs[2] geócor sîđ,
þæt se hearmscaþa tô Heorute âteáh.

Unsere Annahme erhält nun von anderer Seite eine unerwartete Bestätigung. Dass 764b einmal *hê* gestanden

---

[1] *môdega* Rieger statt *goda* HS.
[2] So Grein statt *þæt he wæs* HS.

hat, scheint sich daraus zu ergeben, dass dieses *hê* sich doch wohl aus jener Halbzeile in 765ᵇ verirrte; vgl. Anm. 2 auf vorstehender Seite.

Mit der ausgeschiedenen Stelle wird man Wiederholungen wie *Mynte se mǽra* 762 (zu *Mynte se mânscađa* 712) gerne los werden; doch verraten derartige Anklänge, nicht weniger als die ganze Art der Einschaltung, dass die Stelle zu A gehörte.

793—803 haben wir bereits oben (S. 40) als eine Erweiterung in A kennen gelernt, welche dann dem Ordner des Beówulfs die Möglichkeit bot, 804—812 aus B einzuschieben.

823—824. Der Satz *Denum eallum wearđ* etc. nimmt das 828 ff. gesagte vorweg, schwächt wenigstens die Wirkung im Voraus ab. Es wäre möglich, jedoch nicht besonders wahrscheinlich, dass die Verse der Version B entnommen wären.

832 ist deutlich späterer und höchst überflüssiger Zusatz.

Stellen wir jetzt zur Erleichterung der Nachprüfung den ursprünglichen Bestand von A, soweit er überliefert ist, für den Umfang des ersten Abenteuers fest: 194—204. 210—251ᵃ. 256ᵇ—272ᵃ. 286ᵃ. 287—298. 301—304. 307—376. 386—418. 426ᵇ—432. (433—441.)[1] 456—472. 489—558. 578 *(swâ þǽr)* — 586. 590—595. 597ᵃ. 600ᵇ—611. 644—663. 669—690. 710—713. 723—730. 739—754. 758—760ᵃ. 764ᵇ *(wiste hê)* — 769. 771—777. 791—792. 813—822. 825—831. 833—836.

Dass A als Ganzes genommen eine ältere Fassung des Gedichts repräsentiert als B, erhellt leicht aus einer Vergleichung der Stellen in beiden, die sich zur Vergleichung eignen, sowie aus der Erwägung, dass die Wealhþeowepisode erst in B auftaucht. Unter diesen Umständen aber wird man nicht wohl Bedenken tragen können, den Kern von A, den wir freilich nicht ganz vollständig und vermutlich auch nicht genau herzustellen vermögen, geradezu für die Quelle

---

[1] Über diese Stelle vgl. S. 51 sowie das im sechsten Kapitel zu erörternde.

von B zu halten. Finden wir zwischen den beiden Versionen auch nur selten wörtliche Übereinstimmung (wie etwa 196 f. und 789 f.; vgl. ferner das S. 26 bemerkte), so scheint doch die Darstellung in B der von A im allgemeinen durchaus parallel einhergegangen zu sein. Vor allem aber ist zu bedenken, dass diejenigen Stellen in B, welche die auffälligste Übereinstimmung zu A gezeigt haben mögen, von dem Gesamtordner aus guten Gründen nicht in seinen Text aufgenommen worden sind. Wollte man für beide Versionen als gemeinsame Quelle eine dritte annehmen, so könnte man sich von dieser doch kein anderes Bild gestalten, als die alten Bestandteile von A gewähren. Und so leistet das Anerkenntnis, dass der Ausdruck „ursprünglicher Bestand von A" cum grano salis zu nehmen sei, genau soviel wie jene Annahme es würde, und verdient unsere Ansicht bei der Abwesenheit aller bestimmten Ansprüche, die man an jene dritte Version zu stellen hätte, methodisch jedesfalls den Vorzug.

VIERTES KAPITEL.

DIE BEIDEN VERSIONEN DES ZWEITEN ABENTEUERS.

Auch im zweiten Abenteuer, dem Kampf mit Grendels Mutter, sind deutlich die Spuren zweier verschiedener Darstellungen wahrzunehmen. Wie sich jene Versionen zu denen des ersten Abenteuers verhalten, können wir vorläufig nicht einmal vermuten. Nur soviel ist klar: wer V. 825 ff. sowie 828 ff. fand oder sagte, hatte nicht die Absicht, vom Kampf mit Grendels Mutter zu sagen. Sehr denkbar dagegen, dass er eine Darstellung von der Ehrung und Belohnung Beówulfs, von dem Abschied zwischen ihm und Hrôđgâr im Sinne hatte. Freilich bilden 833—836 einen durchaus passenden Abschluss für einen epischen Vortrag,[1] sie schliessen jedoch eine Fortsetzung keineswegs aus. Und der Sänger, der dem Bedürfnis seiner Zuhörer so glücklich entgegen kam, indem er die hehre Gestalt seines Helden Zug um Zug aus seinem Bild hervorwachsen liess, — sollte er nicht auch das eine oder andere mal einem kaum minder regen Bedürfnis entsprochen haben, indem er zeigte, wie dem Verdienste sein Lohn zu teil wurde, wie Heldengrösse die gebührende Anerkennung fand? That er dies aber, so ist auch dieser Teil seines Werks schwerlich spurlos verschwunden. Andere Sänger werden Stücke daraus in ihre neuen Lieder verwebt haben. Freilich bleibt es fraglich, ob erkennbare Reste davon auf

[1] Die letzte Strophe in Tassos Befreitem Jerusalem hat einen ganz ähnlichen Charakter wie Beów. 825—836.

uns gekommen sind; aber die Möglichkeit, auf dergleichen zu stossen, werden wir doch bei unserer Untersuchung im Auge behalten müssen.

Suchen wir uns zunächst eine Übersicht über den Inhalt des zweiten Abenteuers zu verschaffen.[1] Ich unterscheide aus praktischen Gründen folgende Abschnitte:

I. Bis zur *mâđđumgife.*
II. Die *mâđđumgifu.*
III. Das Lied von Finnsburg und Wealhþeós zweites Auftreten.
IV. Nächtlicher Besuch von Grendels Mutter.
V. Trauer und Trost.
VI. Vorbereitung zum Seeabenteuer.
VII. Das Seeabenteuer.
VIII. Rückkehr vom Seeabenteuer.
IX. Hrôđgârs Doppelrede.
X. Letzte Nacht in Heorot und Abschied.
XI. Abreise.

Der erste Abschnitt (837—1019) erzählt uns, wie am Morgen (nach der Kampfnacht) viele Helden von nah und fern herbeikamen, um die Spuren Grendels zu sehen, die sie dann bis zum Nickersee verfolgen, dessen Wasser ganz blutig ist. Von dort kehren sie auf Apfelschimmeln zurück, indem sie Beówulf als den besten Kämpen auf der weiten Erde, als den der Herrschaft am würdigsten preisen, ohne jedoch Hrôđgâr herabzusetzen. Darauf reiten sie um die Wette, dann beginnt ein sagenkundiger Königsdegen einen poetischen Vortrag von Beówulfs Reise und — in einem Atem — von Sigemund dem Wælsing, von dessen weiten Fahrten, von seiner Freundschaft mit Fitela, der ihm bei der Tötung vieler Riesen half, von dem Wurm, den er allein mit dem Schwerte tötete, und den Schätzen, die er dann in sein Boot lud. Von dem berühmtesten der Heimatlosen, dem Schirmherrn der Krieger, der sich durch seine Heldenthaten grosse Ehren erwarb, kommt der Dichter (man weiss überhaupt

[1] Dass wir den Umfang desselben richtig abgrenzen, wird später zu zeigen sein.

nicht recht, wo er über den Vortrag des Königsdegens referiert, wo er selber erzählt) auf Heremôd, der unter den Eotenen durch Verrat in die Hände der Feinde geliefert ward, der seinen Edeln allen zum Lebenskummer wurde, der die Hoffnungen, die weise Männer auf ihn als Herrscher über die Scyldingen gesetzt, zu Schanden machte. „Beówulf wurde da dem Menschengeschlecht, seinen Freunden lieber, ihn (Heremôd) kam Frevel an."

Dann wird wieder um die Wette geritten. Inzwischen ist es heller Tag geworden. Viele begeben sich in den Saal, um das Wunder zu schauen. Auch der König geht dahin mit grossem Gefolge; ebenso die Königin in Begleitung ihrer Frauen.

Halten wir hier einen Augenblick inne, obwohl der Abschnitt noch nicht zu Ende ist. Dass hier die schönste Konfusion herrscht, leuchtet ein und ist von Müllenhoff klar gezeigt worden. Zweimal wird um die Wette geritten, und dies beide male mit ganz ähnlichen oder doch lautlich anklingenden Worten erwähnt (864 ff. 916 ff.). Zweimal wird Beówulf gepriesen; das zweite mal aber wird sein Lob auf die auffallendste Weise mit dem Lobe des Wælsings Sigemund und dem Tadel des Scyldingenherrschers Heremôd verflochten. Von Beówulf auf Sigemund ist gar kein Übergang und von Sigemund auf Heremôd der rätselhafteste, der sich denken lässt: Sigemund gedieh wegen seiner Grossthaten an Ehren.[1] Darauf nahm die Kampfesmacht, die Kraft und die Stärke Heremôds ab. Oder gar: Sigemund gedieh an Ehren, seit Heremôds Kraft abgenommen hatte.

Um den Abschnitt ins reine zu bringen, hat Müllenhoff eine grossartige, sich ablösende Thätigkeit seiner beiden Interpolatoren angenommen. Durch diese Annahme wird jedoch die Konfusion nicht entwirrt, auch nicht erklärt, sondern nur aus dem Text in den Kopf des zweiten Interpolators geschoben, der doch auch ein Mensch und zwar ein dichterisch produktiver Mensch gewesen sein soll. Die Verwirrung ist aber einzig durch das Verfahren des Ordners herbeigeführt, der

---

[1] 900 *Hê þæs âron ðâh* Cosijn; *He þæs ær onðah* HS.

zwar auch ein Mensch war, jedoch nichts vom Poeten an sich hatte, eher vom Philologen; und konservativ gesinnte Philologen wissen sich, wie gerade die Geschichte der Beówulfkritik lehrt, unter Umständen mit Allem abzufinden.

Es liegt dem Abschnitt eine vollständig aufgenommene Darstellung (C) und eine zum Teil aufgenommene Darstellung (D) zu Grunde. C liess seine Helden zuerst Beówulf preisen, dann um die Wette reiten; D liess sie zuerst um die Wette reiten, dann einen Königsdegen seinen Vortrag halten. C verflocht Beówulfs Lob mit der Erinnerung an Heremôd; D liess seinen Königsdegen von Beówulf und Sigemund sagen. C umfasst für die betrachtete Partie 837—861. 901—924; zu D gehören 864—900. Unentschieden bleibe zunächst, woher 862—863 stammen.

Nur in seltenen Fällen wird sich die Richtigkeit der Variantenhypothese so zur Evidenz bringen lassen wie hier. Ich glaube nicht, dass die Behauptung, 901 habe unmittelbar auf 861 zu folgen, irgend welchem beachtenswerten Widerspruch begegnen wird. Beówulf war der beste Kriegsmann auf Erden, seit Heremôds Kraft abgenommen hatte. Mit dem mythischen König, dem Typus des Kriegsmuts[1], den man sich als uralten Herrscher über die Scyldingen dachte, wird Beówulf von den dänischen Helden passend verglichen. Indem aber Heremôds trauriges Ende nicht nur in Erinnerung gebracht, sondern auch motiviert wird, zeigt sich, dass an anderen Vorzügen, die den Helden und Fürsten schmücken, Beówulf gerade das besass, was Heremôd abging. Soweit hängt C in sich recht gut zusammen.

D lässt allerdings Beówulfs Fahrt und Sigemunds Thaten unvermittelt neben einander besingen; aber gerade der Mangel an jeder Vermittlung und an jedem Versuch, sie herzustellen, zeigt uns, dass hier eine ungeschickte Erweiterung vorliegt, und erleichtert deren Ausscheidung. Es ist klar, dass es ursprünglich hiess:

---

[1] Mit Recht bezeichnet Müllenhoff (Vorlesungen) den Heremôd als eine Personifikation des kriegerischen Sinnes, der zum Guten und zum Bösen ausgelegt werden könne: 1) als löblicher kriegerischer Mut, 2) als kriegerische Wildheit und Grausamkeit.

867 hwîlum cyninges þegn,
{guma gilphlæden, gidda gemyndig}
sê đe ealfela ealdgesegena
870/874 worn gemunde, welhwylc gecwæđ,
þæt hê fram Sigemundes secgan hŷrde
ellendǽdum ....

Auch die eingeklammerte Zeile ist höchst wahrscheinlich spätere Zuthat.

Hier erhebt sich nun die Frage, ob D seine Helden ursprünglich gar nicht Beówulf hat preisen lassen? Bei der allgemeinen Ähnlichkeit, die sonst zwischen den beiden Fassungen besteht, ist dies recht unwahrscheinlich. Denn wenn auch in der zweiten Version deutlicher als in der ersten die Freude darüber zu Tage tritt, an den Morgenunterhaltungen der Helden ein retardierendes und zugleich die Hörer unterhaltendes Moment gefunden zu haben, so brauchte doch die Situation darum nicht ganz ausser Acht gelassen zu werden, und wie diese notwendig zu Beówulf zurückführte, sehen wir u. a. an jener Erweiterung (870[b]—874[a]), die D später erfuhr. Aber eben jener Zusatz giebt auf unsere Frage eine ganz direkte Antwort: *secg eft ongan sîđ Beówulfes snyttrum styrian* heisst es 871 f. Es war also schon früher in D von Beówulf die Rede gewesen; aber, ähnlich wie in C, ohne dass ein Lied auf ihn vorgetragen worden wäre. Der Erweiterer aber meinte, als die Rede auf poetischen Vortrag kam, auch hierbei dürfe Beówulf nicht übergangen werden. Wir sehen also, dass D in seiner älteren und in seiner vollständigen Gestalt dieselbe Ordnung wie C hatte, aber ihr gegenüber um ein neues Motiv bereichert war. Zuerst wurde Beówulf gepriesen, dann um die Wette geritten, dann von Sigemund gesungen. Ob bei Gelegenheit von Beówulfs Lob auch Heremôds erwähnt wurde, wissen wir nicht; jedesfalls nicht in der Weise, wie es in C geschah. Denn nunmehr beginnt es in Betreff der Verse 862 f. zu tagen. Sie können kaum von einem C-Diaskeuasten interpoliert sein, da sie den Zusammenhang in jener Version zu arg stören. Sie tragen gar nicht das Gepräge des Generalinterpolators, den die Genealogie der Unholde und die Verdammnis der heidnischen Dänen im Jenseits weit mehr interessieren als der irdische Ruhm des Dänenkönigs. Folglich werden sie D angehören und dort eine ähnliche Stellung eingenommen haben wie im überlieferten kontaminierten Text. Sie waren es dann, welche den Gesamtordner durch den bequemen Anschluss zu der ungeschickten Einschiebung verführten.

War nun D komplizierter als C, so werden wir wohl C für die ältere Darstellungsform ansehen müssen. Gleichwohl kann man keinen Augenblick daran denken, C in der Form, wie es dem Ordner vorlag und wir es bisher erkannt haben, für ursprünglich zu halten. Ganz deutlich zeigt sich vielmehr hinter C eine ältere Gestaltung (C′) und hinter dieser eine noch ältere Schicht (C″). In C′ fehlte das Wettrennen und fehlte auch die Stelle über Beówulf und Heremôd. So nahe es auch lag, die Helden Beówulf preisen zu lassen, so war dieses Motiv doch davon bedingt, dass man sich überhaupt um ihre Morgenunterhaltung kümmerte. Beschränkte man sich darauf, kurz zu sagen, dass sie vom See, wohin sie die Spuren Grendels verfolgt, zurückkehrten und nun in den Saal traten, wohin sich auch Hrôđgâr begab, so blieb das Lob Beówulfs diesem überlassen. Der positive Beweis für die Existenz von C′ liegt aber darin, dass in C die Pferde 855 auf einmal da sind — man weiss nicht wie — um dann eine gewisse Rolle zu spielen, und das gleiche gilt von den jungen Leuten (854), die sich den *ealdgesîđas* bei der Rückkehr vom See zugesellen und nun plötzlich den Gang dahin als eine Vergnügungspartie (*of gomenwâđe*) erscheinen lassen. C′ hatte an den Stellen, auf die es hier ankommt, folgende Gestalt.

853 þanon eft gewiton ealdgesîđas
855/917 fram mere môdge. Þâ wæs morgenleóht
scofen ond scynded: eóde scealc monig
swîđhicgende tô sele þâm hêan
920 searowundor seón . . .

C″ aber unterschied sich von C′ darin, dass es die Helden gar nicht Grendels Spuren bis an den See verfolgen liess. Wenn die *gûđrincas* sich nach der kritischen Nacht in der Frühe um die Halle versammeln, so war das Nächstliegende hineinzugehen, um sich zu überzeugen, ob Beówulf und seine Mannen noch am Leben seien, und von ihnen das Nähere über den Kampf zu erfahren. C′ setzt voraus, dass sie das Resultat bereits kennen, man sieht nicht recht ein, wie. Und in C ist man offenbar noch besser orientiert und so vollständig über den Ausgang beruhigt, dass man allerlei Allotria treiben kann. In C″ schloss sich an 839 direkt 919 an, womit die *wîdwegas* 840, die Müllenhoff ungern aufnahm, aber nicht loszuwerden vermochte, glücklich beseitigt sind:

fêrdon folctogan feorran ond nêan
swîđhicgende tô sele þâm hêan,
searowundor seón . . .

Wie es sich mit V. 923 f. verhält, wonach die Königin mit ihren Frauen gleichfalls zum Saal geht, bleibe einstweilen im Dunkeln.

Fahren wir jetzt in der Betrachtung des ersten Abschnitts fort. Hrôđgâr ist in die Halle getreten und, auf dem Fussboden stehend (926 *on staþole* mit Rask und Bugge statt *on stapole*), blickt er zur goldbunten Decke empor und betrachtet Grendels Hand. Dann redet der König (928—956): Dank dem Allmächtigen für diesen Anblick! Viel Übles habe ich von Grendel erfahren; Gott vermag stets Wunder zu wirken. Noch vor Kurzem hoffte ich auf keine Erlösung von meinen Leiden. Das Leid hatte alle meine Witan vertrieben, die nicht hofften, den Volksbau gegen Feinde zu schützen. Jetzt hat ein Mann durch Gottes Macht die That vollbracht, die wir alle mit unsrer Klugheit nicht zu Stande bringen konnten. Fürwahr! die Frau, die den Mann geboren, darf sagen, dass der Schöpfer ihr bei der Geburt gnädig war. Jetzt will ich dich, Beówulf, als Sohn lieben; halte fortan die neue Sippe wohl. An keinen Wunschgütern, deren ich Gewalt besitze, wird dir Mangel sein. Gar oft habe ich für Geringeres einem schwächeren Helden Lohn gespendet. Du hast dir selber durch deine Thaten ewigen Ruhm erwirkt. Möge dir der Allmächtige mit Heil lohnen, wie er bisher gethan!

Die Rede muss C angehören. Schon aus unserer Reproduktion aber ist ersichtlich, dass sie deutliche Spuren der

Erweiterung trägt. Bei genauerem Zusehen gewahrt man, dass hier zwei Varianten in einander geschoben sind; vgl. *weána* 933 mit *weá* 936, *ne wênde* 933 mit *ne wêndon* 937, *tô wîdan feóre* 933 mit *wîde ferhđ* 937, ferner 939 f *scealc hafađ þurh drihtnes miht dǽd gefremede* mit 953 f. *þû þê self hafast dǽdum gefremed* u. s. w. Die Verbindung zwischen 935 und 936 ist bei der Kontamination ungeschickt und ungrammatisch hergestellt. Bugge freilich meint, aus *stôd* 935 liesse sich für 936 ein *hæfde* ergänzen, weil in altnordischen Texten aus Formen des verbi substantivi manchmal das Verbum „haben" ergänzt werden müsse; jedoch ich vermute, dass ihm bei unbefangener Lektüre der betreffenden Stelle selber nicht wohl ist. Man könnte wegen des schiefen Anschlusses an Einschiebung aus D denken; jedoch solche Annahme verbietet sich durch die Erwägung, dass man bei der Ausscheidung irgend einer beliebigen Reihe vollständiger Verse zu keinem vollständigen C-Text gelangt. Überhaupt ist es sehr schwer die Varianten, die sich im mündlichen Vortrag gemischt haben werden, hier reinlich von einander zu sondern, da zu der Mischung Veränderung und Erweiterung trat. Ich versuche hier, das was der ältesten Gestalt von Hrôđgârs Rede ungefähr entsprechen mag, probeweise herzustellen:

928 Þisse ansŷne alwealdan þanc
lungre gelimpe. Fela ic lâþes gebâd:
932 þæt wæs ungeâra, þæt ic ǽnigra mê
weána ne wênde tô wîdan feóre
934/946 bôte gebîdan. Nû ic, Beówulf, þec,
secga[1] betsta, mê for sunu wylle
freógan on ferhþe: heald forđ tela
949/953 *sibbe nîwe!*[2] þû þê self hafast
dǽdum gefremed, þæt *â*[3] þîn dôm[4] lyfađ.

So oder ähnlich könnte die Stelle gelautet haben; sehr möglich, dass Zwischenglieder verloren gegangen sind, welche die Übergänge hie und da erleichterten. Zu 954ᵇ vergl.

[1] Statt *secg*, mit Sievers.
[2] Statt *nîwe sibbe*.
[3] Ergänzt nach *âwa* 955.
[4] Ergänzt von Kemble.

Andr. 541[b] *â þîn dôm lyfađ*; in metrischer Hinsicht entsprechen ganz genau Halbzeilen wie Beów. 291[b] *gewîtaþ forđ beran* und ähnliche.

In Beantwortung von Hrôđgârs Rede sagt Beówulf folgendes: Wir haben das Heldenwerk sehr glücklich vollbracht. Freilich wünschte ich lieber, dass du den Feind in Fesseln, zum Falle matt, sehen könntest. Ich suchte ihn mit harten Klammern an das Todesbett zu binden; doch liess er seine Hand nebst Arm und Achsel zurück, um sich das Leben zu retten. Gleichwohl hat ihm das nichts geholfen; dem Tode ist er dadurch nicht entgangen.

Die völlige Abwesenheit der üblichen höfischen Anredeformeln in dieser Rede hat Müllenhoff mit Recht hervorgehoben. Man könnte nun zwar sagen, dass solche nur da notwendig seien, wo der Redner den angeredeten König, sei es durch Bitten, Wünsche, Beteuerungen, Anerbietungen, oder wie immer, in seine Rede hineinziehe; das sei hier nicht der Fall. Freilich ist das nicht der Fall, aber eben nur deswegen, weil Beówulf auf die Worte, die der König ihm gesagt, gar nicht eingeht. Und dies zeigt uns, dass 957–979 nicht in den Zusammenhang von C passen. Sie werden folglich zu D gehören, wo wir dann nicht mit Sicherheit sagen können, ob Beówulfs Worte an den König oder an sonst jemand gerichtet sind. Als spätere Erweiterung sind übrigens die Verse 965–968. 969[b]. 970[a] auszuscheiden. Schon 966[b] berührt eigentümlich. Auffallend ist dann, dass Beówulf drei verschiedene Gründe anführt, weshalb Grendel entkommen sei: der liebe Gott wollte es so; ich hielt ihn nicht fest genug; er war ein zu mächtiger Ausreisser. Vor allem ist im überlieferten Text die Beziehung von 972 *swâ þeáh* zu 970 *hwæþere* nicht ganz logisch. Alle diese Bedenken schwinden, wenn wir lesen:

963 Ic hine hrædlîce heardan clammum
964 on wælbedde wrîþan þôhte,
969/970 feorhgenîđlan. Hwæþere hê his folme forlêt
tô lîfwraþe lâst weardian,
earm ond eaxle: nô þǣr ǣnige swâ þeáh
feásceaft guma frôfre gebohte!

Denn nunmehr erhält der mit *hwæþere* eingeleitete Satz im Zusammenhang eine Bedeutung, zu der die Worte: *nô þær ǽnige swâ þeáh* usw. in Gegensatz treten. — Vielleicht beruhen auch 974—979 auf jüngerer Erweiterung.

Die Stelle 980—990 würde sich recht wohl D einfügen; sie passt jedoch nicht minder gut zu C und muss daher für diese Version in Anspruch genommen werden, welche ohne sie unvollständig wäre. Denn man wird nicht daran denken wollen, die Beschenkung Beówulfs (1020 ff.) direkt mit Hrôđgârs Rede zu verbinden. Gehören aber 991 ff., welche von der Ausschmückung Heorots berichten zu C, so würde man ohne 980—990 zwischen ihnen und jener Rede einen Übergang vermissen, der zwar nicht der Logik, wohl aber dem behaglichen Fortschritt und der anschaulichen Fülle der Erzählung fast unentbehrlich ist.

Es fragt sich, wie weit von 991 vorwärts der Anteil der Fassung C ohne Unterbrechung reicht. Dass 997 ff. zu 991 ff. nicht passen, hat Müllenhoff gezeigt. Gleichwohl halte ich den ganzen Passus 991—1010 für derselben Version angehörig, darin aber 996ᵇ—1008ᵃ für spätere Erweiterung, indem ich, wie Möller, 996ᵃ *secga gehwylcum*, wonach ein Punkt zu setzen, mit 1008ᵇ *þâ wæs sǽl ond mǽl* zu einem Vers verbinde. In jener Erweiterung wird man nun vielleicht einen älteren, den Zustand Heorots schildernden, und einen jüngeren, von der Unvermeidlichkeit des Todes handelnden, Teil zu unterscheiden haben; doch ist die Fuge, wo beide zusammenstossen, im überlieferten Text nicht mit Sicherheit zu erkennen. Ich erinnere daran, dass Ettmüller 1002ᵇ—1008ᵃ ausscheidet und 1002ᵃ (behufs Verbindung mit 1008ᵇ) statt *aldreș orwêna : sigores orwêna* liest.

Über die letzten Verse des ersten Abschnitts, 1011—1019, kann erst später entschieden werden.

Der zweite Abschnitt (die *mâđđumgifu*, 1020—1062) gehört fast ganz C an. Die Verse 1056—1062 bilden anerkanntermassen eine recht ungeschickte Interpolation; ob sie aber in C oder erst in den kontaminierten Text des Beówulfs eingeschoben wurden, bleibe dahingestellt.

Dagegen scheinen 1025. 1026 und 1046—1049 aus D entnommen. Der letztere Passus wurde bereits von Ettmüller und Müllenhoff verworfen; aber noch störender für den Zusammenhang sind 1025 f. Was soll mitten in der Vorführung der Geschenke die Bemerkung, dass Beówulf einen Becher gereicht bekam? Ich nehme an, dass es in D etwa so hiess: Da erhielt Beówulf von dem Herrn der Scyldinge kostbare Geschenke (woran sich vielleicht eine allgemeine Charakteristik derselben anschloss). Man reichte ihm einen Becher im Saal; nicht brauchte er sich der Gabe vor den Kriegern[1] zu schämen. Und nun erst folgte die Specialisierung der Geschenke, und darauf zum Beschluss 1046—1049. In C aber folgte 1027 unmittelbar auf 1024. Nach *geþah* 1024 ist ein Punkt, dagegen vor *Beówulf* ein kleineres Lesezeichen zu setzen.

Der dritte Abschnitt (1063—1250) stammt umgekehrt seinem wesentlichen Inhalt nach aus D. Sowohl die Finnsburgepisode wie das Auftreten der Wealhþeow gehören dieser Version an. Es ergiebt sich dies zunächst aus folgenden Erwägungen.

Von den Eingangsversen des Abschnitts, 1063—1067, ist 1063 direkt mit 1066 f. zu verbinden: Da war Sang und Klang beide zusammen, als Hrôđgârs Scop die Lust der Halle über die Methbänke verkünden sollte. Das heisst: in den Lärm oder das Geschrei der Helden mischte sich das Lied des Scops. Es wird hier ein Zustand hoch gesteigerter geselliger Gemütlichkeit geschildert; und zur näheren Vergegenwärtigung desselben scheint die Mitteilung eines längeren und vor allem eines so traurigen Liedes wie das von Finn und Hengest möglichst ungeeignet. V. 1159 ff. wird dann auch jener Vortrag deutlich als eine Unterbrechung der Heiterkeit gefasst: *Leóđ wæs âsungen, gleómannes gyd; gamen eft âstâh, beorhtode bencswêg.* Es handelt sich hier für mich keineswegs um sachliche, sondern nur um stilistische Bedenken. Ich finde es keineswegs unpassend, dass bei der betreffenden Gelegenheit in Hrôđgârs Halle das Lied von Finn

[1] 1026 lese ich mit Kemble: *sceótendum* statt *scotenum*.

und Hengest gesungen worden sein soll. Ich meine nur: der Dichter, der das Lied uns mitzuteilen beabsichtigte, konnte die Mitteilung kaum durch die Verse 1063. 1066 f. einleiten. Nun findet sich ja thatsächlich das Stück einer anderen Einleitung vor, das nur in jene Verse ungeschickter Weise eingeschoben ist, nämlich 1064 f. Die Worte *fore Healfdenes hildewîsan* werden gewöhnlich = vor oder in Gegenwart Hrôđgârs erklärt. Mit welchem Recht aber Healfdenes Sohn viele Jahre nach dem Tode seines Vaters als dessen Heerführer bezeichnet wäre, hat noch keiner gezeigt. Richtig bezieht Bugge den Ausdruck auf Hnæf, und die Verse besagen also: wegen oder über Healfdenes Heerführer (wurde) die Harfe geschlagen, das Lied oft — vielleicht hiess es ursprünglich: dann wiederum *(eft)* das Lied — angestimmt. Dass in dem überlieferten Zusammenhang die Stelle sich wunderlich ausnimmt, ja dass sie den Zusammenhang geradezu stört, liegt, dünkt mich, auf der Hand. Ich nehme daher an, dass 1064 f. und daher die ganze Finnepisode, 1068—1159[a], zur Version D gehören. Diese Annahme stimmt nun zur früher gemachten Wahrnehmung, dass D im Verhältnis zu C die jüngere, um neue Motive bereicherte Darstellungsform bildet, vor allem zu der 867 ff. gewonnenen Erfahrung, dass sie ein lebhaftes Interesse an der Gesangeskunst zu bekunden liebt und gerne auch abliegende Sagenstoffe ins Gedächtnis ruft. Auf die Finnepisode an sich einzugehen, ist hier nicht der Ort. Gehörte sie aber ursprünglich D an, so muss auch das zunächst folgende und damit Wealhþeows zweites Auftreten dieser Version entnommen sein. Das Warum findet man bereits bei Müllenhoff (Zs. XIV, 206); doch müssen wir die für uns massgebenden Argumente wiederholen, da einmal Müllenhoffs Grundanschauung von der unseren durchaus verschieden ist und zweitens nach seiner Annahme die Verse 1066 f. mit in die Interpolation fallen, dagegen 1064 dem ursprünglichen Text angehört. — Man könnte daran denken, 1161 ff. mit 1067 zu verbinden; allein jene Verse schliessen sich viel besser an 1160 und das in der Überlieferung vorhergehende an. Vergegenwärtigen wir uns den Zusammenhang:

1063 þǣr wæs sang ond swêg samod ætgædere,

1066 đonne healgamen Hrôþgâres scop
æfter medobence mǽnan scolde;
1161 beorhtode bencswêg . . . . . ,

so ist klar, dass 1161[a] nicht nur dem Inhalt, sondern auch dem Wortlaut nach eine müssige Wiederholung des in den vorangehenden Versen gesagten bilden würde. Ferner ist 1236 f., wo Hrôđgâr sich zur Ruhe begiebt, von seiner Gattin wiederum nicht die Rede. Wir werden daher, um den Anschluss an 1067 zu gewinnen, mit Müllenhoff (der den Anschluss an 1064 sucht) bis zu 1233 gehen müssen. Die ganze zusammenhängende Partie 1068—1232 (samt 1064. 5) stammt also aus der Version D.

Müllenhoff setzt die Finnepisode auf Rechnung seines zweiten, die Wealhþeowepisode dagegen auf das Konto seines ersten Interpolators. Auch ich halte, obwohl beide für Bestandteile von D, doch jene für jünger als diese.[1] Es liegt in der Natur der Sache, dass man Sagen, die keine direkte Beziehung zur Handlung des Beówulfs hatten, erst dann in die epische Darstellung zu verweben begann, als der eigentliche Stoff den Kunstmitteln, über die man verfügte, keine Ausbeute mehr gewährte. Wealhþeow aber und was mit ihrem Auftreten in unseren Gesichtskreis tritt, gehört dem eigentlichen Stoff an, der Vorstellung von Hrôđgârs Hof, wie sie in D wirksam war.

Übrigens enthält die Wealhþeow betreffende Partie an sich spätere Erweiterungen, die sich leicht von dem Kern sondern lassen. Müllenhoff hat sie, wie zu erwarten war, zum Teil erkannt; doch hat er das Verhältnis nicht völlig klar gestellt. Zunächst scheinen mir die Unferđ betreffenden Zeilen 1165[b]—1168[a] hinzugesetzt. Sie lenken die

---

[1] Der ältere Bestandteil wird 1161 beginnen; doch ist das nicht durchaus gewiss, da wir das dem Vers 1064 in D vorangehende nicht kennen (1064 f. gehören, wie wir gesehen, als Einleitung zur Finnepisode, folglich zum jüngern Bestandteil) und da es möglich ist, dass bei der Erweiterung von D um das Finnlied die ursprüngliche Anknüpfung der Wealhþeowepisode modifiziert wurde. Nach Müllenhoff rühren 1065. 1161—1232 vom ersten Interpolator her, der demnach für 1161 einen minder guten Anschluss gefunden hätte als sein Nachfolger!

Aufmerksamkeit von der Hauptsache ab und sind ganz überflüssig, da in Wealhþeows Rede, 1169—1187, Unferđ gar nicht erwähnt wird. Ursprünglich hiess es:

þâ gŷt wæs hiera sib ætgædere,
1165/1168 ǽghwylc ôđrum trŷwe. Spræc đâ ides Scyldinga.

Zweitens ist 1195^b—1214^a als spätere Erweiterung zu betrachten. Es ist dies eine unabweisbare Folgerung aus der glücklichen Konjektur Cosijns: 1214^b *healsbêge onfêng* statt *heal swêge onfêng;* denn ein zweckmässiger Platz für diese ohne Zweifel ursprünglichen Worte, die übrigens nur auf Beówulf, nicht auf Wealhþeow bezogen werden können, lässt sich mit den von der Überlieferung gebotenen Mitteln schlechterdings nur auf éine Weise schaffen. Man lasse 1214^b auf 1195^a folgen, wobei nun *hrægl ond hringas* und ebenso *earmhreáde twâ* (1194) notwendig die Dativform wieder annehmen müssen, die ihnen ursprünglich gewiss zukam. Wenn man nun aber beachtet, dass 1216 ff. zwar von Baug und Brünne, nicht jedoch von den zwei Armzierraten die Rede ist, so könnte man auch 1194 als interpoliert ansehen und 1193 mit 1195 direkt verbinden wollen; *hrægl ond hringas* bezeichnen ja zusammen das geflochtene Panzerhemd. Ich vermute jedoch, dass unter dem handschriftlichen *earm reade* (1194) sich nicht die Bezeichnung eines weiteren Geschenkes, sondern die Charakterisierung der beiden bekannten verbirgt, vielleicht *ealdhreáde,* wie man von *ealdgestreón* redet.[1] Demnach würde es heissen:

1193 ond wunden gold
êstum geeáwed: ealdhreád*um* twâ*m*,
1195/1214 hrægl*e* ond hring*um*, healsbêge onfêng.

Diese Einzelfragen lassen jedoch die Hauptposition, 1195^b — 1214^a betreffend, unberührt. Die Erweiterung bildet, wie man leicht sieht, kein zusammenhängendes Ganze. Sie besteht nämlich aus zwei Varianten: D^1 und D^2, deren letztere

---

[1] *eormenlâfe,* woran man auch denken könnte, besagte wohl zu viel, verbände sich schlecht mit *twâ* und erregte auch metrische Bedenken.

wiederum einen ursprünglichen Kern und eine Einschiebung unterscheiden lässt. D^1 setzt die ursprüngliche Beschaffenheit des Verses 1195/1214 und ebenso von 1194^b voraus und besteht aus 1197—1201. D^2 besteht aus 1195^b. 1196. 1202 —1214^a und setzt 1194^b. 1195^a Nominativ statt Dativ voraus. Von dieser Erweiterung sind als späterer Zusatz auszuscheiden 1206—1209. Für den aufmerksamen Leser wird das gesagte vollkommen ausreichen. Man bemerke übrigens, wie zumal der Passus über *Hâma* und das *Brosinga* (lies *Brîsinga*) *mene* für D wiederum charakteristisch ist.

Drittens kann man den Verdacht nur schwer unterdrücken, dass auch der überlieferte Schluss von Wealhþeows zweiter Rede, 1225^b—1231, eine spätere Erweiterung bildet, die zum Teil den Charakter einer Variante zum unmittelbar vorangehenden hat; vgl. 1225 f. *ic þê an tela sincgestreóna* mit 1220 *ic þê þæs leán geman,* 1225 *tela* mit 1218 *tela,* 1226 f. *Beó þû suna mînum dǽdum gedêfe* mit 1219 f. *ond þyssum cnyhtum wes lâra lîđe.* Darnach dürfte die Rede ursprünglich geschlossen haben:

Wes, þenden þû lifige,
æþeling, eádig!

gewiss der passendste Schluss, der sich denken lässt. Über die Ergänzung der letzten Zeile brauchen wir uns in einem Fall wie dem gegenwärtigen kein Kopfbrechen zu machen; doch sei beiläufig bemerkt, dass man nach Analogie des gleichfalls zu D gehörenden Halbverses 1128^b *wunode mid Finn,* wo das Verbum allitteriert, 1232^a *Eóde þâ tô setle* als ursprüngliche zweite Halbzeile zu 1225^a fassen könnte.

Was vor allem Beachtung verdient, ist der Singular *suna mînum* in V. 1226, übereinstimmend mit der Auffassung, die 1836 ff. sowie 2013 zu herrschen scheint; dagegen abweichend von 1178 f. 1188 ff. und auch von 1219. V. 1185 ist *uncran eaferan* formell zweideutig, doch gewiss auch als Plural zu nehmen.

Hat man sich nun zur Genüge davon überzeugt, dass die zweite Wealhþeowepisode eine recht komplizierte Geschichte hat, so mag es gestattet sein, den Blick schliesslich noch auf eine etwas weiter zurückliegende Stelle derselben zu lenken. V.

1171 f. werden mit Beziehung auf 1173 dem eingeweihten Leser anstössig und verdächtig erscheinen. Nun könnte man im Hinblick auf das 1171 von neueren Herausgebern in *sprec* geänderte *spræc* der HS., vor allem aber wegen der Formel *swâ sceal man dôn* 1172 auf den Gedanken kommen, 1170—1172 gehörten eigentlich gar nicht in die Rede der Wealhþeow, sie hätten sich nur durch Zufall und Missverständnis an diese Stelle der D-Version verirrt, deren Ordner sie dann notdürftig dem Orte angepasst hätte. Ich begnüge mich damit, den Gedanken auszusprechen, ohne ihn irgend vertreten zu wollen. Ist er richtig, so bildeten 1170—1172 ursprünglich einen Teil der Erzählung und lauteten:

þá *wæs* on sǽlum sinces brytta,[1]
goldwine gumena, ond tô Geátum spræc
mildum wordum; swâ sceal man dôn.

Der Königin Rede hätte in diesem Falle begonnen:

1169 Onfôh þissum fulle, freódrihten mîn,
1173 beó wiđ Geátas glæd, geofena gemyndig.

Wie V. 1174 abzuhelfen, bzw. ob Bugges Vermutung in betreff des darnach zu ergänzenden Verses richtig ist, lasse ich dahin gestellt.

Kehren wir zur C-Version zurück, so sind ihr also in dem dritten Abschnitt die Verse 1063. 1066. 1067. 1233—1250 zuzuweisen. Davon sind 1246ᵇ—1250ᵃ höchst wahrscheinlich als spätere Erweiterung anzusehen; sie enthalten eine Reflexion, die einen ausser der Sache liegenden Standpunkt voraussetzt, und 1250ᵇ schliesst sich wirkungsvoll an 1246ᵃ an.

Ehe wir weiter gehen, wollen wir die gewonnene Erkenntnis zur Lösung zweier Fragen, die wir früher offen lassen mussten, verwerten. V. 923 f. gehören schwerlich zu D, da sie — wie bereits Müllenhoff hervorhob[2] — 1175 widersprechen. Andrerseits können sie auch nicht zum Kern von

[1] Vgl. 607.

[2] Freilich ohne eine ähnliche Folgerung an die Wahrnehmung zu knüpfen, da Müllenhoff seinem ersten Interpolator alle möglichen Widersprüche zutraut. Vgl. übrigens Scherer, Zeitschr. für österr. Gymnasien XX, 96 ff.

C gehören, da diese Fassung eine Gattin Hrôđgârs im übrigen gar nicht kennt. Sie werden also auf späterer Erweiterung von C beruhen.

Schwer wird die Entscheidung über die Verse 1011—1019. Da jedoch C den Hrôđulf nicht kennt, wird 1017 und werden folglich auch 1018 f., wozu man 1164[b] vergleiche, zu D gehören. Was die vorhergehenden Verse anbelangt, so ist man auf den ersten Blick geneigt, 1013 direkt mit 1016 zu verbinden (so Müllenhoff) und, wegen der Übereinstimmung von 1016 und 919, beide C zuzuweisen. Allein wenn jene Verse ursprünglich in C zusammenstanden, so war für den Ordner nicht der geringste Grund vorhanden, sie durch Einschiebung von D-Zeilen zu trennen; denn 1014 würde an 1016 sich nicht minder gut angeschlossen haben als an 1013. Wir müssen daher annehmen, dass der ganze zusammenhängende Passus 1013—1019 aus D geborgt ist, so dass bloss die Verse 1011 f., die aber vollkommen ausreichen, auf C entfallen. V. 1016 (zu 919) beweist den Einfluss der älteren Version auf die jüngere. Das anstössige *mâgas þâra* 1015 wird in *mâgas wǽron* zu ändern und vor *mâgas* stark zu interpungieren sein. Der Satz: „die tapfergesinnten Maage waren in dem hohen Saal, Hrôđgâr und Hrôđulf", ist dem folgenden: „Heorot war im Innern von Freunden gefüllt" vollkommen parallel, und beide motivieren die behagliche Sicherheit, welche 1014. 1015[a] voraussetzen lassen.

Im vierten Abschnitt leidet die Erzählung an einer gewissen Unklarheit. Es wird nicht gesagt, dass die Unholdin mit ihrer Beute davon geht; denn wenn es 1295 heisst *þâ heó tô fenne gang,* so zeigt sich 1302 f., dass sie noch da ist, und wer das Präteritum *genam* hier als Plusquamperfektum nehmen wollte, müsste dieselbe Auffassung auf *wæs* 1304 anwenden. Das Motiv von Grendels Hand 1302 f. tritt ganz unvermittelt auf, wie es später auch keine Spur hinterlässt. Auch ist 1304 ff. der Gedanke schief, dass „sie den Kampf auf beiden Seiten mit dem Leben ihrer Freunde bezahlen sollten". Ferner ist Hrôđgâr plötzlich von dem Tode Æscheres unterrichtet (1306 ff.), man weiss nicht wie. Beówulf aber wird schleunig *tô bûre* beschieden, entspricht jedoch dem Ruf erst bei Tagesanbruch (1311), trifft den König nicht *in bûre*, sondern *in healle* (1317 *healwudu dynede*), und stellt seine Frage, wie der König die Nacht geschlafen habe (1319 f.), wie einer, der von dem was geschehen ist auch nicht die geringste Ahnung hat. Eine wohlzusammenhängende Erzählung erhält man, wenn man 1302—1310 ausscheidet. Fraglich ist dabei, ob 1311 *sigoreádig secg* in *sigoreádgum secge*[1] geändert werden muss. Es hängt dies davon ab, ob 1312 *eorla sum* „der Eorl" oder aber „mit seinen Eorlen" bedeutet. Grein Sprachschatz II, 493 scheint letzteres anzunehmen. In diesem Fall stünde der Ausdruck appositionell, wobei es denn freilich immer sehr gut anginge, den Satz mit *Samod ǽrdæge* zu beginnen, indem man das Subjekt aus dem vorhergehenden Satz ergänzen liesse, wobei es aber andrerseits durchaus zulässig wäre, zu lesen *Sigoreádig secg samod ǽrdæge eóde, eorla sum, æþele cempa self mid gesîðum* usw. Das ausgeschiedene Stück haben wir D zuzuweisen, dessen Gesamtdarstellung — wenn wir sie kennten — vielleicht manches Dunkle in jenen Versen erhellen würde, ohne freilich die Schiefheit des 1304 ff. ausgesprochenen Gedankens zu richten.

Die übrigen Teile des Abschnitts gehören zu C, mit Ausnahme von 1261—1276 und wohl auch von 1258, die aus der Feder des Generalinterpolators herrühren werden. Müllenhoff behält 1258, verwirft dagegen samt 1261—1276 auch die beiden nächstfolgenden Verse.

Als spätere Erweiterung in C ist zunächst das von Müllenhoff gleichfalls seinem zweiten Interpolator zugeschriebene Stück 1251^b—1255^a zu betrachten. Die ältere Gestalt von C begann also, denke ich mir, den Abschnitt folgendermassen:

1251/1255 Sigon þâ to slǽpe. Þæt gesŷne wearþ
wîdcûþ werum, þætte wrecend þâ gŷt
1257 lifde æfter lâþum. Lange þrâge
1259 ides âglǽcwîf yrmþe gemunde,
seó[2] þe wæteregesan wunian scolde,
1277 gîfre ond galgmôd gegân wolde

[1] Von Versen dieses Typus führt Sievers, Beitr. X, 310 eine Anzahl auf.

[2] HS. *se þe.*

sorhfulne sîđ, suna deáþ[1] wrecan.
Côm þâ tô Heoróte, đǽr Hringdene
geond þæt sæld swǽfun: þâ đǽr sâra[2] wearđ
edhwyrft eorlum, siþđan inne fealh
Grendles môdor.

Zu dem den Schluss zweier Langzeilen ergreifenden Reim *scolde: wolde* (1260. 1277) vergleiche man *nêan: hêan* (839. 919) im ersten Abschnitt, gleichfalls der ursprünglichen Form von C angehörig.

Müllenhoff verwirft 1282—1287, trotz der kräftigen Schilderung, als Produkt seines zweiten Interpolators. Ich finde, dass die Stelle in der vorliegenden Gestaltung von C durchaus am Platz ist. Wenn die Dänen sich zur Wehre setzen und Grendels Mutter darüber in Furcht gerät (1292 f.), so bedurfte dies wohl einiger Motivierung. Für ursprünglich halte ich freilich von jenen Versen (1282—1287) nur den ersten mit einer kleinen Änderung. Aber auch 1288—1293, den ganzen Kampflärm und die Furcht der Unholdin, halte ich für nicht ursprünglich, d. h. nicht dem Kern von C angehörig.

Die Auffassung, die sich darin wirksam zeigt, widerspricht der für den Kampf auf dem Seegrunde massgebenden und ist auch in sich unklar. Man sieht nicht, wodurch sich die Ankunft der Unholdin den schlafenden Dänen sofort bemerklich macht, begreift nicht, warum gerade Æschere trotz des entstehenden Alarms ruhig liegen bleibt (1298 *þone đe heó on ræste âbreát*), und noch weniger, warum Grendels Mutter sich ihrer Beute erst dann bemächtigt, als sie sich bedroht sieht. Ich vermute daher, dass es anfänglich in C hiess:

þâ đǽr sâra wearđ
edhwyrft eorlum, siþđan inne fealh
1282 Grendles môdor. *Næs*[3] se gryre lǽssa.
1294 Hrađe heó æþelinga ânne hæfde
fæste befangen, þâ heó *on flette*[4] gang.

Zwischen 1298 und 1299 dürften dann eine oder mehrere Zeilen ausgefallen sein, wenn nicht der alte Dichter über der Charakteristik Æscheres und dem Übergang zu Beówulf

---

[1] *suna deáþ* Grein[2] Anm. statt *sunu þeód.*
[2] *sôra* Cosijn statt *sôna.*
[3] Statt *wæs.*
[4] Statt *tô fenne.*

Grendels Mutter vergessen, d. h. ihren Abgang zu erwähnen unterlassen hat. Wie wir über C im ganzen denken, wird sich in den beiden folgenden Kapiteln zeigen.

Die Erweiterung und die damit zusammenhängenden Änderungen, welche die ursprüngliche Fassung hier erfuhr, begreifen sich nach der Analogie der Erweiterung 794 ff. in A sowie in ihrer gegenseitigen Förderung ohne Mühe. Wenn z. B. 1282 *Næs* zufällig in *Wæs* sich verwandelt hatte, so lag es nahe, in *Wæs se gryre lǽssa* das Weniger zu bestimmen, und an die kriegerische Ausführung 1283 ff. schloss sich die gleichfalls kriegerische Schilderung 1288 ff. leicht an.

Als späterer Zusatz sind endlich wohl V. 1314. 5 zu betrachten.

Im fünften Abschnitt („Trauer und Trost", 1321 —1398) streicht Müllenhoff 1335—1344, die er für das Werk seines zweiten Interpolators hält. Mit Rücksicht auf ihren Schluss, der von neuem auf Æscheres Bedeutung zurückkommt, werden wir die Stelle der D-Version zuweisen, welche hier vielleicht eine andere Disposition hatte. Dazu stimmt der Ausdruck *heardum clammum* 1335, nicht bloss weil derselbe D 963 in ähnlichem Zusammenhang steht, sondern vor allem, weil er auch an dieser Stelle (1335) wohl ein anderes Verbum voraussetzt als *cwellan* (*cwealdest* 1334) und zwar eine dem Bilde der Fesseln entsprechende Umschreibung des Begriffs „töten". Die Verbindung *clammum cwellan* oder *âcwellan* ist in der altengl. Poesie unerhört.

Für den sechsten Abschnitt (1399—1491), über den erst die Betrachtung des siebenten volles Licht verbreiten wird, stelle ich vorläufig die Resultate zusammen. Als D-Fragmente sind anzusehen die Stellen 1455—1472 und 1488—1491, beide auf Unferđ bezüglich. Müllenhoff hat dieselben mit gewohntem Scharfblick als Interpolationen erkannt und 1465 —1472 seinem zweiten, das Übrige (1455—1464 sowie 1488 —1491) seinem ersten Interpolator zugeschrieben. Auch diese Unterscheidung war berechtigt, da die Stellen nicht auf gleicher Stufe stehen, die Verse 1465—1472 jedesfalls jünger sind als die anderen.

Als Erweiterungen der C-Fassung haben zu gelten:

1. zweifellos die von Müllenhoff verworfenen Verse 1432ᵇ—1441ᵃ; 2. wahrscheinlich 1404—1407, wo denn 1404ᵇ nach Sievers' bzw. Bugges Vorschlag zu ergänzen wäre: *(hwǣr heó) gegnum fôr;* die Stelle gehört auf keinen Fall zum Kern von C, könnte aber allenfalls aus D entnommen sein.

Wir kommen endlich zu dem den Kampf auf dem Seegrund darstellenden siebenten Abschnitt (1492—1617). Die Beurteilung desselben hängt mit der Art, wie man den vorhergehenden Abschnitt ansieht, aufs engste zusammen, ist — um es genauer zu sagen — für diese massgebend. Die eigentlichen Gründe, weshalb 1455—1472 und 1488–1491 für D-Fragmente zu halten sind, werden uns erst hier klar werden; sie weichen von den Gründen, die Müllenhoff bestimmten, sie als Interpolationen zu verwerfen, sehr wesentlich ab.

In der Darstellung des Kampfes auf dem Seegrund zeigen die zwei ineinander gemengten Versionen zu einander folgendes Verhältnis. In der einen beginnt Beówulf den Kampf gegen die Meerriesin mit der blossen Faust, in der anderen bedient er sich zuerst eines Schwerts, das er dann als nutzlos fortwirft, um zum Ringkampf überzugehen. Die Entscheidung findet nach beiden Darstellungen mittelst des vom Helden gefundenen Riesenschwertes statt, ist jedoch nur nach éiner Fassung mitgeteilt.

In der einen Version erweist sich Beówulfs Brünne als durchaus probehaltig; während in der anderen hierüber eine etwas schwankende Auffassung herrscht: sehr begreiflich, da das zu der Brünne hinzugekommene Schwert (ich meine natürlich das vom Helden mit in den See genommene) die Bedeutung des Panzerhemds etwas in den Hintergrund hat treten lassen.

In der einen Version wird Beówulf während der Tauchfahrt auf den Seegrund von dem Meerweib angegriffen und von ihr in ihre unterseeische Wohnung geschleppt. Hier in dem wasserdichten Saal, festen Boden unter den Füssen, beginnt er sofort mit ihr zu ringen und, sie bei den Haaren[1] fassend, reisst er sie zu Boden.

---

[1] 1537 *feaxe* mit Rieger st. *eaxle*, das der Allitterationsregel widerspricht.

In der anderen Version wird er unterwegs von zahlreichen Seetieren bedrängt. In dem unterseeischen Saal angelangt, ist er vor diesen geschützt und vermag sich seines Schwertes gegen Grendels Mutter, die er jetzt zuerst erblickt, sofort zu bedienen.

In der einen Version ist des Helden Thätigkeit mit der Erlegung der Meerriesin zu Ende, in der anderen haut er nach dem Sieg Grendels Leichnam den Kopf ab und nimmt diesen (zusamt der Schwerthilze) mit an die Oberwelt.

In beiden Versionen zerschmilzt das wunderbare Schwert von dem heissen Blut — in der einen der Meerriesin, in der anderen des bereits entseelten Grendels.

In beiden Versionen kehren, wie die folgenden Abschnitte zeigen, Hrôđgâr und seine Dänen vom Seeufer heim, während Beówulf sich noch unter dem Wasser befindet. Wiederum ist dieser Umstand nur in éiner Darstellungsform mitgeteilt.

Die eine Version ist entschieden einfacher als die andere: es fehlen ihr die Meertiere, es fehlt das von Beówulf mit in den See genommene Schwert, es fehlt das Abschlagen von Grendels Haupt und das Mitbringen eines Hauptes an die Oberwelt. Schliesslich ist hier auch der Ringkampf weniger kompliziert als in der anderen Fassung, wo Beówulf selber einmal zu Falle kommt.

Die einfachere Version ist zugleich die natürlichere und folgerichtigere. Sie lässt nicht, wie die andere, im kritischen Augenblick Gottes Beistand auf eine ganz im Dunkeln bleibende Weise eintreten (1553–1556). Ihre Auffassung verrät kein Schwanken in betreff der Undurchdringlichkeit von Beówulfs Brünne.

Die einfache, folgerichtige Version ist diejenige, welche der Ordner im wesentlichen vollständig ausschreibt, während er von der andern nur Fragmente giebt. Es unterliegt also keinem Zweifel, dass die einfachere Version = C, die komplizierte, unvollständig mitgeteilte = D ist. C setzt sich zusammen aus 1492–1507. 1514—1517. 1537–1540. 1557—1569. 1591--1611; zu D gehören (ich bezeichne die Lücken durch Sternchen): ** 1508—1513. * 1518–1536. * 1541—1556. *** 1570--1590. 1612–1617.

Müllenhoffs Behandlung dieses Abschnitts in Verbindung mit dem vorhergehenden leidet an folgendem Grundfehler: während er für leichte Inkongruenzen äusserst empfindlich ist, nimmt er grobe oft ohne Anstoss hin. Gänzliches Verschweigen eines wichtigen Motivs erträgt er eher als unvollkommene Andeutung. Zuweilen betrachtet er als selbstverständlich was es gar nicht ist. Gar nicht selbstverständlich ist z. B., wenn wir an den Kampf mit Grendel und an früher bemerktes zurückdenken, der Umstand, dass Beówulf um Grendels Mutter zu bekämpfen ein Schwert mit in den See nimmt (vgl. Müllenhoff S. 208); unserer Annahme zufolge fehlte dies Motiv denn auch in der älteren Fassung. Nach Müllenhoffs Rekonstruktion bietet die Darstellung des Kampfes folgendes sehr merkwürdige: die vielbesprochene Brünne spielt gar keine Rolle, das gar nicht erwähnte Schwert dagegen eine erhebliche, wenn auch nicht zum Ziel führende. Nach unserer Analyse der Überlieferung spielt die Brünne in beiden Darstellungsformen eine Rolle, das Schwert in derjenigen, die früher eines Schwertes erwähnte. Hier liegt der Hauptgrund, weshalb 1455 - 1472 und 1488 – 1491 im vorhergehenden Abschnitt D zugewiesen werden müssen. Die Vergleichung mit 1165 ff., zumal von 1165^{b} mit 1456^{b} tritt nur als bestätigendes Moment hinzu.

Nun liegt freilich eine Inkongruenz darin, dass wo Beówulf sich des mitgebrachten Schwertes gegen das Meerweib bedient, gar nicht angedeutet ist, dass dieses Schwert das ihm von Unferđ gegebene sei; eine noch grössere darin, dass von einer Waffe, die sich schliesslich als wirkungslos erweist, zuerst soviel Aufhebens gemacht wird. Unter allen Umständen aber ist klar, dass letzteres nur in der Fassung geschehen konnte, welche dem Schwert überhaupt eine Rolle im Kampfe zuwies. Und aus jenen Inkongruenzen folgt nur, dass unter den D-Fragmenten des sechsten Abschnitts schliesslich auch 1455—1464 und 1488 – 1491 nicht zur ursprünglichen Gestalt von D gehören, bzw. dass nicht derselbe Dichter, der jene Stellen verfasste, auch 1518 ff. die überlieferte Gestalt gab.

Ein anderer entscheidender Punkt ist folgender. Wenn nach 1612 ff. Beówulf beim Verlassen der Tiefe „das Haupt“

mit sich nimmt, so kann dies eben nur dasjenige Haupt sein, von dessen Abschlagen früher ausdrücklich die Rede war, folglich das Haupt Grendels, vgl. 1590. Freilich hat der Held auch dem Meerweib den Kopf abgehauen, allein dies ist uns 1565—1568 zwar deutlich genug, jedoch nicht mit dürren Worten gesagt. Und wo in den folgenden Abschnitten ein von der Expedition mitgebrachtes Haupt erwähnt wird, 1639. 1648. 1780, ist überall das Haupt Grendels gemeint.

Sehen wir uns jetzt die beiden Darstellungsformen in unserm Abschnitt genauer an, so ergiebt sich leicht, dass keine von beiden aus éinem Guss ist. Was zunächst D betrifft, so ist es klar, dass 1508—1513 und 1547 ff. sich nicht ganz wohl vertragen: dort brechen die Meertiere Beówulfs Panzerhemd mit ihren Hauzähnen, hier schützt ihn die Brünne vor dem Sachs der Unholdin. Dass die Stelle 1508—1513 wenigstens zum Teil auf späterer Erweiterung, bzw. auf Variantenverschmelzung beruht, ergiebt sich auch daraus, dass sie im Dunkeln lässt, wie Beówulf in den *niđsele* gelangt, sowie aus der Wiederholung des Worts *ongeat* 1512. 1518, wenn auch zwischen 1513 und 1518 ein paar Verse standen, die uns nicht überliefert sind. Andrerseits wird der Passus 1550—1556 mit dem wunderbaren Dazwischentreten der göttlichen Hülfe jüngeren Ursprungs sein, mag er nun eine ältere Variante von ihrem Platz verdrängt haben, mag diese ältere Stelle uns nur deshalb fehlen, weil der Ordner des Beówulfs sie nicht in seinen Text aufnahm. Schliesslich ist noch V. 1617 etwas verdächtig, doch vielleicht durch eine leichte Emendation zu schützen.

Die Darstellung von C zeigt eine grosse Unebenheit gegen den Schluss des Abschnitts hin. Durchaus unvermittelt kommt der Dichter 1605 von Beówulfs Gefährten auf das zerschmelzende Schwert zu reden, und verdächtig ist die Ähnlichkeit zwischen 1604 f. und 1596 ff. Die Sache erklärt sich, wenn wir annehmen, dass der C-Diaskeuast hier zwei von einander unabhängige und zum Teil im Variantenverhältnis zu einander stehende Stellen auf ungeschickte Weise verschmolzen hat, wobei denn V. 1604. 1605ᵃ interpoliert wurden. Die eine Stelle lautete:

1569/1605 Secg weorce gefeh; đâ þæt sweord ongan
æfter heaþoswâte hildegicelum,
wîgbil, wanian:

usw. bis 1611.

Die andere lautete:

1569 Sweord wæs swâtig, secg weorce gefeh.
1591 Sôna þæt gesâwon snottre ceorlas,
þâ đe mid Hrôđgâre on holm wliton,
þæt wæs ŷđgeblond eal gemenged,
brim blôde fâh.

usw. bis 1603.

Es mag auf Zufall beruhen, dass dem Ordner von C keine befriedigende Verbindung beider Stellen bekannt war. Doch werden wir noch sehen, dass C überhaupt zu keiner vollkommen geschlossenen und in sich übereinstimmenden Form gelangt zu sein scheint. Von den zwei Varianten mag die erste in ihrem Kern (nicht in den Versen 1609—1611) die ältere sein; die zweite zeigt eine entschiednere Beziehung zu dem Gesamtgefüge der überlieferten C-Fassung, wie sich denn der Beginn des nächsten Abschnitts, 1618, vortrefflich an 1603 anschliesst.

Aus dem geschilderten Verhältnis könnte es übrigens zu erklären sein, wenn in C nicht ausdrücklich gesagt ist, dass Beówulf den Schwertgriff mit an die Oberwelt bringt. Freilich ist es auch durchaus denkbar, dass der Gesamtordner des Beówulfs in diesem Fall einen Vers der sonst bevorzugten Version unterdrückte zu Gunsten der vollständigen (Kopf und Hilze zugleich berücksichtigenden) Darstellung in D, 1612 ff.

Schliesslich sei noch bemerkt, dass 1562 auf jeden Fall nachträglich interpoliert ist, sei es in die C-Redaktion, sei es in den kontaminierten Beówulftext.

Die Beurteilung des achten Abschnitts (1618—1699) ergiebt sich mit Notwendigkeit aus den Resultaten, die wir in betreff der Kampfscene gewannen. Wo von einem Haupt als Siegestrophäe die Rede ist, wo ein von Beówulf in den See mitgenommenes Schwert erwähnt wird, wo die Schwierigkeit, die Gefahr des Kampfes besonders betont wird, da werden wir D zu erkennen haben. Dem Griff des Riesenschwertes dürfen wir in beiden Versionen zu begegnen erwarten. Ferner aber halten wir fest an der Voraussetzung, dass C uns vollständig — oder doch nahezu vollständig — überliefert ist.

Wir gliedern den Abschnitt in drei Unterabschnitte: a) 1618—1650, eigentliche Rückkehr; b) 1651—1676, Beówulfs Rede; c) 1677—1699, Überreichung der Hilze an Hrôđgâr.

In a zeigen Spuren wie 1639 *goldsele,* zu 1640 *sele* gehalten, oder 1644 ff. *þâ côm in gân* usw., verglichen mit 1647 ff. *þâ wæs be feaxe* usw., das Vorhandensein von Varianten deutlich genug an, und die Berücksichtigung der soeben dargelegten Kriterien führt bald zu einem bestimmten Resultat. Hierbei zeigt sich, dass der Ordner die Gliederung der ihm vorliegenden Darstellungen in kurze, manchmal dreizeilige, Absätze hier in merkwürdiger Weise verwertet hat. Es folgen sich nämlich 5 Zeilen C, 3 D, 3 C, 3 D, 3 C, 5 D, 4 + 3 C, 4 D. Auf C kommen demnach folgende Verse (die eingeklammerten beruhen vermutlich auf späterer Erweiterung):

1618 Sôna wæs on sunde sê þe ǽr æt sæcce gebâd
wîghryre wrâđra, wæter ûp þurhdeáf:
1620 wǽron ŷđgebland eal gefǽlsod,
{eácne eardas, þâ se ellorgâst
oflêt lîfdagas ond þâs lǽnan gesceaft.}

* * *

1626 Eódon him tôgeánes[1], gode þancodon
đrŷđlîc þegna heáp, þeódnes gefêgon,
þæs þe hî hyne gesundne geseón môston.
1632 Fêrdon forđ þonon fêþelâstum
ferhþum fægne, foldweg mǽton,
cûþe strǽte, cynebealde[2] men,
1640 oþđæt semninga tô sele cômon
frome fyrdhwate feowertŷne
Geáta gongan: gumdryhten mid
môdig on gemonge meodowongas træd.
Đâ côm in gân ealdor đegna,
1645 dǽdcêne mon, dôme gewurþad,
hæle hildedeór, Hrôđgâr grêtan.

[1] HS. unmetrisch *þato geanes.*

[2] Mit Grein statt *cyningbalde.*

In die angedeutete Lücke fiel die Angabe, dass Beówulf das Ufer erreichte; denn es ist zwar möglich, jedoch nicht wahrscheinlich, dass C dies nicht ausdrücklich gesagt haben sollte. Nun könnte man diese Lücke mittelst des überlieferten Materials leicht ausfüllen; allein, alles wohl erwogen, wird man sich dafür entscheiden, der zweiten Version (D) den ganzen dreizeiligen Absatz 1623—1625 zu lassen. Sicher gehört ihr 1625 wegen *mægenbyrþenne*, das sich nur auf Grendels Haupt beziehen kann; aber dieser Vers schliesst sich dem vorhergehenden wie eine natürliche Ergänzung an, und das *gefeah* (1624), dicht neben *gefêgon* (1627), scheint mir nicht sowohl eine beabsichtigte Wiederholung als das Anzeichen einer verschiedenen Darstellung. V. 1623 könnte freilich C angehört haben, und was in dieser Version stand wird auf keinen Fall von dem Wortlaut jenes Verses sehr abweichend gewesen sein; aber gerade aus diesem Grund ist es wahrscheinlicher, dass der Ordner dem an dieser Stelle beliebten Verfahren gemäss den ganzen dreizeiligen Absatz aus D entnahm.

Anstoss erregt 1619 der Plural *wrâđra*, aber nur sehr oberflächliche Erwägung könnte dahin führen, wegen dieses Plurals den betreffenden Passus eben der Version D zuzuweisen. Es ist deutlich, dass dabei nur an Grendel und seine Mutter zu denken ist; aber dass des erstern Leichnam durch Beówulf der Kopf abgehauen war, liess sich doch nicht gut als Grendels *wîghryre* bezeichnen, und folglich hatte gerade D Anlass, hier den Plural zu meiden. Vom Standpunkt der Version C aus aber war ein derartiges Missverständnis von vornherein ausgeschlossen und konnte man bei *wîghryre wrâđra* nur daran denken, den vorhergehenden Kampf mit Grendel und den nachfolgenden mit dessen Mutter zu einem ganzen, nunmehr glücklich überstandenen Abenteuer zusammenzufassen. In diesem Zusammenhang könnte sogar die Erinnerung daran, dass auch Grendel auf dem Seegrund seinen Geist aufgegeben, 1621 f., als recht wohl motiviert erscheinen; allein wie die Worte *þâs lǣnan gesceaft* einen geistlichen Beigeschmack haben, der dem Kern von C fremd ist, so machen die Verse 1621 f. im Ganzen den Eindruck einer nachträglichen Erläuterung zu dem Plural *wrâđra*, also eines späteren Zusatzes. Dass jener Plural aber einen tieferen Grund hatte, als hier zunächst ersichtlich wird, soll im folgenden Kapitel gezeigt werden.

Wir stellen jetzt die Teile von D für VIII[a] zusammen, um deutlich zu machen, dass sie bis auf eine Lücke ein befriedigendes Ganzes bilden:

1623 Côm þâ tô lande lidmanna helm
swîđmôd swymman, sǽlâce gefeah,
1625 mægenbyrþenne, þâra þe hê him mid hæfde.
1629 Đâ wæs of þǽm hrôran helm ond byrne
1630 lungre âlŷsed: lagu drûsade,
wæter under wolcnum, wældreóre fâg.

* * *

1635 from þǽm holmclife hafelan bǽron,
earfođlîce heora ǽghwæþrum:
felamôdigra feower scoldon
on þǽm wælstenge weorcum geferian
tô þǽm goldsele Grendles heáfod.
1647 Þâ wæs be feaxe on flet boren
Grendles heáfod, þǽr guman druncon,
egeslîc for eorlum ond þǽre idese mid,
1650 wliteseón wrǽtlîc weras onsâwon.

Dass Hrôđgârs Gattin 1649 schlechtweg als *ides* eingeführt wird, ist für D charakteristisch. An der Wiederholung von *Grendles heáfod* nach so kurzem Zwischenraum wird man sich, da dieselbe offenbar einen emphatischen Charakter hat, wohl nicht stossen. Ich wenigstens möchte deswegen nicht etwa zwischen 1639 und 1647 eine Lücke annehmen.

In VIII[b], Beówulfs Rede, umfasst C die Verse 1651—1654. 1671—1676; *þâs sǽlâc* 1652 bezieht sich, wie V. 1677 zeigt, auf die Goldhilze. Das Stück 1655—1670, wo von Hrunting und der vergeblichen Benutzung desselben, wo ferner von der göttlichen Hülfe beim Kampf die Rede ist, gehört natürlich D an.

In VIII[c] ist das Vorhandensein verschiedener Varianten mit Händen zu greifen; wird doch sogar zweimal, 1687 und 1698 f., der Beginn von Hrôđgârs Rede und damit der folgende

Abschnitt angekündigt. C sind zuzuweisen die Verse 1677—1678. {1679—1680}. 1694—1699, wobei die eingeklammerten später hinzugesetzt sind. Aus D sind 1681—87 entnommen. Die sich anschliessenden Verse, 1688—1693, sind ohne Zweifel mit der Feder interpoliert. Wenn aber der Generalinterpolator sich mit Rücksicht auf das, was er bereits vorfand, zu mässigen wusste, so rühren die Verse nicht von ihm, sondern von einem D-Interpolator her.

Schwierig wird die Entscheidung im neunten Abschnitt („Hrôđgârs Doppelrede“, 1700—1784), obwohl die Sache an sich einfach genug liegt; es gilt eben gewisse Vorurteile zu besiegen. Die zweite Rede Hrôđgârs, welche 1769 *Swâ ich Hringdena* usw. beginnt, ist kürzer, passender und gewiss auch älter als die erste. Müllenhoff bezeichnet sie daher als echt, während er die erste mit Haut und Haar als interpoliert verwirft. Da uns jedoch im vorhergehenden Abschnitt zwei Reden angekündigt sind, so dürfen wir uns nicht wundern, wirklich zwei vorzufinden, und es handelt sich bloss darum, sie richtig auf die beiden Versionen zu verteilen. Nun könnte man geneigt sein, die zweite Rede als die bessere und ältere für die ältere Fassung, also für C in Anspruch zu nehmen. Allein einmal widerspricht es der Gewohnheit des Ordners, der zweiten Version den Vortritt zu gönnen vor der ersten; dann aber, und dies ist das entscheidende, ist in der zweiten Rede 1780 f. von dem blutigen Haupt des Feindes, das der König anschaue, die Rede, was nur Grendels Haupt sein kann, da 1775 ff. nur er erwähnt ist. Folglich muss die zweite Rede D, die erste, von späterer Interpolation abgesehen, C angehören. Hat aber der Ordner in diesem Falle nicht, seiner Gewohnheit entgegen, den Schluss der C-Rede unterdrückt, so müssen auch die Verse 1782—84, welche den Schluss des Ganzen bilden und an sich vortrefflich auch zur zweiten Rede passen, für C in Anspruch genommen werden. Die aus D entnommene Rede ist demnach in die erste eingeschoben worden. Darauf hat dann der Interpolator vor dem Anfang der zweiten zur Fortführung der Reflexionen der ersten und zur bessern Verbindung beider Reden eine längere Stelle eingeschaltet: eine Art Homilie über das wechselvolle Geschick der Menschen sowie über die Pflicht, sich von Hass und Übermut fern zu halten.

Es entfallen demnach auf C: 1700—1722. 1782—1784, auf D: 1769—1781, auf den Interpolator: 1723—1768.

Nun zeigt sich, dass die Rede Hrôđgârs in C zu den jüngeren Partien einer früheren, derselben Version angehörigen Rede, die der König beim Anblick von Grendels Arm hält, entschiedene Beziehungen hat, vgl. insbesondere 942 ff. Ferner bemerken wir, dass wie 1709 ff. Heremôd dem Beówulf gegenübergestellt wird, dies schon 901 ff., wiederum in der C-Fassung, geschehen ist. Unsere notgedrungene Annahme findet also erwünschte Bestätigung.

Der zehnte Abschnitt (1785—1887) ist seiner Hauptmasse nach als zu C gehörig zu betrachten. Wir haben daher nur die Stellen zu bezeichnen, die der Ordner aus D entnommen hat. Als solche geben sich zunächst die auf Unferđ und Hrunting bezüglichen Verse 1807—1812 zu erkennen.

Ferner gehören hierher aus Beówulfs Abschiedsrede zweifellos die Verse 1836—1839, in denen von Hrêđrîc die Rede ist (vgl. auch die Anknüpfung *gif him þonne* 1836, *gif ic þonne* 1822), wahrscheinlich aber auch 1826—1833, die auf keinen Fall zum Kern von C gehören. Die Verbindung von 1825 mit 1834 ist ebenso vortrefflich wie der Abschluss der Rede mit 1835: Wenn ich auf Erden irgend deine Liebe mir noch mehr erwerben kann mit Kampfwerken, als ich bereits that, —

ic beó gearo sôna
ond þê tô geóce gârholt bere,
mægenes fultum, þǽr đê biđ manna þearf.

Endlich werden auch die Verse 1866—69 D angehören: „Da gab ihm der Eorle Schirm, der Sohn Healfdenes, noch weiter zwölf Kleinode, hiess ihn mit den Geschenken seine trauten Leute in Gesundheit aufsuchen (oder: antreffen), bald wiederkommen.“ An dieser Stelle bewährt sich die Schärfe und vor allem die Ehrlichkeit von Müllenhoffs Kritik. Obwohl Hrôđgâr Beówulf vor und nach dem Kampf mit Grendels Mutter weitere Geschenke versprochen hat, obwohl er ihm notwendig solche geben musste, dennoch verwirft Müllenhoff diese Verse als interpoliert, weil die darin enthaltene dürftige Notiz nicht nur von dem Charakter der umgebenden Darstellung zu stark absticht, sondern auch deren feineren Zusammenhang fühlbar unterbricht. Wer aber sieht nicht, wie derartige Wahrnehmungen und Schlüsse unserer Anschauung von der lebendigen, freieren Entwicklung des Epos zur entschiedenen Stütze gereichen? — Es könnte nun die Stelle auf späterer Erweiterung in C beruhen; allein gerade der Umstand, dass sie so dürftig gehalten ist, deutet an, dass man erst spät, d. h. wohl erst in der jüngeren Version auf den Gedanken gekommen ist, hier einem fühlbaren Mangel der Darstellung abzuhelfen. Hätte C diese Verse bereits enthalten, so würde D das Motiv vermutlich weiter entwickelt und der Ordner diese breitere Ausführung kaum verschmäht haben. Ich sehe recht wohl, dass dieses Argument an einem dünnen Faden schwebt, doch hänge ich auch kein grosses Gewicht daran. Es genügt mir, wenn man mir einräumt, dass die Stelle nicht zum alten Bestand von C gehört. — Zugleich mit 1866—1869 werden wir 1884—1887 D zuzuweisen haben.

Der kurze elfte Abschnitt („Beówulfs Abreise") beginnt nach unserer, auf blosser Bequemlichkeit sich stützenden, Einteilung mit V. 1888. Wo er aufhört, ist weniger leicht zu sagen; denn da sein Schluss mit dem des zweiten Abenteuers zusammenfällt, so hat hier die Willkür nicht dreinzureden. Hier ist aber der Ort, uns überhaupt über den Umfang dieses Teils der Dichtung näher auszusprechen.

Müllenhoff bestimmt als Endpunkt des zweiten Abenteuers (oder wie es in seiner Sprache heisst, „der älteren Fortsetzung des ersten alten Liedes") V. 1628. Diese Grenzbestimmung ist vielfach angefochten worden,[1] aber, soviel ich sehe, noch immer nicht so gründlich, wie es möglich und

[1] So von Hornburg, Die Komposition des Beówulf S. 28; von Rönning, Beovulfs-Kvadet (København 1883) S. 73 f.; von Möller S. 140 Anm. 3; eingehender von Schneider, Der Kampf mit Grendels Mutter S. 11 ff., der übrigens in die Besprechung dieser Frage Dinge hereinzieht, die wir erst im folgenden Kapitel berühren.

wünschenswert wäre, widerlegt. Müllenhoffs Annahme stützt sich wesentlich auf folgende Erwägung. In einer Reihe von Stellen des zweiten (und des ersten) Abenteuers, die M. als Interpolationen erschienen, macht sich eine Auffassung geltend, welche den Voraussetzungen der von V. 1629 ab reichenden Darstellung entspricht. Hieraus wird dann geschlossen, dass mit V. 1629 eine jüngere Fortsetzung beginne und dass der Fortsetzer mit dem Urheber jener Interpolationen identisch sei. Wir haben jedoch gesehen, dass die betreffenden Interpolationen im wesentlichen Fragmente einer zweiten Fassung des zweiten Abenteuers waren, die von dem Ordner in die erste Fassung eingeschaltet wurden; und mit V. 1629 haben wir durchaus keine Änderung des Verhältnisses eintreten sehen, sondern nach wie vor die Spuren der Versionen C und D zu erkennen und die jeder von beiden eigentümliche Auffassung zu unterscheiden vermocht. Es fehlt uns somit jede Nötigung, dem zweiten Abenteuer einen so abrupten, weder durch äussere noch innere Kennzeichen markierten Schluss, wie er in V. 1628 gegeben wäre, zu dekretieren, und damit zugleich jede Nötigung, die sehr wenig ansprechende Hypothese von Müllenhoffs Dichterinterpolator A anzunehmen[1]. Dass dieser A in der That ein Unwesen repräsentiert, wird deutlich, sobald man sich die wesentlichen Züge zu seinem Bilde vergegenwärtigt. Er war ein Dichter, der gerne schöne Gesinnungen darstellte, wohlthuende Empfindungen erregte, seine Hörer in die Familie seiner Helden behaglich einführte, dabei ein hübsches, wenn auch kein kräftiges Talent. Dass nun ein so veranlagter Mensch den ihm vorliegenden Beówulftext in seinem Sinne interpolierte, ist sehr begreiflich. Weniger begreiflich aber, dass er, wenn er jenen Text fortsetzte, ihm im grossen und ganzen nichts Neues hinzugefügt haben sollte, als was sich auf Ehrung und Beschenkung des oder der Helden bezog. Sehr seltsam, dass er, indem er zunächst das zweite Abenteuer abrundete, Beó-

[1] Ich brauche kaum zu erinnern, dass Müllenhoffs A etwas ganz anderes bedeutet als unser A. Jenes bezeichnet den fünften Beówulfdichter und ersten Interpolator. Dieses die ältere Version des ersten Abenteuers.

wulf dem Dänenkönig kurz seinen Kampf auf dem Seegrund erzählen liess, um bald darauf in einem selbständigen Teil den Helden über den ganzen Inhalt des ersten wie des zweiten Abenteuers ausführlicher berichten zu lassen. Noch seltsamer, dass er in letzterem Bericht eine ganze Reihe von Abweichungen von der Erzählung des Textes, den er fortsetzte, sich gestattet haben sollte, ja vielleicht sogar Abweichungen von dem, was er in den das zweite Abenteuer kompletierenden Partien selber erzählt hatte (vgl. 2142 f, Müllenhoff S. 218). Am allerseltsamsten, dass die Interpolationen, die er „um seine Fortsetzung anzuknüpfen" (Müllenhoff S. 193) dem ersten und besonders dem zweiten Abenteuer eingefügt haben soll, nicht nur gelegentlich von dem Inhalt der Fortsetzung abweichen, sondern sich zum Teil sogar unter einander widersprechen (vgl. 1175 gegen 923, Müllenhoff S. 206). Wie konnte ein und derselbe Dichter, der Hrôđgârs Familie in seinen Text einführen wollte, auf den Gedanken kommen, im ersten Abenteuer nur Wealhþeow, im zweiten Wealþeow, Hrôđulf, Hrêđrîc und Hrôđmund, und erst in Beówulfs Reisebericht die Freáwaru auftreten zu lassen?[1] Wie konnte ein Dichter, dem es wesentlich um die Darstellung von Ehrung und Belohnung zu thun war, Hrôđgâr dem Beówulf nach Besiegung des Meerweibs neue Geschenke versprechen lassen (1783 f.) und es unterlassen, von der Erfüllung dieses Versprechens zu berichten? Kurz Müllenhoffs A ist eine Unmöglichkeit, ein Phantom; und der Meister der Methode hat sich diesmal selber einen Verstoss gegen die wahre Methode zu Schulden kommen lassen. Für den, der seine Grundanschauungen und allgemeinen Voraussetzungen teilte, gäbe es im gegenwärtigen Fall nur eine Möglichkeit: statt des éinen Dichterinterpolators A müsste er mindestens zwei Dichter annehmen, und ausserdem wohl noch einen oder gar zwei Interpolatoren. Von den beiden Dichtern hätte der eine ein Lied über Beówulfs Heimkehr bzw. seinen Empfang in der Heimat verfasst, der andere dieses Lied mit dem zweiten Abenteuer verbunden. Über die Interpolatoren mögen die Anhänger von Müllenhoffs Ansicht selber ins reine zu kommen suchen.

[1] Vgl. auch Scherer, Zeitschr. f. d. österr. Gymn. XX, 96 Anm. 3.

Jene Annahme aber von einer selbständigen Darstellung der Heimkehr Beówulfs, die dann mit dem zweiten Abenteuer verbunden wurde, ist auch die unsere; nur dass wir das zweite Abenteuer bis hart an den Anfang des dritten ausdehnen: wodurch die Thätigkeit desjenigen, der beide verband, auf ein Minimum reduziert wird und sich schliesslich als eine bloss redaktionelle und vielleicht eher tilgende als schaffende, mehr streichende als hinzusetzende herausstellt. Ihre volle Begründung kann diese Annahme erst bei der Betrachtung des dritten Abenteuers erhalten; doch können wir uns schon jetzt der Aufgabe nicht entziehen, die Grenze zwischen dem zweiten und dem dritten Abenteuer wenigstens vorläufig zu bestimmen.

Als der Kern des dritten Abenteuers ist ohne Zweifel Beówulfs Erzählung von den Erlebnissen seiner Reise zu betrachten, und bei dem engen Zusammenhang dieser Erzählung mit des Helden Rückkehr in sein Vaterland, wird Beówulfs Ankunft in der gautischen Heimat einen Teil der betreffenden Darstellung gebildet haben. Das zweite Abenteuer andrerseits findet seinen natürlichen Abschluss erst mit Beówulfs Abreise aus dem Dänenland. Hiermit ist der Ort, wo die Grenzlinie zwischen dem zweiten und dem dritten Teil zu suchen ist, im allgemeinen angedeutet. Dass er aber so richtig bestimmt ist, wird durch folgende Beobachtung bestätigt. Während wir ungefähr bis zu jenem Grenzgebiet die Spuren der beiden Fassungen C und D deutlich verfolgen können, tritt jenseits desselben (um dies hier vorwegzunehmen) ein wesentlich anderes Verhältnis für die Überlieferung des Textes ein.

Versuchen wir nun die Grenzlinie noch genauer zu ziehen, so dürfen wir die diesem Beginnen sich entgegenstellenden Schwierigkeiten nicht übersehen. Bei der ursprünglichen Selbständigkeit des dritten Abenteuers, von der man sich später völlig überzeugen wird, haben wir keinen Grund zur Annahme, dass dieses genau an dem Punkte, wo das zweite abbrach, eingesetzt habe; sondern es kann sich recht wohl für eine Strecke mit diesem inhaltlich gedeckt haben. Da nun die Überlieferung von solcher Doppeltextigkeit (man gestatte mir den Ausdruck) keine Spuren enthält, andrerseits aber auch nirgend einen unzweifelhaften Abschluss oder gar einen deutlichen Anfang erkennen lässt, so muss man die Möglichkeit im Auge behalten, dass derjenige, der die Verbindung zwischen den beiden Teilen herstellte, zu diesem Zweck von drei Mitteln eins oder zwei oder gar alle drei in Anwendung gebracht habe. Die drei Mittel wären: Beseitigung des Kopfes von III; Beseitigung des Schwanzes von II; selbständige Bearbeitung der Stelle, wo beide zusammentrafen. Es leuchtet ein, dass von diesen Verfahrungsweisen die erste dem Redaktor näher liegen musste als die zweite; während die dritte wohl mehr nur im Fall der Notwendigkeit in Frage kam. Daher scheint es methodisch, was zur befriedigenden Abrundung des zweiten Abenteuers unentbehrlich ist, als zu diesem gehörig zu betrachten; woraus denn folgt, dass man dasselbe mindestens bis zu V. 1904 einschliesslich wird ausdehnen müssen. Andrerseits zeigt sich V. 1914 f. in dem Hafenwart, der lange nach der Rückkehr der Reisenden ausgeschaut hat, deutlich ein dem zweiten Abenteuer fremdes und nicht hineingehöriges Element. Das streitige Grenzgebiet bestünde demnach aus den Versen 1905—1913; und da wir noch gar nicht wissen, ob die Verbindung des dritten mit dem zweiten Teil für letzteren die Version C oder D oder was sonst voraussetzt, so können wir die Frage, wohin dieser Grenzabschnitt eigentlich gehört, fürs erste noch gar nicht erörtern.

Die sicher zum zweiten Abenteuer (nach unserer Einteilung zum elften Abschnitt desselben) gehörigen Verse 1888 —1904 wird man ohne Bedenken C zuschreiben.

FÜNFTES KAPITEL.

DIE QUELLEN DES ZWEITEN ABENTEUERS.

Betrachten wir nun die Darstellung C, nachdem wir sie im einzelnen rekonstruiert haben, zurücktretend als ein Ganzes, so zeigt sich, dass dieses Ganze keineswegs in der Weise eine Einheit bildet, wie etwa im ersten Abenteuer der Kern von A. Freilich lassen sich auch in C gewisse charakteristische Züge des Sprachgebrauchs und sogar der Metrik beobachten. Ich erwähne nur die Anwendung des Präteritums *gang* 1009. 1295. 1316, das sonst im Beówulf nicht vorkommt, die Umschreibung *ýđgeblond* für See, 1373. 1593. 1620, die Bezeichnung Hrôđgârs als *eodor* oder *frea Ingwina* 1044. 1319,[1] der Mutter Grendels als *brimwylf* 1506. 1599; in metrischer Beziehung eine gewisse Vorliebe für diejenige Reimbindung, welche aus zwei Langzeilen ein Paar macht, 839 : 919, 1260 : 1277, 1882 : 1883 (übrigens finden wir Ähnliches auch in D, 890 : 891). Allein es fehlt viel daran, dass derartige Eigentümlichkeiten sich über den ganzen Umfang der Darstellung gleichmässig erstreckten. In Auffassung und Stil aber gewahrt man in C eine entschiedene Ungleichheit; einzelne

[1] Diese beiden Benennungen für den Dänenkönig führt schon Müllenhoff S. 212 als charakteristisch für die „ältere Fortsetzung II" an. Er erwähnt a. a. O. auch die Bezeichnung Beówulfs als *þeóden* (1525. 1627), obwohl diese, worauf er selber aufmerksam macht, auch 797 in einem seiner Meinung nach dem zweiten Interpolator gehörigen Passus vorkommt. Nach unserer Auffassung steht diese Bezeichnung in einer Erweiterung von A (der älteren Version des ersten Abenteuers, 797), in C (1627) und in D (1525).

Abschnitte, ich erinnere nur an den fünften und sechsten, treten aus der Umgebung merklich, ja auffallend heraus.

Dies kann kaum einen anderen Grund haben als den, dass die Dichter von C Stücke aus anderen, älteren Darstellungen in die ihre verwebt haben.

Von zwei derartigen Darstellungen lassen sich, wie wir sehen werden, deutliche Spuren nachweisen. Die Spuren der einen hat bereits Möller, Das altenglische Volksepos S. 139 ff., die der andern Friedrich Schneider, Der Kampf mit Grendels Mutter (Berlin 1887) im ganzen richtig erkannt.[1] Ich darf gleichwohl ein näheres Eingehen auf den Gegenstand mir an dieser Stelle um so weniger erlassen, als ich, von ganz anderen Voraussetzungen ausgehend als Möller oder Schneider, nicht nur zu einer vielfach abweichenden Begründung gemeinsamer Ansichten, sondern auch zu wesentlich verschiedenen Endresultaten gelangt bin.

Zunächst sei daran erinnert, was S. 57 f. über den Dichter von A sowie über die Möglichkeit gesagt wurde, Stücken aus dem über V. 836 hinausreichenden Teil seiner Dichtung — wir wollen die Gesamtdarstellung A′ nennen — im zweiten Abenteuer zu begegnen. Ein solches Stück liegt nun aller Wahrscheinlichkeit nach in der Abschiedsscene zwischen Beówulf und Hrôđgâr vor. Die Scene, wie wir sie für die C-Form hergestellt haben, rührt von einem Dichter her, der ganz und gar in der Sache steht. Wenn er nun trotzdem Hrôđgâr sein Versprechen, dem Beówulf weitere Geschenke zu geben, nicht erfüllen lässt, so erklärt sich dies am einfachsten daraus, dass er von solchem Versprechen nichts wusste. Der Dichter hatte seinen Helden nach dem Sieg über Grendel beschenken lassen,

---

[1] Dass übrigens Möller nahe daran war, auch die Spuren der zweiten Darstellung zu entdecken, und nur durch eine künstliche Annahme daran verhindert wurde, ersieht man aus seiner Bemerkung zu V. 1331 f., S. 136. Etwas anders scheint er die Sache S. 146, zu V. 2353, zu fassen; ganz klar ist mir seine Meinung hier nicht geworden. — Andrerseits ist Möllers Ansicht die erste Darstellung betreffend nicht nur Schneider, der Möllers Schrift nicht gelesen hat, sondern auch den meisten Lesern derselben, wie es scheint, verborgen geblieben.

aber ein Kampf mit Grendels Mutter, worauf sich die neuen Geschenke bezogen hätten, kam in seiner Darstellung nicht vor. Unsre Vermutung, dass die Abschiedsscene von dem Dichter von A′ herrühre, wird nun durch den darin herrschenden Stil und Ton durchaus bestätigt; denn diese sind nicht nur jenes Dichters würdig, sondern seiner Art entschieden angemessen. Nur werden wir freilich V. 1873^{b} - 1880^{a}, als von gar zu grosser Gefühlsweichheit zeugend, auszuscheiden haben, möge diese Stelle nun auf Erweiterung in A′ beruhen, möge sie erst in C hinzugesetzt sein. Als sicher C angehörig sind die Verse 1882—83 mit ihrem Endreim zu bezeichnen. Was von der Abschiedsscene übrig bleibt stimmt vollkommen zu A. Auch der Sprachgebrauch widerspricht keineswegs: so treffen wir 1818 *sǣlīđend*, was sonst nicht im zweiten Abenteuer, wohl aber in A 411 vorkommt (B hat 377 *sǣlīþende*), 1819 *feorrancumene* vgl. 361. An die Weise von A erinnert auch in Hrôđgârs Abschiedsrede 1845 ff. die Beziehung auf gautische Verhältnisse.

Fragen wir nun, wie weit die unveränderte Benutzung von A′ in C reicht, so ist von vornherein klar, dass wir Spuren derselben nur in den beiden ersten und den beiden letzten Abschnitten des zweiten Abenteuers zu finden erwarten dürfen. Im ersten Abschnitt scheint der Anfang, wie schon der Endreim 839: 919 andeutet, von C überarbeitet; am besten würde der Kern von Hrôđgârs Rede 928 ff. sich zu A′ fügen. Der zweite Abschnitt aber, soweit er C angehört, könnte so gut wie ganz der älteren Dichtung entnommen sein. Nur die Verse 1043—1045, wo Hrôđgâr *eodor Ingwina* genannt wird, sind vermutlich von C hinzugefügt, denn A kennt diese Bezeichnung nicht; der Passus ist für den Zusammenhang durchaus entbehrlich. Der zehnte Abschnitt gehört nicht nur in seiner zweiten Hälfte (der Abschiedsscene), sondern auch in der ersten Hälfte ursprünglich A′ an, an dessen Sprachgebrauch und Darstellungsweise wir durchaus erinnert werden; die beiden ersten Verse jedoch, 1785 f., sind von C. Auch der elfte Abschnitt, d. h. die mit Sicherheit dahin gehörigen Verse 1888—1904 (vgl. oben S. 91) hat C aller Wahrscheinlichkeit nach von der älteren Darstellung geborgt. Weiter möchte ich jedoch nicht gehen. 1904 bildete für A′ einen vortrefflichen Abschluss, und es ist kaum denkbar, dass diese Dichtung darüber hinaus Beówulfs Rückfahrt (1905—1913) in so völliger, zum Teil wörtlicher Übereinstimmung mit der Hinfahrt dargestellt haben sollte, wenn sie — wie es doch den Anschein hat — nichts weiteres zu berichten hatte.

Auf eine andere alte Darstellung führt uns der fünfte Abschnitt. Wir haben hier als der Version C zugehörig gefunden die Verse 1321—1334. 1345—1398. Betrachten wir nun in Hrôđgârs Rede die oft erörterten Verse 1330 ff. genauer, so stossen wir nicht nur auf eine auffallende Satzfügung in 1331^{b}. 1332, sondern vor allem auf einen merkwürdigen Widerspruch: „Ihn (nämlich Æschere) tötete mit eigener Hand ein gespenstiger Mordgast (oder? Mordgeist). Ich weiss nicht, welcher von beiden, schrecklich, stolz auf seine Leichenbeute, den Heimweg zurücklegte, des Frasses froh[1]: sie rächte die Fehde, dass du gestern Nacht Grendel tötetest."

Im folgenden, 1345 ff., sagt Hrôđgâr, dass er seine Leute von zwei gewaltigen Markgängern, welche die Moore bewohnten, habe reden hören: der eine sei einem Weibe ähnlich gewesen, der andere in Mannesgestalt einhergegangen, nur sei er grösser gewesen als irgend ein anderer Mann;[2] den hätten die Erdbewohner Grendel genannt; man wisse nicht, ob sein Vater vor ihm schon irgend einen andern im Dunkeln hausenden Geist gezeugt habe[3] (d. h. man wisse nicht, ob er der Stammhalter seines Geschlechts sei, oder ob er noch anderswo hausende, ältere Brüder habe). Dann (1357 ff.) beschreibt der König die Behausung der Unholde.

Der König weiss also von Grendel und seiner Mutter, er weiss nach 1333 f. (*heó þâ fǣhđe wrœc* usw.), dass die

---

[1] *gefægnod* 1333 mit Kemble statt *gefrægnod.*

[2] Beiläufig bemerke ich, dass 1351 f. jedesfalls zu lesen ist:
idese onlîcnæs; ôđer earmsceapen
on weres wæstmum wrǣclâstas træd usw.

[3] Der gelegentlich verkannte Sinn dieser Verse 1355 ff. ergiebt sich deutlich, wenn man sie mit V. 1180 ff. vergleicht, wo dieselbe Konstruktion herrscht.

Mutter den Sohn (wenigstens, dass der weibliche Unhold den männlichen) gerächt habe, und gleichwohl weiss er nach 1331 f. nicht, wer von beiden der Mörder Æscheres gewesen sei. Das ist doch wohl gleich geheimnisvoll für Kluge wie für Thoren. Bugge (wie vor ihm schon Sweet und Wülker) sucht den Widerspruch dadurch zu beseitigen, dass er 1331^b *hwæþer* in *hwider* ändert, wobei er sich auf Beówulfs Worte 1392 ff. beruft; er nimmt an, dass der König nicht wisse, wohin die Unholdin gezogen sei. Allein Beówulfs pathetische Rhetorik erlaubt nicht einmal, einen sicheren Schluss auf seine eigene Unwissenheit, viel weniger auf die des Königs zu ziehen. Dass Hrôđgâr sehr wohl weiss, wo die Unholde hausen, zeigen die Verse 1361 ff., und dass er sie an keinem andern Ort wähnt als in ihrer eigenen Behausung, geht klar aus 1377 ff. hervor. Auch kann man bei einem lebendigen Gefühl für Zusammenhang schon wegen der Ausführung 1345 ff. nicht zweifeln, dass 1331 *hwæþer* am Platze ist. Muss dies aber anerkannt werden, so folgt, dass 1333^b. 1334 nicht am Platze sind, und wenn diese weichen, so fällt auch 1333_a, und wir werden kein Bedenken tragen, jetzt auch den formell anstössigen Vers 1332 zu opfern. Es kann wohl keinem Zweifel unterliegen, dass es ursprünglich hiess:

1330 Wearđ him on Heorote tô handbanan
wælgæst wǣfre, ic ne wât hwæþer.
1345 Ic þæt londbûend leóde mîne
selerǣdende secgan hŷrde,
þæt hié gesâwon swylce twêgen
micle mearcstapan môras healdan,
ellorgæstas usw.

Hier ist logischer Zusammenhang: es tötete ihn ein *wælgæst*, ich weiss nicht welcher von beiden; es giebt deren nämlich, wie ich erfahren habe, zwei. Und nun versteht man auch, warum es 1377 ff. heisst: *Eard gît ne const, frêcne stôwe, đǣr þû findan miht sinnigne*[1] *secg;* denn von beiden, Mann und Weib, Grendel und seiner Mutter, ist Grendel jedesfalls die Hauptperson. Und weiter ist jetzt klar geworden,

---

[1] Mit Heyne statt des unmetrischen *felasinnigne*.

warum Beówulf 1392. 1394 von *hê* und nicht von *heó* redet. Streicht man die Verse 1381 und 1391, die von C interpoliert sind, so hat man an 1321—1331. 1345—1380. 1382—1390. 1392—1396 einen Abschnitt, der in sich auf das schönste zusammenhängt, in den Zusammenhang des zweiten Abenteuers jedoch in keiner Weise passt, einen Abschnitt also, der offenbar einer anderen Dichtung angehört. Wie C dazu gekommen, diese Dichtung und zwar in solcher Weise zu benutzen, ist eine Frage, deren Beantwortung wir vertagen. Wir suchen zunächst von jener Dichtung selber eine Vorstellung zu gewinnen, soweit der betreffende Abschnitt uns dazu verhelfen will.

Irgendwelcher Kampf zwischen Beówulf und Grendel hat offenbar zu dem Zeitpunkt, den der Abschnitt uns vergegenwärtigt, noch nicht stattgefunden. Ein Unhold hat Heorot in der Nacht heimgesucht und dort Hrôđgârs vertrautesten Ratgeber, Æschere, getötet. Es war das nicht der erste derartige Besuch (1322 *sorh is genîwod*); doch erhält man den Eindruck, als ob demselben entweder eine Pause oder aber ein Ereignis vorhergegangen sei, das ein Aufatmen nach langer Heimsuchung erhoffen liess. Der Unhold war entweder Grendel oder seine Mutter; Grendel aber gilt als Hrôđgârs Hauptfeind, und man darf als sicher annehmen, dass Beówulf um ihn zu bekämpfen sich am dänischen Hof aufhält. Der Kampf aber, den der Dichter im Sinne hat, wird offenbar im Seegrunde stattfinden; dort wird Beówulf beide Unholde besiegen — und zwar, wie wir vermuten dürfen, zuerst das Weib, dann den Mann; ohne Zweifel wird er dann das Haupt Grendels als Siegestrophäe von seiner kühnen Fahrt heim nach Heorot bringen.

Hat C diese ältere Dichtung — wir wollen sie X nennen — noch in anderen Abschnitten als dem fünften benutzt? Betrachten wir zunächst den vierten Abschnitt. Da, wie wir sahen, das Æschere-Motiv X angehört, so sind 1296 ff. jedesfalls unter dem Einfluss dieser Darstellung entstanden; in wiefern hier jedoch freierer oder engerer Anschluss vorliegt, vermögen wir nicht zu entscheiden. Die Möglichkeit einer stärkeren Benutzung der älteren Dichtung im vierten Abschnitt überhaupt hängt von der Beantwortung der Frage ab, ob Grendel oder seine Mutter in X Æscheres Mörder war. War es Grendel, so kann die Verwertung von X in C nur allgemeinerer Art sein. War es Grendels Mutter, so könnte sie eine recht intensive gewesen sein. In dem Fall wäre es denkbar, dass folgende Verse in C aus X entnommen wären:

1251/1280 Sigon þâ tô slǽpe; þâ đǽr sâra wearđ
edhwyrft eorlum, siþđan inne fealh
Grendles môdor. *Næs* se gryre lǽssa.[1]

Auch die Verse 1288—1291, bzw. 1288—1293, die wir als Erweiterung in C aufgefasst haben, könnten aus X entnommen sein; denn warum hätte der Erweiterer nicht aus derselben Quelle schöpfen sollen wie der Dichter von C? War dies aber der Fall, so würde sich ergeben, dass 1296—1298 auf freierer, nicht auf getreuer Nachbildung beruhen, da 1298ᵇ *(þone đe heó on ræste abreát)* sich mit 1288 ff. nicht verträgt. Bisher handelte es sich um blosse Möglichkeiten, deren Erwägung wenigstens methodischen Nutzen hat. Mit annähernder Sicherheit aber können wir sagen, dass 1299ᵇ—1301 C, nicht jedoch ursprünglich X angehörten; denn sie setzen die Gabenverleihung und überdies einen Wechsel im Schlafgemach Beówulfs voraus. In der Frage des Helden 1319 f. deutet die Kenning *freá Ingwina* gleichfalls auf Selbstständigkeit in C, da der entsprechende Ausdruck *eodor Ingwina* 1044 wegen des Zusammenhangs, wo er erscheint (oben S. 94), nicht aus X entnommen sein kann. Es wäre freilich möglich, dass C sich den Grundtypus dieser Formeln aus X angeeignet hätte; jedoch, alles wohl erwogen, nicht gerade wahrscheinlich.

Aus dem dritten Abschnitt, der in C nur wenige Verse umfasst, könnte die kriegerische Schilderung von der Art, wie die Dänen sich zur Ruhe legen, V. 1242 ff., recht wohl in X sich gefunden haben (vgl. Hrôđgârs Rede 1326 ff.), zumal wenn auch 1288—1291 aus der älteren Dichtung herrühren sollten.

Die früheren Abschnitte kommen natürlich für X nicht in Frage. Wir kehren daher zum fünften zurück, um von

[1] Über *sâra* statt *sôna*, *næs* statt *wæs* vgl. oben S. 75.

dort aus weiterzuschreiten. Der sechste Abschnitt zeigt stilistisch eine solche Verwandtschaft mit dem fünften, dass er vermutlich zum grösseren Teil — es handelt sich nur um die Partien, die wir früher C vindiziert haben, — von X geborgt ist. Nur Beówulfs Rede am Schluss des Abschnitts erregt Bedenken. V. 1482—1487 können, da sie die Gabenverleihung als bereits geschehen voraussetzen, in X sich unmöglich gefunden haben. Vielleicht aber gehörte die erste Hälfte der Rede, 1474—1481, welche für den Standpunkt von C ein Novum bringt, ursprünglich der älteren Darstellung an.

Benutzung von X im siebenten Abschnitt haben wir wohl mit Sicherheit anzunehmen, vor allem in der Stelle 1501—1507. 1514—1517. Auf weitere Einzelheiten einzugehen scheint mir zu gewagt. Aus dem Eingang des achten Abschnitts aber dürften 1618—1620 (oben S. 83 f.) hierher zu ziehen sein.

Verlassen wir jetzt C, um die jüngere Version D auf kurze Zeit ins Auge zu fassen. Dieselbe setzt, wie wir gesehen haben, die ältere und einfache Fassung C oder eine ihr eng verwandte Darstellungsform als Grundlage voraus. Doch muss in den Kreisen, wo sich D entwickelte, die Dichtung X, wenn auch vielleicht nicht genau in der Gestalt, welche C entgegentrat, noch lebendig gewesen sein. Das Motiv, dass Beówulf Grendels Haupt mit an die Oberwelt bringt, scheint in diesen Kreisen besonders angezogen zu haben. Um es in die Darstellung des zweiten Abenteuers verweben zu können, erfand man den Zug, dass Beówulf nach Besiegung der Meerriesin Grendels Leichnam den Kopf abhaut. Vermutlich ist daher im siebenten Abschnitt X von D für die Verse 1570 ff. benutzt worden. Von den D-Fragmenten des achten Abschnitts aber sind zunächst die oben S. 84 citierten Verse wohl zum grössten Teil X zuzuweisen. Nur wurden vielleicht V. 1639, und wohl sicher 1649 (wo die Erwähnung der „Frau“ für D charakteristisch ist) erst in der jüngeren Version des zweiten Abenteuers hinzugefügt. Ferner sind in diesem Abschnitt mit hoher Wahrscheinlichkeit die Verse 1684—1687 als Bestandteile von X zu bezeichnen. V. 1685 *ðǽm sêlestan be sǽm tweónum* erinnert sehr an V. 1296 f. *hæleþa leófost . . . be sǣm tweónum,* also an eine Stelle, die C angehört, aber unzweifelhaft unter dem Einfluss von X entstanden ist. In V. 1687 stand an der Stelle von *hylt* ursprünglich *heáfod,* wie sich daraus ergiebt, dass die sich anschliessende Rede Hrôđgârs (1769—1781, über den Anschluss oben S. 85 f.) zwar der Freude über den Anblick des Hauptes Ausdruck giebt, von der Schwerthilze jedoch kein Wort verlauten lässt. Zu dem Hilzmotiv, das D von C überkommen, trat das Kopfmotiv aus X. Darauf beruht eine gewisse Unebenheit, die wir trotz der Lücken der Überlieferung in der Darstellung von D wahrnehmen können. Gehörten aber 1684—1686 und 1687 ursprünglich zusammen — und es liegt kein Grund vor, dies zu bezweifeln — so muss das Subjekt zu *on geweald gehwearf* ursprünglich *Grendles heáfod* gewesen sein, was auch, wenn wir Stellen wie 1210 vergleichen, nichts Unwahrscheinliches an sich hat. Dann aber könnte 1684 in X nur durch einen sehr kurzen Zwischenraum von 1650 getrennt gewesen sein oder sogar an diesen Vers, bzw. an 1648 sich direkt angeschlossen haben. Über eine blosse Möglichkeit wird man jedoch hier nicht hinauskommen.

Im neunten Abschnitt hat D, wie aus allem Vorhergehenden sich mit Notwendigkeit ergiebt, die Rede Hrôđgârs 1769—1781 aus X entnommen.

Die erhaltenen Bruchstücke reichen aus, uns eine allgemeine Vorstellung von der Art und Weise der als Ganzes verloren gegangenen Dichtung X zu vermitteln. Eine kräftig anschauliche Darstellung und eine grosse Wärme der Empfindung waren ihr auf jeden Fall eigen. Wie wirksam ist die Schilderung von dem unheimlichen See, in dem die beiden Unholde hausen, und wie glücklich der Zug, der 1368 ff. von dem gestellten Hirsch hergenommen wird. Vergleichen wir X mit A′, so dürfte das Tempo der Bewegung in der ersteren Dichtung etwas schneller als in der anderen gewesen sein, ungeachtet eines keineswegs geringeren Reichtums an Detailzügen. Ob X in betreff der Ökonomie der Darstellung, der wirkungsvollen Steigerung und ähnlicher Qualitäten sich A′ an die Seite stellen durfte, diese Frage entzieht sich unserer

Beantwortung. Der allgemeine Eindruck jedoch, den wir erhalten, berechtigt uns dazu, beide Dichtungen für treffliche Erzeugnisse der alten Epik und in ihrer Art für einander ebenbürtig zu erklären: A′, soviel wir sehen, von grossartigerer Einfachheit, von erhabnerer epischer Ruhe, X von rascherem Pulsschlag der Leidenschaft, von mehr pathetischer Rhetorik; A′ mehr ausschliesslich auf das Ethische, X daneben auf das Stimmungsvolle, Romantische gerichtet. — Liegen beide Dichtungen, soweit wir sie herzustellen vermögen, einmal im Druck vor, so wird die von ihnen ausgehende Wirkung reiner hervortreten, und es wird leichter sein, diese auf ihre Ursachen zurückzuführen.

Wie haben wir uns in zeitlicher und örtlicher Hinsicht das Verhältnis der beiden Dichtungen zu einander zu denken? Unumgänglich ist zunächst die Annahme, dass A′ und X ursprünglich in verschiedenen Landesgebieten heimisch waren, da sie nicht nur von einer verschiedenen Auffassung der Sage ausgehen, sondern auch stilistische Differenzen aufweisen, die notwendig einen tieferen Hintergrund haben müssen. Zeitlich brauchen die Dichtungen nicht weit auseinander zu liegen; ein gewisser Abstand zwischen beiden wird aber gleichwohl anzunehmen sein. Beide legen ja Zeugnis ab von einem höhern Aufschwung des epischen Stils; ein solcher Aufschwung aber pflegt von einem bestimmten Punkt auszugehen und sich weiter zu verbreiten, und recht seltsam wäre es, wenn er an zwei verschiedenen Orten zur selben Zeit den gleichen Stoff ergriffen hätte. Sind aber die beiden Dichtungen als nicht durchaus gleichaltrig anzusehen, so wird das höhere Alter A′ zukommen. Noch mehr als aus der Darstellung ist dies aus der Fabel zu schliessen.

Nennen wir die A′ und X zu Grunde liegenden Überlieferung a und x, so hatten a und x offenbar ein verschiedenes Verhältnis zum Mythus, aus dem die Beówulfsage erwachsen ist. Denken wir uns die mythische Auffassung als eine einheitliche, als in beiden Fällen dieselbe, so stand x ohne Frage dieser Auffassung näher als a; denn es ist nicht abzusehen, wie aus dem Grendelkampf in einem Saal, wenn diese Vorstellung die ursprüngliche war, in der Beówulfsage jemals ein Kampf auf dem Seegrund sich entwickelt hätte.[1] Daraus aber, dass x dem Mythus näher stand, wäre nicht etwa zu schliessen, dass es die Brücke zwischen dem Mythus und a gebildet hätte, sondern nur, dass a das Produkt einer kräftigeren und selbständigeren Regung des epischen Geistes war als x. Nächst der Gestalt und den Thaten Beówulfs bildet ja die Halle Heorot das eigentliche epische Moment im Epos, ich meine das Moment, wo Mythus und historische Überlieferung sich am deutlichsten mit einander verschmolzen haben. Es ist aber klar, dass Heorot in a eine ganz andere Rolle spielt als in x; ja wir dürfen wohl sagen, dass die Konsequenz der Anknüpfung des Grendelmythus an Heorot erst da gezogen, der Zweck jener Anknüpfung erst da erreicht scheint, wo es sich nicht bloss und nicht vorwiegend um die Säuberung des Sees (1620), sondern um die Säuberung Heorots selber (432. 825 f.) handelt. Sollen wir nun annehmen, dass die epische Energie, welche jene Anknüpfung zuerst bewirkte, sich unfähig erwiesen habe, die volle Konsequenz derselben zu ziehen, deren eigentlichen Zweck zu erreichen? Mir ist dies höchst unwahrscheinlich; und daher drängt sich mir die Annahme auf, dass a früher als x entstanden sei und dass die letztere Überlieferung sich unter dem Einfluss der ersteren aus dem Mythus gebildet habe.

Geradezu unabweisbar wird diese Annahme, wenn wir von der Voraussetzung ausgehen, dass die Verschiedenheit der epischen Überlieferungen in einer variierenden Gestalt des Mythus ihre Wurzel hatte. In diesem Fall können wir uns den a zu Grunde liegenden Mythus nur in Übereinstimmung mit Müllenhoffs Andeutungen (Zs. VII, 422) denken: „An Heorots Statt nannte man etwa einen Tempel, auch eine Halle und ein *hornsele* (Vorr. zu Andreas XXXVIII), wo wie dort die Menschen sich zu fröhlichen Gelagen und Festen zu versammeln pflegten und Grendel seine Unthaten verübte, bis Beówulf [Beówa?] der Kämpe des Gottes das Haus wieder

[1] Es sei denn mit der vollständigen Zertrümmerung der Sage in ihre Elemente, wobei denn der Name Beówulf und die historische Anknüpfung verloren gegangen wäre — ein Vorgang, der innerhalb der Entwicklung des englischen Epos schlechthin undenkbar ist.

von ihm säuberte." Im Gegensatz dazu müsste die x zu Grunde liegende Form des Mythus von Tempel oder *hornsele* nichts gewusst haben; und da wäre es denn vollends klar, dass die epische Sage a früher als x, und x nur unter dem Einfluss von a entstanden wäre.

Sage und Epos sind nun freilich, wie eng zusammenhängend auch, nicht identisch. Wo aber zwischen der Entstehung der Sage und der Ausbildung des Epos, wie in gegenwärtigem Fall, nur ein verhältnissmässig kurzer Zeitraum liegt, wird es schwer, die Vermutung abzuweisen, dass die eigentliche Heimat der epischen Sage auch die Gegend war, wo die epische Darstellung zuerst einen höhern Flug nahm, dass folglich die epische Dichtung in grossem Stil sich der ursprünglicheren und selbständigeren Sagenform früher bemächtigte als der jüngeren und abgeleiteten. Wir dürfen daher annehmen, dass von den beiden Dichtungen A′ und X diese später als jene und wohl unter ihrem Einfluss entstanden ist.

SECHSTES KAPITEL.

ENTSTEHUNG DES ZWEITEN ABENTEUERS.

Kehren wir zum zweiten Abenteuer zurück, das zumal in der älteren Version, C, eine merkwürdige und der Erklärung bedürftige Erscheinung bildet. Wir haben gesehen, dass C sich einem Mosaik vergleichen lässt, dessen einzelne Teile keineswegs immer zu einander stimmen. Nahe liegt es daher, dieser Darstellungsform den Namen einer Dichtung zu verweigern, darin nur eine Interpolation oder eine ungeschickte Redaktion oder beides zu erblicken, auf jeden Fall ein Produkt, das, wesentlich aus der Willkür eines Einzelnen hervorgegangen, sich zwar aus epischen Fragmenten zusammensetzte, als Ganzes aber ausserhalb der lebendigen Entwicklung des Epos stünde. Dass solche Ansicht jedoch unberechtigt wäre, ergiebt sich schon aus dem Verhältnis der jüngeren Version, D, zur älteren. Auch hier hat man es mit mündlicher Fortpflanzung, mit Umbildung, Erweiterung zu thun; und bei näherer Erwägung wird man finden, dass das zweite Abenteuer, auch in der Gestalt C, eine in gewissem Sinn notwendige Stufe in der Geschichte des Epos bildet.

Daran haben wir festzuhalten, dass die echte Epik, wie jede Art volkstümlicher Dichtung, sich in einer unzertrennlichen Verbindung von Produktion und Reproduktion bewegt. Freilich ist das Verhältnis der schaffenden zur bloss erinnernden und wiederholenden Thätigkeit in den verschiedenen Sängern und auch in den verschiedenen Epochen ausserordentlichen Schwankungen unterworfen. Aber auch der unbegabteste Sänger wird gelegentlich, wenigstens da wo ihn sein Gedächtnis im Stich lässt, von dem Seinigen hinzuthun, Überliefertes auslassen und umändern. Und auch der produktivste steht auf den Schultern seiner Vorgänger und wird nicht nur Gedanken, Motive, sondern Wendungen, Ausdrücke, ja ganze Verse und Versreihen wiederholen, die andere vor ihm geäussert haben. Wir pflegen da, wo wir ein Stück Epos betrachten, das in sich den Eindruck der Homogeneität macht, von dem Dichter desselben zu reden, und so haben wir oben mehr als einmal den Dichter von A, bzw. A′, uns zu erwähnen erlaubt. Strenge genommen ist dies jedoch eine rhetorische Figur. Suchen wir gerade mit Beziehung auf A′ unsere Anschauung soviel wie möglich zu verdeutlichen.

Keine Frage, dass ein hochbegabter Dichter in der Darstellung A′ seine Spuren zurückgelassen hat. Aber war er der einzige, war er der erste, der Beówulfs Reise und den Kampf mit Grendel in Heorot im grossen Stil des Epos besang? Und sollen wir annehmen, dass er keine Einwirkung seiner Vorgänger erfahren? Sollen wir annehmen, dass mit éinem Schlage die Dichtung in jener Vollkommenheit, die wir daran bewundern, aus dem Gehirn éines Mannes entsprungen sei? — Man vergleiche doch Erscheinungen aus Epochen, wo das Individuum viel mehr, die Gesamtheit viel weniger bedeutet als in der epischen Zeit. Man studiere z. B. Shakspere und sehe, wie viel er seinen Quellen und Vorbildern verdankt, man erwäge den nicht seltenen Fall, wo das Studium der von ihm benutzten Quelle dem heutigen Leser ein neues Licht wirft auf das, was der Dichter eigentlich gewollt hat. Und nun berücksichtige man die Verschiedenheit der Dichtgattungen, der Zeiten, der Kultur. Man versetze sich in eine Epoche, wo gleiche Bildung, gleiche Anschauungen, gleiche Ausdrucksformen als Eigentum einer ganzen Gesellschaft oder doch Gesellschaftssphäre erscheinen, eine Epoche, wo die Dichtung in demselben Augenblick, der ihr Gestalt giebt, an das Ohr des Hörers dringt und, vom Gedächtnis aufbewahrt, erst dann wieder lebendig wird, wenn sie zu neuem Vortrag gelangt. Man versetze sich in eine solche Zeit, denke sich eine Poesie, deren Leben zwischen Reminiscenz und Improvisation unaufhörlich hin und her oscilliert; man ziehe ferner die Konsequenzen aus dem, was die Kritik der epischen Überlieferung uns bisher gelehrt hat, — und man wird mir einräumen, dass ein Dichter von *Beówulfes sîð* ohne Vorgänger, die ihm nicht nur den Stoff, sondern zu einem grossen Teil auch die Form lieferten, ein Ding der Unmöglichkeit, ein Unwesen genannt werden muss.

So hoch wir daher auch die individuelle Begabung desjenigen, den wir den Dichter von A′ nannten, anschlagen mögen, er war doch nur einer von vielen, und wir können gar nicht mit Sicherheit sagen, was in seiner Dichtung sein eigenes Werk, was das Werk seiner Vorgänger war. Wir mögen immerhin annehmen, dass die Idee zu jenem wirkungsvollen Aufbau der Darstellung, den wir S. 44 ff. erörterten, in ihm lebendiger und klarer war als in irgend einem andern jener Sänger; aber wir können überzeugt sein, dass er nicht der einzige und nicht der erste war, der jene Idee hatte.

Ich glaube: die Anschauung, die ich hier zu entwickeln suche, hat nichts Mystisches, nichts Unfassbares an sich. Eine Vielheit von Dichtern, welche denselben Gegenstand besingen, deren einer vom andern lernt, auf die Intentionen des andern eingeht. Nicht alle sind begabt, nicht alle bewirken einen Fortschritt; aber im grossen und ganzen findet ein Fortschritt statt bis zu dem Punkt, wo eine relative Vollkommenheit erreicht ist, bis zu dem Punkt, wo die Idee, welche zum Fortschritt treibt, in das Stadium ihrer höchsten Wirksamkeit getreten ist. Von da ab beginnt die Idee zu erblassen, und die Entwicklung bewegt sich in absteigender Linie.

Hier aber tritt uns ein beachtenswerter Einwand entgegen, der sich nicht gegen unsere Anschauung, wohl aber gegen die bisher von uns geübte Methode richtet. Wenn sich das alles so verhält, wie wir so eben ausgeführt haben, mit welchem Recht unterscheiden wir dann in der epischen Überlieferung im Rahmen einer und derselben Entwicklungsreihe spätere Erweiterungen von dem ursprünglichen Kern? Was heisst hier überhaupt „ursprünglich“? Mit welchem Recht stellen wir diejenige Gestalt, welche die Idee am vollkommensten verkörpert, an die Spitze der Reihe, da sie doch vielmehr in der Mitte liegt? Jene Stellen, die wir als spätere Zusätze bezeichneten, könnten sie nicht einem Entwicklungsstadium angehören, das, statt diesseits, jenseits des Kulminationspunktes fiele?

Der Einwand ist an sich vollkommen berechtigt; seine praktische Tragweite aber wird durch folgende Erwägungen sehr eingeschränkt. Erstens: wir dürfen doch wohl annehmen, dass in einer Epoche der aufstrebenden Epik die vollkommneren Formen die unvollkommenen im grossen und ganzen verdrängen werden. Da nun aber zu der Zeit, wo die schriftliche Fixierung des Epos in Angriff genommen wird, die eigentliche Blüteepoche desselben bereits um ein Erhebliches überschritten ist, so wird der Fall, wo der überlieferte Text uns epische Fragmente aus der Zeit vor der Blüte aufbewahrt,[1] immer zu den Ausnahmen gehören. Nur in den Teilen des Epos wird die Regel sich weniger bewähren, die ihrer ganzen Geschichte nach in die Zeit der bereits erlahmenden epischen Kraft fallen. Zweitens, und dies ist das Entscheidende: diejenigen Partien der epischen Überlieferung, die wir als jüngere Erweiterungen ausscheiden, sind in der Regel so beschaffen, dass sie nicht bloss der künstlerischen Grundidee des grösseren Ganzen, dem sie angehören, widersprechen, sondern auch den kleineren Einheiten, denen sie sich zunächst einfügen, ein störendes Element beizumischen scheinen. Oft schwächen sie die Wirkung eines Abschnitts, einer Stelle fühlbar ab, wie z. B. die Verse 251^b—256^a in der Rede des Strandwarts; gewöhnlich lässt der minderwertige Gehalt, die geringere Kraft des Ausdrucks, die geringere Fülle des Tons, wodurch sie sich von ihrer Umgebung abheben, solche Stellen als jüngere Zusätze erkennen.

So habe ich auch jetzt, wo wir den Begriff „des Dichters“ und „des Ursprünglichen“ etwas tiefer fassen gelernt haben, keinen Anlass, die Resultate der Kritik, die ich an der A-Version von *Beówulfes síð* geübt, in Zweifel zu ziehen. Nur

[1] Natürlich ist hier nur an solche Stücke zu denken, die von den Sängern, welche die Blüte des Epos repräsentieren, nicht verwertet wurden und es nicht werden konnten.

eine einzige unter den von uns ausgeschiedenen Stellen, dieselbe, die wir von Anfang an mit einem Fragezeichen versehen haben, hat Anspruch darauf, in erneute Erwägung gezogen zu werden: V. 433—441 im Verhältnis zu 677—687. Soviel ist nach wie vor klar, dass der Dichter, welcher die zweite Stelle fand, nicht zugleich der Urheber der ersten war, oder, wenn auch dieses noch denkbar sein sollte, so ist jedesfalls zweifellos, dass er für gewöhnlich nicht in einem und demselben Vortrag beide Stellen gesagt haben kann. Die zweite Stelle ist, wie wir S. 51 bemerkten, wirkungsvoller als die erste. Hieraus folgt aber gar nicht, dass sie älter als die erste ist. Im Gegenteil: beachten wir, wie vorzüglich 433—441 sich an das vorhergehende anfügen, erwägen wir, dass V. 441 als Abschluss von Beówulfs Rede besser befriedigt als V. 432, so werden wir geneigt sein zu vermuten, dass die Stelle 433—441 älter als 677—687 ist, dass sie eine von jenen Partien bildet, deren Entstehung vor den Kulminationspunkt der epischen Entwicklung, wenn auch demselben ganz nahe, fällt. Ganz besonders wertvoll ist mir diese einzige Stelle deswegen, weil sie die dargelegte Grundanschauung vom Leben der epischen Dichtung auf das glänzendste bestätigt.

Kommen wir jetzt endlich zum zweiten Abenteuer. Es muss in einer Epoche entstanden sein, wo die epische Produktivität bereits stark im Abnehmen war, in einer Umgebung, welche zwei epische Darstellungen des Grendelkampfs kannte: A′ und X. Vermutlich war X in jener Gegend selbst heimisch, A′ dagegen importiert.[1] Jedesfalls verhielt sich die Sache so, dass, während beide Dichtungen noch durchaus lebendig waren, A′ die stärkere Anziehungskraft zu üben begann. Da wird sich nun das Bedürfnis geltend gemacht haben, die Darstellung von A′ dadurch zu erweitern, dass man dem Kampf mit Grendel in Heorot den Kampf mit Grendels Mutter auf dem Seegrund folgen liess. Hiermit war die Idee zum zweiten Abenteuer gegeben. Die Motive, ja fast das ganze Material

[1] Wie sich diese Annahme mit der S. 101 ff. aufgestellten verträgt, wonach X unter dem Einfluss von A′ entstanden sein soll, werden die letzten Kapitel dieser Schrift lehren.

zur Ausführung stellte sich von selber ein; zum Teil wurde es von A′ geliefert, zum Teil von X, nur zu einem geringen Teil war es neu zu schaffen, bezw. aus anderen, entlegneren Quellen zu schöpfen. Dass man ganze Partien nicht nur aus A′, sondern auch aus X wörtlich in die neue Darstellung aufnahm, entsprach der epischen Sitte, war geradezu unvermeidlich. Es war die gewohnte Art, wie die Volksdichtung zu neuen Gestaltungen überzugehen pflegte. Nur kam sie hier über den Anfang nicht recht hinaus. Die eigentlich epische Triebkraft war erlahmt, und so gelangte man nicht zu einer organischen Verarbeitung des alten Materials im Dienste der neuen Idee. Die neue Kunstschöpfung erreichte keine vollkommen geschlossene Einheit; und unfertig wie sie war, erfuhr sie dann bereits jene Erweiterung und Ausschmückung durch allerlei Beiwerk und Schnörkel, wie sie für die Zeit des Verfalls charakteristisch ist. So erhielt C die Gestalt, die wir kennen; und so ging aus C wiederum D hervor, in der zwar einige Unebenheiten von C getilgt zu sein scheinen, eine grössere Einheit des Stils erreicht sein dürfte, jedoch zugleich die Anzeichen des Verfalls noch stärker hervortreten, auch neue Entlehnungen aus der noch immer nicht verschollenen Dichtung X stattgefunden haben.

Dass diese Dichtung neben den neuen Gestaltungen, die aus ihr hervorgegangen waren, so lange ihren Einfluss behauptete, lag an dem ihr selbst innewohnenden Gehalt und der Schwäche jener neuen Gestaltungen. Ohne die unverwüstliche Kraft der Dichtung vom Grendelkampf in Heorot (A′ bezw. A) würde das zweite Abenteuer sich wohl überhaupt nicht am Leben erhalten haben. Wie aber jene Zeit stärker war im Reproduzieren als im Schaffen, so erwies sich beim Vortrag des zweiten Abenteuers die alte Einheit (X) oft mächtiger als die neue. Instinktmässig borgten die Sänger zuweilen mehr von der alten Dichtung, als sich mit der Idee der neuen vertrug. So ergaben sich Unebenheiten, die auch in die schriftliche Überlieferung von C Eingang fanden. Ich denke insbesondere an die Widersprüche im fünften Abschnitt. Sie sind ohne Zweifel nicht den eigentlichen Dichtern des zweiten Abenteuers zur Last zu legen;

aber die Änderungen, welche jene mit den aus X entnommenen Versen vorgenommen hatten, waren so wenig erheblich, dass sie sich dem Gedächtnis nicht einprägten: daher palimpsestartig hie und da die alten Züge von X hervortraten. So erkläre ich mir das *hwæþer* 1331, das *sinnigne secg* 1379, das *hê* 1392. 1394. Desgleichen im achten Abschnitt den Plural *wrâðra* 1619. Dass diese Widersprüche gerade in der Redaktion von C, wie sie dem Ordner des Beówulfs vorlag, sich fanden, beruht gewiss zum Teil auf Zufall. Die ganze Beschaffenheit von C jedoch (vgl. auch das S. 81 bemerkte) sowie das Verhältnis von D zu C zeigen uns, dass solcher Zufall hier sehr leicht eintreten konnte.[1]

Ehe wir zur Betrachtung des dritten Teils übergehen, bleibt noch die Frage zu beantworten nach dem äusseren Verhältnis des zweiten zum ersten Abenteuer: wie die Versionen C und D einerseits, A und B andrerseits dem Ordner des Beówulfs vorlagen. A und C stellen die älteren, B und D die jüngeren Fassungen der beiden ersten Abenteuer dar. Gab es nun selbständige Handschriften von A und von C, von B und von D, oder hingen sie paarweise zusammen?

Fassen wir zunächst C ins Auge, so ist klar, dass sein Anfang das erste Abenteuer, also wohl A, als unmittelbar vorangehend voraussetzt. Wäre C selbständig redigiert gewesen, so hätte die Darstellung schwerlich mit 837 *þâ wæs on morgen mîne gefrǽge* usw. begonnen. Irgendwelche Eingangszeilen würden sich ohne Zweifel an der Spitze gefunden haben, und es ist nicht wahrscheinlich, dass der Ordner dieselben unterdrückt hätte. Freilich konnte die Einleitung so ausführlich oder auch so abweichend von dem Inhalt der

[1] Durch die gegebene Ausführung hoffe ich folgende Bemerkung in meiner Litteraturgesch. I, 33 einerseits erläutert, andrerseits berichtigt zu haben: „(es) wurde dem Kampfe mit Grendel eine variierende Wiederholung zur Seite gegeben in dem Kampfe mit Grendels Mutter, die ihren Sohn zu rächen kommt und darauf selbst, in ihrer unterseeischen Wohnuug von Beówulf heimgesucht, einem ähnlichen Geschick wie jener erliegt. Manche Unebenheiten im überlieferten Texte zeigen deutlich, wie ein einziger Vorgang sich zu zweien differenziert hat, welche in der dichterischen Anschauung sich an einigen Stellen vermischen."

A-Fassung gehalten sein, dass ihre Aufnahme in den Gesamttext unthunlich erschien. Viel einfacher und naheliegender ist jedoch die Annahme, dass A und C dem Ordner als eine Art Ganzes in derselben Handschrift vorlagen.

Das Gleiche auf der andern Seite für B und D vorauszusetzen liegt um so näher, weil B + D in viel höherem Sinn als A + C eine wirkliche Einheit darstellen. Was A und C angeht, so beschränkt sich der innere Zusammenhang zwischen beiden auf folgendes: C ist unter dem Einfluss von A′ und mit Benutzung der späteren Partien von A′ entstanden, während A den vorhergehenden, grösseren Teil dieser Dichtung umfasst. Die Beschränkung von A auf das erste Abenteuer ergab sich mit Notwendigkeit aus der Rücksicht auf das zweite, dessen älteste Gestalt uns in C vorliegt. Im übrigen aber vermögen wir zwischen der Beschaffenheit, in der A uns überliefert ist, und der Beschaffenheit von C engere Beziehungen kaum nachzuweisen; das wirklich gemeinschaftliche geht auf A′ zurück. — Von B und D dagegen dürfen wir sagen, dass sie in demselben Luftkreis entstanden sein müssen. In beiden sind dieselben Anschauungen, Tendenzen und Interessen wirksam, die nur in D sich noch stärker geltend machen als in B. Beide kümmern sich angelegentlich um das Personal der dänischen Königsfamilie; beide führen Wealhþeow ein. Handelt es sich darum, ein Zechgelage darzustellen, so lieben beide mehr als A oder C ins einzelne zu gehen. In D so gut wie in B verrät sich die Neigung zu bestimmten Zahlenangaben, vgl. für B oben S. 33, für D V. 1582. 1637. 1829.[1] In B (665 ff. 696 ff.)

---

[1] Bestimmte Angaben von der Art, wie sie in V. 545. 1027 oder 1035 enthalten sind, lassen sich natürlich gar nicht vergleichen; da in solchen Fällen Genauigkeit geradezu erforderlich ist. Wohl aber sind von ähnlichem Charakter wie die oben im Text berücksichtigten Beispiele V. 123, der einzige Fall dieser Art in A und zwar in der Einleitung (die Angabe im Widerspruch mit D 1582), und 1641, der einzige Fall in C, wo die Angabe mit B 207 übereinstimmt. Diese Übereinstimmung zwischen C und B hat nichts Verwunderliches. Wir werden später sehen, dass, wenn B und D unter sich eine engere Einheit bilden (zu der auch E gehört), C zu dieser Gruppe ein intimeres Verhältnis hat als zu A, vgl. Kap. XIII.

wie in D (967. 1550—1556. 1658) wird das Eingreifen der göttlichen Vorsehung in die menschlichen Geschicke energisch betont. Und so liesse sich noch manches, auch den Sprachgebrauch betreffendes, anführen.[1] Vermutlich gilt auch von B, was von D sich von selbst versteht, dass es erst nach der Differenzierung von „Beówulfs Reise" in zwei Abenteuer sich bildete. Auf jeden Fall aber besteht die höchste Wahrscheinlichkeit, dass B und D dem Ordner des Beówulfs als ein Ganzes in éiner Handschrift vorlagen.

---

[1] Über den Wert von Schönbachs Sammlungen (Anz. f. D. A. III, 44 ff.) habe ich mich bisher noch gar nicht ausgesprochen (vgl. übrigens Hornburg S. 10 f., Möller S. 61 f.) Darüber kann kein Zweifel sein, dass sie in ihrer vorliegenden Gestalt nur wenig fördern. Immerhin lernt man mehr daraus als etwa aus Schemanns Schrift über die Synonyma im Beówulfsliede (Hagen 1882). — Die Untersuchung ist von neuer Grundlage aus und nach strengerer Methode von frischem anzustellen.

SIEBENTES KAPITEL.

DAS DRITTE ABENTEUER.

Das dritte Abenteuer, das Beówulfs Empfang in der Heimat darstellt (1914—2199), bildet — soweit es sich um grössere zusammenhängende Stücke handelt — den jüngsten Teil des ganzen Epos. Es setzt die Differenzierung von „Beówulfs Reise" in zwei Abenteuer und eine jüngere Darstellungsform dieser beiden unzweideutig voraus. Die Meinung jedoch, dass es als eine Fortsetzung von Beówulfs Reise gedichtet sei, beruht auf einer Verwechslung der Anschauungen verschiedener Zeiten. Einem Epiker der Renaissanceepoche, wie Boccaz, konnte die Idee kommen, im elften Buch der Teseide den ganzen Umfang dessen, was der Leser in ausführlicher Darstellung genossen, ihm noch einmal in gedrängter Form vorzuführen; weil er eine derartige Wiederkäuung für recht eigentlich episch hielt. Im echten Epos sind solche Wiederholungen ursprünglich Variationen, oder soll ich lieber sagen Varianten?

Ein Sänger schickt sich an, das oft besungene Thema von Beówulfs Reise von neuem zu behandeln. Er darf annehmen, dass seine Hörer es nicht müde sind, von den Grossthaten des Helden zu hören: aber eine kleine Abwechslung in der Form des Vortrags wird ihr Interesse nur erhöhen und dem Sänger grössere Ehre eintragen. Beówulf selber soll daher diesmal seine Erlebnisse und Thaten erzählen, selbstverständlich den Seinigen nach der Rückkehr ins Gautenland. Auch das wird anziehend sein, den Helden einmal in der Heimat, im Verkehr mit Hygelâc und seinen sonstigen Angehörigen beobachten zu können.

Erwägungen solcher Art, oder vielmehr die ihnen zu Grunde liegenden Bedürfnisse und Tendenzen, gaben Anlass zum dritten Abenteuer. Wäre die Idee zu demselben in einer Epoche aufstrebender epischer Kunst entstanden, so hätte sie vielleicht den Keim zu einer mächtigen, bedeutungsvollen Entwicklung abgegeben. Denken wir uns einmal ein Beówulfepos, wie es nicht ist und niemals war, jedoch unter günstigeren Bedingungen hätte werden können: ein Epos, dessen mythische und historische Bestandteile eine vollkommnere Verschmelzung eingegangen wären; eine Darstellung, in der die historischen Momente nicht bloss in Episoden und Parenthesen kärglich bedacht wären, sondern sich im Vordergrund breit entfalteten; eine Dichtung also, deren Mittelpunkt etwa Hygelâcs Zug nach dem Gautenlande und Beówulfs grossartiger Rückzug bildeten. In solcher Darstellung würde die Reise nach Heorot passend in der Weise erzählt worden sein, wie es im dritten Abenteuer geschieht; aber eine ausführlichere, anschaulichere Erzählung würde Beówulf dann von jenem Erlebnis gegeben haben, der Art dass die direkte Vorführung desselben, weil überflüssig, sich aus der Überlieferung verloren hätte. Man denke hier, um den grössten Masstab anzulegen, an Odysseus' Erzählung am Hofe des Phäakenkönigs. In kleinerem Masstab bietet das Beówulfepos selbst ein .gutes Beispiel in der trefflichen Art, wie des Helden Wettschwimmen mit Breca verwertet ist.

Eine derartige Entwicklung sollte das dritte Abenteuer nicht erleben und nicht begleiten. Seine Entstehung fiel in eine Epoche, die keiner grossen poetischen That, keiner bedeutenden Erfindung im Epos mehr fähig war, deren Kraft wesentlich nur zur Reproduktion und zur Variierung der Darstellungsform ausreichte. Die Jugend dieses dritten Teils ergiebt sich auch daraus, dass die Darstellung gerade der Hauptsachen sich in so engen Schranken hält. Sehr bezeichnend ist ferner der Umstand, dass die Dichtung, trotzdem ihr Schauplatz im Gautenland liegt, uns von gautischen

Verhältnissen so wenig berichtet. Neues erfahren wir über diese nur zweierlei: Hygd, Hæređes Tochter, tritt als Hygelâcs Gemahlin auf, und dieser selbst wird 1968 *bona Ongenþeóes* genannt, was gegen die Darstellung des vierten Teils, 2961 ff., gehalten, mindestens ein sehr ungenauer Ausdruck ist. Desto besser wissen die Dichter des dritten Teils in dänischen Verhältnissen Bescheid.

Ist das dritte Abenteuer, wie wir annehmen, nicht lange vor dem Zeitpunkt entstanden, wo die schriftliche Fixierung des Epos ihren ersten Anfang nahm, so wird uns auch ein Umstand begreiflich, wodurch die Überlieferung dieses Teils sich von der der übrigen unterscheidet. Das dritte Abenteuer hat dem Ordner des Beówulfs offenbar nur in einer einzigen Fassung vorgelegen. Wir stossen zwar auch hier im überlieferten Text auf Stellen, welche den Zusammenhang der Darstellung unterbrechen, insofern sie die Aufmerksamkeit von der Hauptsache zu sehr ablenken. Diese geben sich aber — mit éiner charakteristischen Ausnahme — sämtlich als Erweiterungen einer und derselben Darstellungsform zu erkennen, und finden sich innerhalb dieser Erweiterungen auch ein paar Spuren von Variantenverschmelzung, so fehlt doch jede Spur von Varianten, welche auf das Vorhandensein mehr als éiner Darstellungsform für das Ganze zu schliessen Anlass gäben.

Wir bezeichnen die einzige Version des dritten Abenteuers als E, und suchen zunächst die relativ ursprüngliche Gestalt von E zu gewinnen, indem wir die Erweiterungen ausscheiden. Es bleibt hier wenig mehr zu thun übrig, nachdem Müllenhoff mit gewohntem Scharfblick jene Zusätze fast in ihrem ganzen Umfang erkannt hat. Er bezeichnet als interpoliert die Stellen 1931—1962. 2032—2066. 2107—2110. 2168. 2177—2189.

Die erste Stelle möchte ich rückwärts bis V. 1925 einschliesslich ausdehnen. Auch Müllenhoff (S. 217) hat an diese Möglichkeit gedacht, sich jedoch für die Echtheit von 1925 —1930 entschieden; der Dichter habe durch die Einführung der Hygd „seine Leser oder Hörer auf die folgende Erzählung vorbereiten wollen“, der Interpolator aber, der den Gegensatz der Đryđo und Hygd hervorhob, müsse diese Verse schon vorgefunden haben. Was die Vorbereitung angeht, so dürfte solche dem epischen Vortrag durchaus entbehrlich gewesen sein. Die Anknüpfung von 1925 an das vorhergehende ist eine recht lockere und die Konstruktion in dieser und den folgenden Zeilen eine ziemlich auffallende. Mag man nach beliebter Methode *bold wæs betlîc* 1925 in Klammern setzen und *bregorôf cyning* als Subjekt zu *wunade* 1923 fassen, mag man mit 1925 ein neues selbständiges Satzglied beginnen, in jedem Fall schwebt *Hygd* 1926 syntaktisch so ziemlich in der Luft. Am wahrscheinlichsten ist mir, dass man vor dem Namen der Königin stärker zu interpungieren und eine anakoluthische Konstruktion anzunehmen habe: „Hygd, sehr jung, weise, wohl gediehen, obwohl sie erst wenige Winter unter Burgverschluss erlebt hatte, so war sie dennoch nicht niedrig gesinnt" usw. Wie man aber auch konstruiere, ich kann mich des Eindrucks nicht erwehren, dass die Einführung der Hygd an dieser Stelle keinen andern Grund hatte als das lebhafte Bedürfnis eines Sängers nach einer Gelegenheit, sich über die Đrŷđo äussern zu können. Dieses Bedürfnis ging vermutlich aus dem Umstand hervor, dass damals der Name Đrŷđo in folge zeitgenössischer Ereignisse, die sich an eine Königin ähnlichen Namens knüpften,[1] eine ganz besondere Aktualität hatte. Wenn bei der Gegenüberstellung von Beówulf und Heremôd es jedesmal die Eigenschaften des epischen Helden waren, welche die Erinnerung an den mythischen Typus eines tapfern, aber grausamen und elend zu Grunde gegangenen Königs heraufbeschworen, so verhält es sich hier umgekehrt. Die Gestalt der gleichfalls mythischen, aber in die nationalenglische Sage verflochtenen Đrŷđo stand dem betreffenden Sänger durchaus im Vordergrund des Bewusstseins und suchte nach einem passenden oder unpassenden Anlass hervorzutreten, wozu denn die Erwähnung der Hygd dienen musste.

---

[1] Vgl. unten, Kap. XIII, wo auch einer, der Wahrheit nahekommenden, gleichwohl aber das Richtige nicht treffenden, Vermutung Suchiers gedacht werden soll.

Jenem Sänger konnte es sich aber nur darum handeln, den unnahbaren Stolz und die Grausamkeit der schönen, spröden Königin ins Gedächtnis zu rufen. Seinem und seiner Hörer Bedürfnis war daher mit V. 1944 Genüge geschehen. Die Verse 1945 ff., in denen eine zweite, abweichende Version der Sage mitgeteilt wird, laufen seiner Tendenz schnurstracks entgegen, und eine Đrýđo, die nach ihrer Vermählung mit Offa ihr hartes Wesen wenigstens zum Teil abgelegt hat, bildet (wie schon Hornburg S. 30 richtig sah) auch zur Hygd keinen rechten Gegensatz mehr. Wenn daher Müllenhoff S. 217 bemerkt, man könnte auf den Gedanken kommen, bloss den Abschnitt 1945—1962 als von dem Interpolator angehängt abzutrennen, so bin ich mit Hornburg (a. a. O.) sehr entschieden der Meinung, dass diese Stelle von der vorhergehenden abzutrennen ist. — Nach meiner Auffassung bildet sie eine Erweiterung zur Erweiterung und ist vermutlich vom Redaktor von E eingefügt. Dieser Redaktor schöpfte natürlich aus dem Schatz seiner epischen Reminiscenzen, und es scheint, dass er hier zwei Varianten mit einander verschmolzen hat. Dieselben werden ungefähr so gelautet haben — die bloss einmal vorhandenen Teile können wir natürlich nur wörtlich wiederholen —; die eine:

1947 syđđan ǽrest wearđ
gyfen goldhroden geongum cempan,
1949/1957 æđelum dióre; forđâm Offa wæs
geofum ond gûđum gârcêne man,
wîde geweorđod, wîsdôme heóld
êđel sînne: þonon Eómor wôc usw.

und die andere:

1949 syđđan hió Offan flet
ofer fealone flôd be fæder lâre
sîđe gesôhte, đǽr hió syđđan well
in gumstôle, gôde mǽre,
lîfgesceafta lifigende breác,
hióld heáhlufan wiđ hæleþa brego,
ealles moncynnes mîne gefrǽge
þone sêlestan bî sǽm tweónum,
1957/1960 eormencynnes; þonon Eómor wôc usw.

Unmöglich ist es nicht, dass der in der mercischen Genealogie zwischen Offa und Eómær bezeugte Angelþeow gelegentlich dieser Variantenverschmelzung verschwunden ist.

Ich fasse also als Erweiterung 1925—1962, unterscheide aber darin 1925—1944 als älteren, 1945—1962 als jüngeren und zwar aus zwei Varianten gemischten Teil. Ursprünglich folgte 1963 unmittelbar auf 1924, was den denkbar besten Anschluss bildet.[1]

Auch an der zweiten Stelle, in der Heađobeardenepisode, scheint mir der auszuscheidende Abschnitt grösser, als Müllenhoff annimmt. Er umfasst doch wohl 2024[b]—2072[a]; schon der Umstand, dass 2072[a] dasselbe Wort wiederkehrt, welches 2024[a] stand, giebt uns hier einen Fingerzeig. Zweifelhaft ist mir, ob man in dieser Erweiterung gleichfalls älteren von jüngerem Zusatz zu unterscheiden habe. Wäre dem so, so würde natürlich die von Müllenhoff verworfene Stelle 2032—2066 jüngeren Zusatz bilden. Die Möglichkeit aber, 2067 mit 2031 zu verbinden, hängt von der Bedeutung der Verse 2029[b]—2031 ab. Diese müssen in dem Fall einen allgemeinen Erfahrungssatz enthalten; folglich würde, da Kluges Emendation zu 2029[b] wohl evident ist, unter Verwerfung von Bugges Amendement zu lesen sein: *Oft seldan wǽre æfter leódhryre: lŷtle hwîle bongâr bûgeđ, þeáh seó brŷd duge.* „Oft hat man (auf diese Weise) einen Vertrag geschlossen, nachdem ein Fürst gefallen war: (allein nur) kurze Zeit pflegt (dann) der Mordspeer zu ruhen, mag die Braut noch so trefflich sein.“ Wer diese Auffassung verwirft, wird den grossen Abschnitt 2024[b]—2072[a] als auf einmal hinzugesetzt fassen müssen, und dieser Annahme steht auch kein Bedenken entgegen. Nur versteht es sich, dass 2032—2066 den auf einem alten Liede beruhenden Kern der Erweiterung bilden, während 2024[b]—2031 dem Zweck der Anknüpfung, 2067—2072[a] dem der Wiedereinlenkung dienen sollen. Bei dieser

[1] Dass 1963—1967 der Gang Beówulfs zu Hygelâc, im Gegensatz zu 1921. 1924, als eine längere Wanderung gedacht sei, wie Möller S. 144 meint, leuchtet mir um so weniger ein, als der Strophenschluss nach V. 1966, der dies namentlich beweisen soll, eben thatsächlich nicht vorhanden ist.

Auffassung wird es sich denn auch empfehlen, mit Bugge 1529^b *oft* zu streichen und zu interpungieren: *seldan wǽre æfter leódhryre. Lŷtle hwîle* usw.

In betreff der dritten Stelle 2107—2110 bin ich zweifelhaft. Streicht man sie, wie Müllenhoff will, so wird mir 2111 *eft* nicht recht verständlich und *gomel gûđwiga* 2112 tritt zu nahe an *gomela Scilding* 2105 heran. Vielleicht sind in dem Abschnitt 2105—2114 Stücke verschiedner Varianten verschmolzen: V. 2105 f. würden der Anfang der einen, 2107—2114 die ihres Anfangs beraubte andere bilden. Von irgendwelcher Sicherheit kann hier nicht die Rede sein. (Vgl. noch Kap. X.)

Eine gewisse Verwirrung scheint auch in 2142—2147 eingetreten zu sein. Formelle Anzeichen deuten darauf hin, dass 2142 f. und 2144—2147 im Verhältnis von Varianten zu einander stehen. Gleichwohl besagen sie nicht dasselbe, und keine von beiden Stellen kann entbehrt werden; die erste nicht, weil ohne sie 2144 *Swâ* nicht motiviert wäre (Hornburg S. 31), die zweite nicht, weil 2148 *þâ* sich nicht auf die 2142 f. erwähnten besonderen *mâđmas*, sondern allgemeiner auf 2146 bezieht.

Klarer bin ich mir über das folgende. V. 2168, den Müllenhoff für unecht hält, lässt sich ohne Willkür nicht allein streichen, da *inwitnet bregdon : deáđ rênian = ôđrum : hondgesteallan.* Ettmüller hat gewiss recht, wenn er zugleich mit 2168 auch den vorhergehenden Vers beseitigt; aber seine Änderung von *hondgesteallan* 2169 in *handgestealla* kann ich nicht billigen. *Swâ sceal mǽg dôn hondgesteallan* bedeutet: So soll ein Verwandter dem andern, der sein natürlicher Geselle ist, thun.

Die Stelle 2177—2189 endlich hat Müllenhoff ohne Zweifel mit Recht ausgeschieden. Genauere Erwägung zeigt nun aber, dass sie schwerlich eine Erweiterung von E sein kann; denn sie passt gar zu schlecht in den Zusammenhang. Sie sieht durchaus wie der Abschluss einer Darstellung aus: mit 2190 ff. in Aussicht konnte ein halbwegs vernünftiger Beówulfdichter sich schwerlich zu derartigen Betrachtungen und Erinnerungen hinreissen lassen. Aber welche Darstellung können diese Verse beschlossen haben, da ja neben E dem Ordner keine andere Version des dritten Abenteuers vorlag? Die Antwort scheint mir nicht zweifelhaft. Für die beiden ersten Abenteuer lagen dem Ordner, wie wir gesehen haben, zwei verschiedene Texte vor: A + C und B + D. Nur in éinem dieser Texte kann E auf das zweite Abenteuer gefolgt sein. Im andern Text wird das zweite Abenteuer mit V. 2177—2189 geschlossen haben, für welche der Beówulfordner erst hier, kurz vor dem Abschluss des dritten Abenteuers, eine passende Stelle fand. Berücksichtigen wir nun die indirekte Anspielung auf Heremôd, welche Bugge (Beiträge XII, 39) in 2177—2183ᵃ entdeckt hat, so ist ohne weiteres klar, dass die Stelle zu C gehört. Dieselbe Version, welche gleich zu Anfang des zweiten Abenteuers (freilich in einer Erweiterung), dann auf dem Höhepunkt der Darstellung[1] in der Rede Hrôđgârs den Gautenhelden ausdrücklich dem alten Dänenherrscher Heremôd verglichen und gegenübergestellt hatte, beschloss die Darstellung mit einer neuen, diesmal aber indirekten, das eine Glied des Gegensatzes nicht ausdrücklich nennenden Vergleichung der beiden Helden. Nur den Hörern von C kann die Bedeutung der Stelle sofort verständlich gewesen sein. Ganz klar ist auch, dass 2177 unmittelbar auf 1904 folgte. Beówulf verlässt ruhmgekrönt das Dänenland, wo er zuletzt noch dem Bootwart seine Milde erwiesen. Da fasst der Dichter die wesentlichen Züge im ethischen Bilde des scheidenden Helden kurz zusammen, und damit entlässt er selber seine Hörer. Besser begreiflich wird uns jetzt auch der Rückblick auf die frühere Jugend Beówulfs in dem Kontrast, den sie zu seinem Mannesalter bildet (2183ᵇ—2189), zumal wenn wir beachten, wie V. 2185 durch 1902 geradezu hervorgelockt scheint. Dabei ist nicht zu übersehen, dass 1900—1904 einerseits, 2177—2189 andrerseits schliesslich von verschiedenen Dichtern herrühren: jene fanden sich, wie wir sahen, bereits in A′, diese sind Originalprodukt von C. — Wenn nun der Ordner des Beówulfs zu der Version C, die

[1] Höhepunkt in dem Sinne, dass der Held da im ganzen Glanz seines Ruhms erscheint.

er solange aus den Augen verloren, V. 2177 auf einmal zurückkehrt, so darf man annehmen, dass dafür noch andere Gründe massgebend waren als bloss der Wunsch, diese Stelle, 2177—2189, passend unterzubringen. Und da der Ordner hier kurz vor dem Ende des dritten Abenteuers stand, so lassen sich diese Gründe leicht erraten. Die fortgesetzte Rücksicht auf C erklärt sich daraus, dass die Redaktion, der C angehörte, nicht bloss das erste und zweite, sondern auch das vierte Abenteuer enthielt.

Kehren wir nun zu E zurück, so haben wir dessen letzte Partien durch Ausscheidung von 2177—2189 zwar von fremden Bestandteilen gereinigt, gleichwohl noch nicht auf ihre ursprüngliche Gestalt zurückgeführt. Auch die Verse 2172—2176 gehören, wenn auch zu E, so doch nicht zum Kern dieser Darstellung. Verdächtig ist schon der gleichlautende Anfang von 2172 und 2163. Entscheidend dürfte die Erwägung sein, dass V. 2171 deutlich die Aufgabe hat, zu 2190 ff. hinüberzuleiten. Wir haben Beówulf seinen Oheim beschenken sehen; das *gehwæđer ôđrum* bereitet uns nun auf die Vergeltung vor. Was soll nach diesem *gehwæđer* das *hê* 2172 zur Bezeichnung Beówulfs? Und wenn dieser von neuem als Geschenkgeber, diesmal der Hygd, eingeführt werden sollte, warum knüpfte der Dichter dann nicht wenigstens seinen Satz mittelst *þâ gyt* an das vorhergehende an, statt das *Hŷrde ic* zu wiederholen? Kurz, wenn man dem Dichter von E auch nur eine Spur von stilistischem Gefühl zutraut, so wird man zugeben müssen, dass die Stelle nicht von ihm herrührt, mithin, dass erst ein späterer Sänger auf die Idee geriet, Beówulf das von Wealhþeow erhaltene Halsband der Hygd schenken zu lassen. Dies ist in keiner Hinsicht auffallend. Jenes Halsband taucht erst spät in der Überlieferung auf (C weiss natürlich noch nichts davon), und über seine späteren Schicksale hat sich eine feste Tradition nicht gebildet. Einer der Erweiterungen in D zufolge (1202 ff. vgl. S. 70 f.) gelangte es in den Besitz Hygelâcs und durch dessen Tod in den der Franken.

Es führt uns dies auf das Verhältnis zwischen dem Inhalt von Beówulfs Erzählung in E und dem Inhalt der beiden ersten Abenteuer. Dass neben den genauesten Übereinstimmungen auch manche Abweichungen von den älteren Teilen hergehen, hat Müllenhoff S. 220 f. ausgeführt. Wir werden uns diese freilich nicht wie er erklären: dass ein Dichter, der die beiden ersten Abenteuer fortsetzte und interpolierte, „absichtlich und mit Bedacht" solche Diskrepanzen herbeigeführt haben sollte, klingt doch gar zu wunderlich. Bei unsrer Anschauung von dem fluktuierenden Charakter der epischen Überlieferung bedarf das Verhältnis einer besonderen Erklärung nicht. Aber dies sei noch bemerkt, dass der Abweichungen vielleicht weniger sich herausstellen würden, wenn unter den uns bekannten Fassungen der beiden ersten Abenteuer diejenigen, denen E zunächst steht, uns vollständig, statt nur bruchstückweise, erhalten wären.

Aus der Einführung der Wealhþeó, 2016 ff., und der Erwähnung des Sohnes Hrôđgârs, 2013, ergiebt sich, dass E demselben Kreise wie D und B angehört, und es liegt nur in der Art der epischen Entwicklung, wenn, gleichwie D manches weiss was B nicht berichtet, so E wiederum D gegenüber Neues bringt. Dahin gehört Hrôđgârs Tochter Freáwaru, 2022, dahin auch die Erwähnung Heoroweards, 2161, von dem in D gelegentlich der *mâđđumgife* doch schwerlich die Rede war. Wenn aber E den Hrôđulf nicht erwähnt, so folgt bei der Gedrängtheit der Darstellung daraus natürlich nicht, dass er ihm unbekannt war, und wenn 2013 nur von éinem Sohn Hrôđgârs die Rede ist (obwohl *sunu* leicht statt *suna* stehen könnte), so haben wir oben S. 71 gesehen, dass innerhalb der Version D, wie sie dem Ordner des Beówulfs mit ihren Erweiterungen und Varianten vorlag, zwei verschiedene Auffassungen erkennbar sind: eine, wonach Hrêđrîc und Hrôđmund als gleichberechtigt gelten, eine andere, wonach nur Hrêđrîc berücksichtigt wird. B, D und E aber sind alle drei vorzugsweise in dänischen Verhältnissen heimisch, und so scheint es naturgemässe Entwicklung, wenn E später um die Heađobeardenepisode erweitert wurde. — Dass Grendel bei seinem letzten Besuch in Heorot eine *glôf* mitgebracht hatte,[1]

[1] Herr Prof. Walter W. Skeat (Journal of Philology XV, 128 f.)

um Beówulf und andere mehr hineinzustecken (2085 ff.), hat B an der entsprechenden Stelle wohl kaum berichtet, obwohl wir dies mit Sicherheit nicht behaupten können; dass aber D in der C 1376 ff. entsprechenden Stelle Hrôđgâr so reden lies, wie er es nach 2131 ff. gethan haben soll, ist gewiss nicht undenkbar. Eine wirkliche und einigermassen auffallende Abweichung bleibt noch zu erwägen: in D haut Beówulf nach dem Sieg über Grendels Mutter dem Leichnam Grendels den Kopf ab; E sagt hiervon kein Wort. Sollen wir annehmen, dass es Gestaltungen von D gegeben hat, denen das Motiv unbekannt blieb, bzw. aus denen es sich wieder verlor? Nötig ist die Annahme wohl nicht. Im Zusammenhang seiner kurzen, mehr referierenden als darstellenden Erzählung konnte dem Dichter von E leicht das Gefühl kommen, dass dieses nachträgliche Kopfabschlagen durchaus überflüssig und keine Heldenthat gewesen sei, deren sich Beó-

---

fasst *glôf* 2085 als eine Umschreibung für Grendels Klaue, und *glôf hangode* scheint ihm „a most graphic description of the attitude of Grendel, as with outstretched paw he approached his victim, groping for him in the darkness.“ Aber bedeutet *hangode* nicht ungefähr das gerade Gegenteil von „war ausgestreckt?“ Und was sollen V. 2086—2088, auf Grendels Klaue bezogen, bedeuten? Was heisst insbesondere *gegyrwed ..... dracan fellum?* Wie ist es endlich zu verstehen, dass Grendel 2089 ff. die Absicht zugeschrieben wird, Beówulf wie andere mehr (*manigra sumne* 2091) „hineinzustecken?“ Man steckt doch nicht das ergriffene in die Hand, womit man es ergreift, sondern etwa in einen Sack. Und an einen Sack, eine Tasche, die Grendel um die Hüfte hängt, ist natürlich zu denken. — Wie an dieser Stelle *glôf*, so hält Prof. Skeat (S. 126 f.) auch 2076 *hondsciô* für eine Bezeichnung von Grendels Klaue und daher für das Subjekt zu *wæs onsæge.* Allein der Nominativ müsste *hondsciôh* heissen und, was wichtiger, *fægum* 2077 wäre ohne vorhergehendes Beziehungswort viel zu unbestimmt für die Bezeichnung des von Grendel getöteten Helden; nach aller syntaktischen Logik müsste man es sogar als einen Dativ Pluralis statt Singularis fassen, da es 2074 f. *ûser neósan, đær wê gesunde sæl weardodon* heisst. Dass *fægum* im Singular steht, ist zunächst nur daraus ersichtlich, dass der Dativ *hondsciô* vorhergeht. Weiterhin dann freilich auch aus 2077 *hê fyrmest læg;* aber dieses *hê* wäre seinerseits unmöglich, wenn nicht eine bestimmte Persönlichkeit vorher bezeichnet wäre. Es ist also ganz klar, dass man recht daran gethan hat, *Hondsciô* als Nomen pr oprium zu fassen.

wulf gegen Hygelâc zu rühmen hatte. Bezeichnend für die Verwandtschaft von D und E ist aber wiederum die schon von Müllenhoff hervorgehobene Übereinstimmung des Ausdruckes in 1590 und 2138.

Es ist schon früher (S. 90 f.) bemerkt worden, dass E in seiner überlieferten Gestalt keinen eigentlichen Anfang hat, also dem Beówulfordner als Teil einer auch die beiden ersten Abenteuer umfassenden Redaktion vorgelegen haben muss. S. 120 haben wir gesehen, dass diese Redaktion nicht diejenige gewesen sein kann, welche A und C enthielt; dagegen ist uns der innere Zusammenhang zwischen E einerseits, B und D andrerseits immer deutlicher entgegengetreten. Es kann also füglich nicht bezweifelt werden, dass B, D und E dem Ordner in éiner Handschrift zu einem Ganzen verbunden zur Hand waren; und wir begreifen um so eher, dass uns der Anfang von E nicht erhalten ist, weil für die Partien, die nicht bloss in der jüngeren Redaktion, sondern auch in der älteren (A + C usw.) sich fanden, der Ordner vorzugsweise diese letztere benutzte.

Da nun 1914 ff., wo das sorgenvolle Ausschauen des Hafenwarts der von Hygelâc um die Reisenden empfundenen Sorge (1992 ff.) sich vergleicht, jedesfalls zu E gehören, 1905—1913 aber, wie wir vor kurzem gesehen haben, in C nicht gestanden haben können, so kann es sich in betreff dieser Stelle (1905—1913) nur um die Frage handeln, ob sie gleichfalls zu E oder aber zu D gehörte, oder endlich von dem BDE-Redaktor aus D und E kompiliert wurde. Beachtet man nun die unzweideutigen Variantenspuren, welche der Passus enthält (vgl. 1906^b mit 1908^b und *ýðum* 1907 mit *ýðe* 1909), so wird man geneigt sein, sich für die letztere Annahme zu entscheiden und etwa 1905. 1906. 1909 D, das Übrige aber E zuzuschreiben. Die schon von Müllenhoff bemerkte Übereinstimmungen zu der Schilderung von Beówulfs Reise nach dem Dänenland (217 ff., also in A) verteilen sich somit auf D und E, und dies kann uns nicht wunder nehmen, wenn wir berücksichtigen, dass B und D auf Grund von A und C entstanden, während E seinerseits B und D voraussetzt. Wäre uns die Darstellung von Beówulfs Hinreise auch in B erhalten, statt nur in A, so würden wir das Verhältnis noch klarer überschauen können; doch deutet bereits der Umstand, dass sie uns n i c h t erhalten ist, auf genauere Übereinstimmung zwischen beiden Versionen (A und B) hin.

Bemerkt sei noch, dass D 1906 *sundwudu* steht, das ausserdem nur 208, also in dem mit D engverbundenen B vorkommt.

ACHTES KAPITEL.

DAS VIERTE ABENTEUER.

Das vierte Abenteuer, „der Kampf mit dem Drachen“ (2200—3183), ist uns wiederum in einer Weise überliefert, die unzweideutig verrät, dass der Ordner mehr als eine Darstellungsform desselben benutzte. Weisen wir zunächst auf einige Stellen hin, an denen diese Thatsache jedem, der nicht durchaus die Augen verschlossen halten will, sich aufdrängen muss.

Schon Müllenhoff hat S. 225 bemerkt, dass die Erzählung des Eingangs besser würde, wenn V. 2232 auf 2212 folgte, und er hätte diesen Gedanken wohl nicht sobald fallen lassen, wenn er nicht Gründe zu haben geglaubt, den ganzen Eingang, 2200—2396, als ein Erzeugnis seines zweiten Interpolators, dem er schliesslich alles mögliche zutraut, zu verwerfen.

Möller S. LVIII hat Müllenhoffs Gedanken wieder aufgenommen, ihn jedoch nur zum Besten seiner Strophentheorie und zu nichts anderem sonst verwertet. Charakteristisch ist, dass er eben nur den einen Vers 2232 aufnimmt, um seine erste Strophe abzurunden. 2233 ff. fallen bei ihm in die Versenkung, die schon so viele disjecta membra des Epos verschlungen hat und noch so viele verschlingen wird; und doch dachte Müllenhoff bei seiner Bemerkung ohne Zweifel gerade an diese, und er hätte wohl 2233 statt 2232 gesagt, wenn nicht das Pronomen *hý* 2233 ein Nomen im Plural oder im Fem. Sing. voraussetzte, sich also mit *ǽrgestreóna* 2232, nicht aber mit *hord* 2212 vertrüge.

Ich glaube jedoch, dass 2232 von 2231 ohne Willkür nicht getrennt werden kann und dass 2233 direkt mit 2212 zu verbinden ist. Nicht ganz sicher bin ich hierbei, ob *hŷ* proleptisch mit Rücksicht auf *eormenlâfe* 2234 zu dulden ist oder ob man anzunehmen hat, dass der Ordner, bzw. irgend ein späterer Schreiber dem neuen Zusammenhang zu liebe ursprüngliches *hit* in *hŷ* verwandelte. Letzteres ist wohl das wahrscheinlichere, also:

2212 sê đe on heáure hǣþe hord beweotode,
2233 swâ *hit* on geárdagum gumena nâthwylc,
eormenlâfe æþelan cynnes,
þanchycgende þǣr gehŷdde,
deóre mâđmas.

Klar ist, dass wir durch diese Verbindung den schönsten Zusammenhang gewinnen, und kaum minder klar, dass die Verse 2213—2232, welche diesen Zusammenhang unterbrechen, nur aus einem andern, selbständigen Text hier eingeschoben sein können. Denn wie hätte einer, der diese Verse zu dichten im Stande war, so ungeschickt sein sollen, als Apposition zu *hord* 2212 den Ausdruck *stânbeorh steápne* 2213 zu setzen, oder gar so thöricht, die Ordnung einer durchaus planmässigen Erzählung auf das unverantwortlichste zu stören, schon hier zu erzählen, wie ein Mann den Hort des Drachen fand und daraus einen Becher entwendete, während der Hörer noch erst erfahren soll, wie der Schatz an jenen Ort gekommen und wie der Drache in den Besitz desselben gelangt war?

Noch deutlicher sind die Spuren zweier Versionen, die sich in dem Abschnitt 2302[b]—2315 zeigen. Die Stelle enthält folgende Varianten, die der Ordner ineinander geschoben hat und die wir auseinander ziehen. Die erste:

2302 Hordweard onbâd
earfođlîce, ođđæt ǣfen cwôm:
2312 đâ se gæst ongan glêdum spîwan,
beorht hofu bærnan; bryneleóma stôd
eldum on andan: nô þǣr âht cwices
2315 lâđ lyftfloga lǣfan wolde.

Die zweite:

2304 wæs þâ gebolgen beorges hyrde,
wolde se lâđa lîge forgyldan

drincfæt dŷre. Þâ wæs dæg sceacen
wyrme on willan, nô on wealle leng
bîdan wolde, ac mid bæ̂le fôr,
fŷre gefŷsed. Wæs se fruma egeslîc
leódum on lande, swâ hit lungre wearð
2311 on hyra sincgifan sâre geendod.

Für den aufmerksamen Leser wird die Sache keiner weiteren Erörterung bedürfen. Für den minder aufmerksamen gebe ich folgende Bemerkungen. 1. Die beiden Stellen besagen im wesentlichen dasselbe; nur setzt die erste den Zorn des Drachen schon voraus, den die zweite ausdrücklich hervorhebt; ferner ist die Vorausdeutung auf Beówulfs Tod 2310 f. der zweiten eigentümlich. Aber in beiden Varianten finden wir übereinstimmend die Momente: a) der Drache schiebt seine Rache bis zum Abend auf; b) als es Abend geworden ist, fährt er feuerspeiend, verderbenbringend umher, c) zum grossen Schrecken *(egeslîc)* oder Ärger *(on andan)* der Menschen. 2. V. 2304 im überlieferten Anschluss an 2303 ist wunderlich; denn der Z o r n des Drachen begann nicht erst mit dem Abend. 3. V. 2312 im Anschluss an 2311 ist absurd. Denn was hat der Drache nach 2308 ff. *(ac mid bæ̂le fôr, fŷre gefŷsed. Wæs se fruma egeslic leódum on lande,)* wohl anders gethan als Feuer gespien? und wie konnte er eine Handlung b e g i n n e n, deren Ausführung bereits im besten Zuge war? 4. Der Anschluss von 2312 an 2303 ist der passendste, der sich denken lässt.

Ein weiteres Beispiel gewähren die zwei Reden, die Beówulf vor dem Drachenkampf hält, 2425—2509 und 2510—2537, deren zweite durch ein erzählendes Zwischenglied, 2516—2518ª, wiederum in zwei Teile gespalten ist. Müllenhoff, dem Rönning diesmal zustimmt, verwarf die erste Rede, Ettmüller den ersten Teil der zweiten Rede (2510—2515). Dass aber die zweite Rede ein Ganzes bildet, ergiebt sich schon aus dem auch von Rönning (S. 71 und Anm. 1) bemerkten Umstand, dass wie ihr Anfang, so auch ihr Schluss ähnliches ausdrücken wie die entsprechenden Partien der ersten Rede: vgl. 2426 f. mit 2511 f. und 2508 f. (insbesondere *ymb hord wîgan*) mit 2535 ff. (*gold gegangan*).

Die Bemerkung 2516 ff. aber war schon 2418 f. vorweggenommen. Es ist klar, dass die beiden Reden Varianten bilden, die sich gegenseitig überflüssig machen.

Drei evidente Fälle wiegen schwerer als ein Dutzend solcher Fälle, bei denen allenfalls verschiedene Auffassung möglich wäre. Ich glaube, wir können den Beweis für das Vorhandensein zweier Versionen des vierten Abenteuers, die der Ordner des Beówulfs in einander mischte, als vorläufig geführt erachten. Es kommt jetzt darauf an, soweit es gelingen will, zu bestimmen, welchen Anteil jede dieser Versionen an dem überlieferten Text hat; das Resultat wird unsrer Annahme, wenn sie richtig ist, zur Bestätigung gereichen.

Wir nennen die zwei in Betracht kommenden Darstellungen F und G. F wurde vom Ordner seinem Text zu Grunde gelegt, G gelegentlich benutzt.

Beginnen wir damit, einige charakteristische Merkmale an beiden hervorzuheben.

F begann mit einem kurzen, historisch oder vielmehr chronologisch orientierenden, Eingang, kam dann auf den Drachen und den von ihm gehüteten Hort und, im Anschluss daran, sofort auf den vereinsamten Mann der Vorzeit, der als einziger Erbe seines Geschlechts den Schatz in der Höhle unweit des Meeresufers untergebracht hatte. Es folgt die Klage jenes Mannes, die Erwähnung seines Todes, ferner die Besitzergreifung des Horts durch den Drachen, der ihn dreihundert Jahre lang hütet. Da wird er in seinem ruhigen Besitz gestört durch jenen Räuber, der ihm, während er schläft, eine kostbare Schale raubt, und er nimmt am folgenden Abend Rache, indem er weithin Feuerschrecken verbreitet.

Sehen wir von Einzelheiten ab, so unterscheidet sich G in dieser Partie von F wesentlich nur 1. durch grössere Einfachheit, 2. durch eingehendere Behandlung des an dem Drachenhort geübten Diebstahls. Eine chronologisch orientierende Einleitung mag auch G gehabt haben; aber von der Art, wie der Hort in jene Höhle gekommen und wie der Drache in den Besitz desselben gelangt war, hat diese Version wahrscheinlich gar nicht, wenn aber überhaupt, sicher nur andeutungsweise geredet. Von dem Drachen und dem Schatz kam sie entweder sofort oder doch recht bald auf die Beschreibung der Lokalität und dann auf den Besuch des Diebes, der eingehend motiviert wurde. Auf den Diebstahl folgte dann die Entdeckung desselben und die Rache. Dass G etwas dem vereinsamten Alten und seiner Klage entsprechendes gar nicht enthalten haben kann, ergiebt sich schon aus der Art, wie der Ordner diese Version benutzte, vor allem aber aus dem Umstand, dass sie eine ganz abweichende Auffassung von dem Hort und seiner Herkunft hat, die sie an späterer Stelle (3049—3057. 3069—3073) zum Ausdruck bringt. Darnach hat der Schatz nicht dreihundert, sondern tausend Jahre im Schooss der Erde geruht, nicht ein vereinsamter Alter, sondern (mehrere) „hehre Herrscher“ haben ihn dort geborgen und denjenigen mit einem Fluch belegt, der ihm zu nahe käme. Es haftet ein Zauber an ihm, so dass er nur unter direkter göttlicher Hülfe erschlossen zu werden vermag. Die Stelle ist nicht ganz klar, und es scheint sich in ihr heidnische Anschauung mit christlicher in seltsamer Weise zu mischen; die Abweichung der hier sich geltend machenden Auffassung von der in F herrschenden liegt jedoch auf der Hand. F weiss nichts von einem auf dem Horte ruhenden Fluch; höchstens scheinen ihm jene Schätze zur Nutzlosigkeit verurteilt, vgl. 3168 f.

Fahren wir in der Vergleichung beider Fassungen fort. Der Mann, der den Hort entdeckt und beraubt, bringt nach F 2281 ff. die entführte kostbare Schale seinem Gefolgsherrn und erlangt durch die Gabe dessen verwirkten Schutz wieder; nach G 2404 ff. bringt er das Kleinod Beówulf, der ihn als den Urheber der Drachenfehde zwingt, in Fesseln ihm und seiner Schaar den Weg zur Drachenhöhle zu weisen. Wer, wie Bugge, beide Auffassungen mit einander vereinigen zu können meint, der erwäge doch einmal 2284 f. 2291—93[a] und andrerseits 2407—2409, und frage sich, ob die ersteren Verse nicht eine ganz andere Wendung erwarten lassen, als die letzteren andeuten.

Nach F. 2324 ff. hat der Drache auch Beówulfs Königshalle in Brand gesetzt; hiervon scheint G 2333 ff. nichts zu wissen.

G benutzt die Ankündigung von Beówulfs Entschluss, den Drachen zu bekämpfen, zu einem Rückblick auf des Helden frühere Thaten und die Ereignisse, die ihn auf den Gautenthron geführt haben (2349—2400); F lässt Beówulf in der Rede vor seinem letzten Kampfe (2426—2509) selber einen ähnlichen Rückblick thun. Bemerkenswert ist dabei, dass die Übersicht in F 2501 ff. mit der Berührung des Ereignisses schliesst, das in der von G gebotenen Übersicht so ziemlich den Anfang bildet (2354 ff.): ich meine den Kampf im Gau der Hattuarier.

G lässt Beówulf, bevor er den Drachen angreift, seinen Mannen befehlen, sich nicht am Kampfe zu beteiligen, sondern den Ausgang am Berge zu erwarten, 2529—2535ᵃ. In F giebt er solchen Befehl nicht; gleichwohl fliehen seine Mannen, als die Sache bedenklich wird, in den Wald, 2598 f., — natürlich mit Ausnahme Wîglâfs, der, die gefahrvolle Lage seines Herrn überschauend, ihm zu Hülfe eilt. Das letztere that Wîglâf gewiss auch in G. Hier war er aber zuvor jedesfalls dem Befehl Beówulfs nachgekommen und hatte sich mit den Übrigen zurückgezogen; daher er denn beim Anblick der drohenden Gefahr seine Mitdegen zur Hülfeleistung aufzufordern vermag, 2631—2660. In F konnte er das gar nicht, es sei denn, dass er mit den Übrigen in den Wald geflohen oder ihnen schreiend nachgelaufen wäre. Der Lage angemessen, enthält die Rede Wîglâfs in G zwar dringende Ermahnungen, jedoch keinen Vorwurf, hebt im Gegenteil Beówulfs Absicht, den Kampf allein zu bestehen, ausdrücklich hervor, 2642 ff. Welch herbe Vorwürfe gegen die geflohenen Degen enthält dagegen die Rede, welche F Wîglâf in den Mund legt, 2864—2891, als die feigen Zehn [1] nach dem Tode des Drachen und ihres Gefolgsherrn sich beschämt (2850) wieder aus ihrem Verstecke hervorgewagt haben!

Ich beginne jetzt mit der Zusammenstellung der Resultate. Zuerst die Bruchstücke der Version G. Fehlende Bindeglieder, ob kürzer oder länger, deute ich durch ein Sternchen

[1] Vgl. 2847. Zehn + Beówulf + Wîglâf = Zwölf, vgl. 2401.

an, das im Zweifelsfall eingeklammert wird; ein „wahrscheinlich“ bezieht sich immer nur auf den éinen nächstbezeichneten Abschnitt und dessen Zugehörigkeit zur Version. G setzt sich zusammen aus: *. 2213—2232. *. 2287—2290. *. 2296—2299. (*). 2304—2311. 2333—2336. 2345—2400. *. 2403—2409. *. 2510—2537. *. wahrscheinlich 2542—2549. *. 2631—2660. *. 2760—2766. *. wahrscheinlich 2771—72. *. 2836—2843. *. 3038—3057. 3069—3073. *. 3085—3092. 3101—3109. wahrscheinlich 3120—3136. *. 3148—3156. *. 3160. (*). 3162—63. *. 3174—3180. *.

Hierzu einige Bemerkungen.

2296—2299. Dass diese Stelle die folgende (2304—2311) zweckmässig vorbereitet, wird man nicht leugnen; denn gerade das fruchtlose Suchen nach dem Feind steigert des Drachen Zorn. Man könnte freilich daran denken, 2304 direkt mit 2290 zu verbinden; doch ergäbe sich daraus wohl eine etwas sprunghafte Darstellung. Einen weiteren Grund, 2296—2299 G zuzuweisen, werden wir bei der Betrachtung von F kennen lernen. — Zwischen 2290 und 2296 fehlt eine oder ein paar Zeilen; dagegen könnten 2299 und 2304, wenn man an der Wiederholung: *beorh, beorges hyrde* keinen Anstoss nimmt, unmittelbar aufeinander gefolgt sein. — V. 2297 f. liest Bugge:

ne đǣr ǣnig mon
on þǣre wêstenne *wæs đe* hilde gefeh.

Ich halte den von Bugge hergestellten Vers für metrisch unmöglich: *wæs,* das ja nicht auf der Stufe eines Begriffsverbums steht, kann auch in der zweiten Halbzeile nicht auf Kosten eines — wenn gleich folgenden — Substantivs allitterieren. Es wird zu lesen sein (indem ich zugleich *ne* in *nô* verwandle:[1]

nô þǣr ǣnig mon
in þǣre wêstenne, *wer,* hilde gefeh.

---

[1] Der Gebrauch von *ne* im Altenglischen ist viel eingeschränkter, als neuere Herausgeber meinen. Zunächst unterscheiden diese nicht *ne* von *nê*, obwohl Rieger solches bereits in seinem Lesebuch thut und obwohl die mittelenglischen Hiatusregeln (vgl. Chaucers Sprache und Verskunst § 270 Anm.) die Verschiedenheit beweisen. Sodann übersehen sie, dass die altenglischen Schreiber zuweilen *ne* für *nô* gesetzt haben.

2771—72. Sicherheit in betreff dieses Verspaars ist kaum zu erreichen. Der Konstruktion nach scheint 2771ª *wrǣte giondwlītan* V. 2770 fortzusetzen; jedoch der Umstand, dass der 2771ᵇ—72 ausgedrückte Gedanke gleich 2777ᵇ—79 in F wiederkehrt, wozu dann noch 2828 (freilich in einer Erweiterung von F) kommt, macht es wahrscheinlich, dass 2771—72 aus G entnommen sind.

2836—2843. Die in diesen Versen ausgesprochene Auffassung ist philisterhaft und weniger tief als die 3038—3057. 3069—3073 zum Ausdruck kommende. Gleichwohl werden wir auch die gegenwärtige Stelle G zuweisen müssen, zu der sie ja später hinzugesetzt sein kann, und zwar wegen des Gedankensprungs, der von 2835 auf 2836 ff. stattfindet.

3038—3057. 3069—3073 bilden ein zusammengehöriges Bruchstück, wobei wir freilich über die in 3038 liegende Schwierigkeit zwar glücklich hinwegkommen, sie jedoch nicht zu lösen vermögen, da wir nicht wissen, was dem V. 3038 in G vorherging. Dass 3069 auf 3057 folgt, hat schon Bugge (Beitr. XII, 373) gesehen. Wenn er aber dann weiter auf 3073 die Verse 3074—75 und demnächst 3058—3068 folgen lässt, so kann ich dies Verfahren nicht billigen. Wie will er die Umstellung, welche die Verse nach seiner Annahme im überlieferten Text erfahren haben, erklären? Und welche einschneidende Änderungen muss er im Wortlaut dieses Textes vornehmen, um schliesslich doch zu keinem befriedigenden Resultat zu gelangen! V. 3074 f. bezieht sich der Komparativ *gearwor* nach Bugges Annahme auf ein verschwiegenes „vorher", während im Text ein anderes „vorher" *(ǣr)* steht, also: „er hatte die Gunst seines Herrn früher vollständiger erfahren (als vorher)"! Was 3058 ff. betrifft, so sieht man nicht ein, wie Beówulfs Tod, oder vielmehr wie der Tod des Drachen, denn darauf spielt doch 3061 f. unzweifelhaft an, als ein Unglück für den Dieb aufgefasst werden kann. Dann ist auch ein Verbum *gehȳđan*, wie Bugge anerkennt, unbelegt. — Nach unserer Auffassung behalten 3058—3068 und 3074—78 die überlieferte Stellung und gehören zu F. Was sie da sollen, haben wir später zu fragen.

3085—3092. 3101—3109. 3120—3136. Dass der in

3087—3092. 3101—3109 liegende Zusammenhang durch 3093—3100 unterbrochen wird, liegt auf der Hand, und nicht minder deutlich ist, dass die Stelle 3101—3109 ihrerseits den Zusammenhang zwischen 3093—3100 und 3110—3119 stört. Gehören aber 3087—3092. 3101—3109 zusammen und sind sie, wie sich aus der Gesamtbeschaffenheit des Textes ergiebt, aus G entnommen, so wird man, rückwärts schreitend, das Bruchstück um 3085—86 erweitern müssen, da man nur so für V. 3093, der F, d. h. der vollständigen Version angehört, den passenden Anschluss in 3084 findet: *Hord ys gesceáwod cyninge mînum; gesceáwian* bedeutet nicht nur „schauen", sondern auch „zeigen". An das Bruchstück 3085—3092. 3101—3109 fügen sich nun weiter die Verse 3120—3136 auf das beste an, wie andrerseits 3137 recht gut auf 3119 folgt. Gleichwohl lässt sich vom Standpunkt der Fassung F aus, wie wir sehen werden, ein gewisses, wenn auch nicht durchschlagendes, Bedenken gegen die Ausscheidung der Stelle 3120—3136 erheben; daher ich sie in der S. 132 gegebenen Tabelle als bloss „wahrscheinlich" zu G gehörig bezeichnet habe.

3148—3156. Diese Stelle G zuzuweisen, bestimmt mich wesentlich der Umstand, dass 3148 sich an das in der Überlieferung vorhergehende nicht gut anschliesst. Auf die den Leichnam verzehrende Flamme passt das Epithet *hât on hrêđre* jedesfalls sehr schlecht; vermutlich bezog es sich ursprünglich auf Kummer oder Schmerz, von dem ja im folgenden viel die Rede ist. Die ungeeignete Verbindung wird demnach dem Ordner des Beówulfs zur Last fallen. An sich läge kein Grund vor, die thörichte Vorstellung, wonach Beówulf eine Frau hatte, die hier seinen Tod mitbeweinen hilft, eher G als F zuzutrauen, da die Stelle doch vermutlich einen späteren Zusatz bildet.

3160. (*). 3162—63. Da das *bêcn* 3161 unzweifelhaft mit dem *hlǣw* 3158 identisch ist, so ist 3160 im Zusammenhang des Passus 3157—3163 nicht nur überflüssig, sondern wegen des *ond* geradezu störend. Wer nun die F-Stelle 3157—59. 1361 aufmerksam liest, wird auch 3162—63 als störend empfinden (*Geworhton . . . hlǣw* 3157 f. und darauf *wealle be-*

worhton 3162) und mit mir geneigt sein, die Verse G zuzuweisen.

Sofern man in betreff einer nur bruchstückweise überlieferten Dichtung derartige Vermutungen wagen darf, möchte ich als jüngere Zusätze zu G bezeichnen: zuerst 2836—2843 und 3148—3156, von denen bereits oben die Rede war, ferner mit Wahrscheinlichkeit 2363—2366 und 2544, endlich mit Sicherheit 2638ᵇ—2642ᵃ. Letztere Stelle nimmt sich im überlieferten Zusammenhang geradezu absurd aus. Dass Beówulf vor dem Zug nach der Drachenhöhle die dazu auserlesenen Gefährten (*tô đyssum sîđfate* 2639) besonders zur Tapferkeit angespornt haben soll (*onmunde ûsîc mǽrđa* 2640), während er die Absicht hatte, den Drachen allein zu bekämpfen und seinen Mannen dann auch ausdrücklich befiehlt (2529 ff.), am Berge den Ausgang zu erwarten, bildet m. E. einen vollkommenen Widerspruch. Die kuriose Bemerkung *ond mê þâs mâđmas geaf* 2640, welche Bugge (Beitr. XII, 49) mit entschiedener Kühnheit in *ond mêda gehêt* verwandelt, brauchen wir dabei nicht einmal besonders in Anschlag zu bringen; aber die Anknüpfung der Stelle ist von der Art und die Wiederholung des Worts *helm* (*helmas ond heard sweord* 2638ᵃ, *hwate helmberend* 2642ᵃ) an den Näthen ist so bezeichnend, dass man über die ursprüngliche Verbindung nicht im Unklaren sein kann:

2633 Ic þæt mǽl geman, þǽr wê medu þêgun,
þonne wê gehêton ûssum hlâforde
in biórsele, đe ûs đâs beágas geaf,
þæt wê him đâ gûđgetâwa gyldan woldon,
gif him þyslicu þearf gelumpe,
2638/42 helmas ond heard sweord; þeáh đe hlâford ûs
þis ellenweorc âna âđôhte
tô gefremmanne, folces hyrde etc.

Nach 2652 ist vermutlich ein Vers ausgefallen.

Kommen wir jetzt zur Version F. Sie setzt sich zusammen aus den Versen: 2200—2212 (vielleicht mit Ausnahme von 2204—2206). 2233—2286. 2291—2295. 2300—2303. 2312—2332. 2337—2344. 2401—2402. 2410—2509. 2538—2541. 2550—2630. 2661—2759. 2767—2770. 2773—

2835. 2844–3037. 3058–3068. 3074–3084. 3093 3100. 3110–3119. 3137–3147. 3157–3159. 3161. 3164–3173. 3181–83.

Wenn der Ordner des Beówulfs die Version F wenigstens im Prinzip vollständig in seinen Text aufgenommen hat, und wir haben keinen Grund dies zu bezweifeln, so ist dieselbe uns gleichwohl lückenhaft überliefert. Andrerseits finden sich die Spuren von zahlreichen Erweiterungen, und zuweilen zeigt sich, dass etwas Neues, Überflüssiges das Alte und Notwendige verdrängt hat. Hieraus ergiebt sich, dass die Redaktion F, wie sie dem Gesamtordner vorlag, ungeschickt gemacht war, bzw. zum Teil auf schlechter Überlieferung beruhte.

Gehen wir jetzt, soweit es nötig, auf das einzelne ein.

2204—2206 könnten, wie bereits angedeutet wurde, allenfalls auch aus G entnommen sein. Gehören sie zu F, so wird jedesfalls 2206, vielleicht aber auch 2204 f. auf späterer Erweiterung beruhen.

2272—2277. Dieser Abschnitt enthält manche Schwierigkeiten. Zunächst scheint klar, dass 2273–75 später hinzugesetzt sind. Scheiden wir sie aus und lesen 2276 nicht mit Zupitza *hord*, sondern mit Grein *hlǣw* — ein Wort von dieser oder verwandter Bedeutung ist auf alle Fälle nötig —, so haben wir in den Versen:

sê đe byrnende biorgas sêceđ,
hlǣw on hrûsan, þǣr hê hǣđen gold
warađ wintrum frôd: ne byđ him wihte đŷ sêl —

einen befriedigenden Zusammenhang. Lesen wir jedoch weiter, so stossen wir nicht nur auf merkwürdige Wiederholungen, sondern vor allen Dingen auf die Thatsache, dass V. 2278 ff. durch das vorhergehende in keiner Weise motiviert ist. Statt desjenigen, was 2272--2277 bzw. 2272. 2276—77 sagen, war die Mitteilung am Platz, dass der Drache von dem Hort, den er nach 2270 f. offen fand, Besitz ergriff und ihn hütete — kurz Erzählung statt allgemeiner Charakteristik des Drachen. Hier liegt also ein Fall vor, wo Älteres durch Jüngeres auf zweckwidrige Art verdrängt ist.

2278—2286. 2291—2295. 2300—2303. Dass wir 2287—2290 sowie 2296—99 aus dem vorliegenden Zusammenhang ausgeschieden und G zugewiesen haben, wird manchem bedenklich erscheinen. Insbesondere wird voraussichtlich Bugge, der neuerdings (Beitr. XII, 370) den ganzen Abschnitt mit grossem Scharfsinn analysiert hat, mein Verfahren entschieden missbilligen. Mir scheint jedoch Bugges Deutung von 2295 *þone þe him on sweofote sâre geteóde* = „der ihn, während er schlief, verletzen wollte," unrichtig, und das ganze Gebaren seines Drachen höchst wunderlich. Der Drache entdeckt bei seinem Erwachen, dass jemand in seiner Höhle gewesen ist, nimmt an, der betreffende habe ihn töten wollen, und fliegt nun um den Hügel herum, um den Mann zu finden und mit ihm zu kämpfen. Als sich niemand zeigt, kehrt er in seine Höhle zurück, und nun erst entdeckt er, dass ihm ein Gefäss gestohlen ist! Darin liegt gar kein Sinn.

Ich meine: überall wo Einbruch konstatiert ist, wird man sich zunächst überzeugen, ob auch Diebstahl vorliegt, und das hat der Drache, dessen Lebensaufgabe ja in der Bewachung des Horts bestand, natürlich erst recht gethan. Wie konnte er bei dem Eindringling die Absicht ihn zu ermorden voraussetzen, wo dieser ihn ruhig hatte schlafen lassen? Und wie hätte er vor allem darauf bedacht sein sollen, jene willkürlich vorausgesetzte Absicht zu rächen, statt zuerst zu untersuchen, ob jener ihm thatsächlich vielleicht schon irgend welchen Schaden — durch Raub — zugefügt hatte. Ich nehme daher an, V. 2293ᵇ—2295 setzen die Entdeckung des Thatbestandes bereits voraus, und 2295 bedeutet: „der ihm, während er schlief, Kränkung zugefügt hatte." Da 2280 ff. bereits gesagt ist: *oððæt hyne ân âbealch mon on môde* u. s. w., braucht die Entdeckung nicht erst ausdrücklich erzählt zu werden.

Dass wir aber 2287—2290 mit Recht ausgeschieden und G zugewiesen haben, ergiebt sich aus der direkten Beziehung von 2291—2293ᵃ auf 2283ᵇ—2286. Der Satz: „So mag das Weh der Verbannung leicht heil überstehen, wer des Waltenden Huld sich erhält," hätte an der Stelle, wo er jetzt steht, nur Sinn, wenn er eine Reflexion des Drachen enthielte.[1] Als Reflexion des Dichters passt er nur da, wo erzählt ist, wie der Schatzräuber mittelst der entwendeten Schale sich die Huld seines Herrn wiedergewonnen hat.

Wie verhält es sich nun aber mit 2300 *sincfæt sôhte?* Gewöhnlich bezieht man *sincfæt* auf das entwendete Prunkgefäss. Das kann jedoch nicht richtig sein, auch im Zusammenhang von Bugges Deutung nicht; denn wie hätte der Drache gerade dies Gefäss gesucht, wenn er es noch nicht vermisst hätte? Das Wort *sincfæt* bedeutet hier, wie zweifellos auch 2231, „Schatz". Die Verse 2293^{b}—2295. 2300 ff., — denn 2300 folgt nach meiner Annahme auf 2295 — übersetze ich folgendermassen: „Der Hortwart suchte eifrig längs dem Grunde, wollte den Mann finden, der ihm während er schlief Schmerz bereitet, seinen Schatz heimgesucht hatte; bald hatte er ja entdeckt, dass einer der Männer das Gold angetastet, die kostbaren Schätze." Hier wird also die Entdeckung des Diebstahls, die zuerst vorausgesetzt wurde, in nachträglicher Motivierung hervorgehoben.

Wenn man dies nicht schön finden sollte, so gestehe ich, dass ich auch die Erzählung 2280 ff. keineswegs schön. weil nichts weniger als klar, finde. Auch die Reflexion 2291 ff. nimmt sich mehr wie ein Notbehelf aus; die Wiederholung des Wortes *sôhte* 2293. 2300, wenn auch in verschiedener Bedeutung, und insbesondere die Wiederholung des Wortes *Hordweard* 2293. 2302 zu Anfang der zweiten Halbzeile erregt den Verdacht, dass der Text hier durch jüngere Zusätze erweitert sei. Ich vermute, dass F ursprünglich von dem Hortdieb gar keine weiteren Details gab, und möchte als den Kern der Stelle folgende Verse bezeichnen:

2280 oððæt hyne ân âbealch,
2295 þe him on sweofote sâre geteóde,
2300 sincfæt sôhte: hê þæt sôna onfand,
þæt hæfde gumena sum goldes gefandod,

[1] Auch dann würde es noch auffallen müssen, dass das glückliche Entrinnen aus der gefahrvollen Höhle des Drachen als ein *gedîgan weán ond wrǽcsîð* bezeichnet wäre.

heáhgestreóna. Hordweard onbâd
earfoðlîce, oððæt æfen cwôm:
2312 þâ se gæst ongan glêdum spîwan etc.

Es wären hier demnach die Verse 2281—86. 2291—2294 als in F eingeschoben zu bezeichnen.

2312—2332. 2337—2344. 2401—2402. In diesem Abschnitt fällt dreierlei auf. Es ist seltsam, dass der Brand seines Palastes in Beówulf die Furcht erregt, er habe sich Gottes Zorn zugezogen. Dies stimmt durchaus nicht zu seinem ganzen späteren Verhalten, am allerwenigsten zu dem freudigen Gottvertrauen und dem guten Gewissen, das aus den Worten des todwunden, 2736 ff., spricht. Ferner berührt es eigentümlich, dass im unmittelbaren Anschluss an die Stelle, welche jene pessimistische, verzweiflungsvolle Stimmung des Helden schildert, berichtet wird, dass Beówulf sich einen eisernen Schild anfertigen liess. Drittens vermisst man in dem vorliegenden Zusammenhang eine ausdrückliche Erwähnung von Beówulfs Entschluss, den Drachen zu bekämpfen.[1] Es unterliegt keinem Zweifel, dass die Überlieferung von F hier wiederum keinen einheitlichen Charakter hat, sondern jüngere Zusätze mit dem alten Kern gemischt enthält. Die ältere Fassung lässt sich annähernd wiederherstellen, wenn man V. 2401 direkt auf 2326 folgen lässt. Das *torne gebolgen* 2401 erscheint nur so wirklich motiviert:

---

[1] Hier muss ich mich wohl auf den Vorwurf gefasst machen, dass ich von den drei angeführten Bedenken wenigstens das dritte und zur Hälfte wohl auch das zweite selber hervorgerufen, dadurch dass ich 2333—2336 der G-Version zugewiesen habe. Ich sehe jedoch keine Möglichkeit, anders zu verfahren. Die Stellen 2333—2336 und 2321—2323 bilden ja wohl zweifellos Varianten, so dass wenn die eine F, die andere G angehören muss. Dass nun 2321—2323 (auch ganz abgesehen von der unnötigen Zerstückelung des Textes, die durch solche Annahme bedingt wäre) nicht zu G gehören, ergiebt sich daraus, dass 2321. 2322ᵃ nach den unzweifelhaft zu G gehörigen Versen 2304—2311 inhaltlich und wörtlich die unleidlichste Wiederholung bilden würden, während 2333—2336 sich denselben vorzüglich anschliessen und z. B. 2335ᵇ. 2336 durch 2310ᵇ. 2311 auf das passendste eingeleitet werden. — Andrerseits wird die Zusammengehörigkeit von 2312—2320 und 2321—3323 schon durch den engen Zusammenhang von 2319ᵇ. 2320 und 2322ᵇ. 2323 bewiesen.

2324 Þâ wæs Bíówulfe brôga gecýđed
snûde tô sôđe, þæt his sylfes hâm,[1]
bolda sêlest, brynewylmum mealt.
2401 Gewât þâ twelfa sum, torne gebolgen,
dryhten Geáta dracan sceáwian.

2412—2416. Diese Stelle, an sich nicht anstössig, ist es in dem Fall, wenn vorher ausführlich von dem Drachenhort die Rede war. Sie verträgt sich also nicht mit der Gestalt, in der F uns überliefert ist oder auf die es sich durch blosse Ausscheidungen zurückführen lässt. Über das Alter der Stelle ist hiermit nichts gesagt.

2422—2424 führen den 2420ᵇ—2421 ausgesprochenen Gedanken weiter aus, jedoch so, dass sie die Wirkung abschwächen, anstatt sie zu verstärken. Die Zeilen sind vermutlich, wie auch Ettmüller annahm, jüngerer Zusatz.

2426—2509. Die in diesen Versen enthaltene Rede Beówulfs trägt deutlich die Spuren späterer Erweiterung. Dass der Held vor seinem letzten Kampf einen Rückblick auf seine früheren Thaten wirft, ist der Lage angemessen und poetisch empfunden; und dabei hat man nicht ängstlich zu fragen, wie viele und welche Fakta aus seinem Leben er berühren darf. Aber die Ausführung über den Schmerz Hrêđels, als Herebeald den Hæđcyn erschossen hatte, übersteigt ihrem Umfang nach jedes zulässige Mass und hat auf den Helden selbst gar keine direkte Beziehung, und was Beówulf dann weiter über die Kämpfe zwischen Schweden und Gauten berichtet, lässt seine eigene Persönlichkeit und sein eigenes Leben gleichfalls ganz aus dem Spiel. Andrerseits ist die Überlieferung ohne Frage lückenhaft: *him* 2490 geht auf Hygelâc, der in den nächst vorhergehenden Versen gar nicht erwähnt war; 2434 ist er genannt, jedoch nur mehr beiläufig. Es scheint klar, was auch Möller nicht entgangen ist, dass 2435—2489 späteren Zusatz bilden; aber eben so klar ist,[2] dass zwischen 2434 und 2490 einige Verse des ursprünglichen Textes fehlen, in denen unter anderem und vielleicht

[1] Mit Bugge statt des überlieferten *him*.
[2] Vgl. auch Scherer, Zs. für österr. Gymnasien XII, 111.

vornehmlich von Hygelâc und seinem Verhältnis zu Beówulf die Rede war. Was vor 2435 und nach 2489 liegt, scheint mir der Situation durchaus entsprechend und mit Grund nicht anzufechten.

2582—2593. Müllenhoff verwirft diese Verse als interpoliert,[1] und zum grössten Teil halte ich sie gleichfalls für jünger als ihre Umgebung und zwar für einen wenig glücklichen Zusatz. Aber 2580^{b}. 2581 reicht für sich allein nicht aus, wo der neue Angriff des Drachen geschildert oder doch mindestens erzählt werden soll; só wäre er bloss angedeutet. Mir ist nicht zweifelhaft, dass wir bloss $2583^{b}-2593^{a}$ auszuscheiden haben: der lautliche Anklang zwischen *hrêđsigora* 2583^{b} und *hrêđer* 2593^{b} verrät die Fuge deutlich genug; auch ist die kühne und ungewöhnliche, aber keineswegs unglückliche Anwendung des Ausdrucks *hildeleóma* 2583^{a} wohl eher dem älteren als dem jüngeren Dichter zuzutrauen. Also:

2580 Þâ wæs beorges weard
æfter heađuswenge on hreóum môde:
wærp wælfŷre, wîde sprungon
2583/2593 hildeleóman, hrêđer ǽđme weóll;
nîwan stefne nearo đrôwode,
fŷre befongen, sê đe ǽr folce weóld.

2780—2782, bereits von Müllenhoff ausgeschieden, beruhen ohne Zweifel auf späterer Erweiterung von F. Das Missverständnis, das M. dem Verfasser dieser Zeilen in betreff des *ealdhlâfordes* 2778 andichtete, war freilich nicht vorhanden oder lag vielmehr auf Seiten der Herausgeber und Erklärer; und Rieger emendierte richtig *ealdhlâforde.* Ich glaube jedoch, dass dieser Vers 2778 gleichfalls hinzugesetzt ist und dass es ursplünglich hiess: *Bill ǽr gescôd þâm (þe) đâra mâđma mundbora wæs.*

2826—2835. Müllenhoff hat richtig gesehen, dass V. 2825 direkt mit 2844 verbunden werden muss. In der eingeschobenen Stelle haben wir zwei Bestandteile erkannt, die unter sich keinen engeren Zusammenhang haben. 2836—2843 wurde oben, S. 133, G zugewiesen; das übrige, 2826—2835,

[1] S. 234 aber kehrt er zu einem älteren Gedanken zurück, wonach 2580—2592 interpoliert wären.

ist daher als Erweiterung in F zu betrachten. Man beachte auch, wie 2844 sich immer noch besser an 2835 als an 2843 anschliesst.

2855—2859. Die in diesen Versen enthaltene Reflexion entspricht an sich nicht dem Charakter der älteren Teile von F. Und wie matt klingt sie nach dem wirkungsvollen *him wiht ne speów* 2854! Was aber vor allem der Stelle das Urteil spricht, ist der Umstand, dass sie die Aufmerksamkeit von der Hauptsache ablenkt: dem Gegensatz zwischen Wîglâfs Treue und der Untreue der Zehn. Die Verse sind daher zweifellos zugesetzt, wie denn auch Ettmüller sie bereits verwarf.

2877—2883 wurden von Müllenhoff mit Recht ausgeschieden, wenn auch der aus 2881[b] entnommene Grund hinfällig geworden, da hier nicht *fŷr ran swîđor* zu lesen ist, sondern, wie die HS bietet, *fŷr unswîđor*. Der Hauptgrund für die Athetese bleibt um so kräftiger bestehen: dass die Stelle mit der Intention der schönen Rede Wîglâfs sich nicht verträgt und das Ganze verunstaltet. Sie beruht auf dem Einfall eines späteren Sängers von F.

2908[b]—3007[a]. Müllenhoff betrachtet die ganze Rede des Boten als interpoliert und scheidet demnach 2899—3029 aus. Allein, wenn auch das *lâđra spella* 3029 in Rücksicht auf *nîwra spella* 2898 verdächtig scheint und das *hê ne leág fela* 3029 unser modernes Gefühl eigentümlich berührt, so lässt sich sein Verfahren gleichwohl nicht rechtfertigen. Fragen wir nämlich, die Richtigkeit seiner Athetese vorausgesetzt, zu welchem poetischen Zwecke denn überhaupt der Bote abgesendet wird, so muss die Antwort lauten: um eine weitere Rede Wîglâfs (3077 ff.) zu motivieren, die doch leicht auf andere Weise eingeführt werden konnte. Das *weorod* nämlich, das nach 3030 ff. sich traurig erhebt und nach dem Ort des Kampfes begiebt, spielt später gar keine Rolle. Bei den *æđelinga bearn ealra twelfa* 3171 wird man doch wohl nicht ausschliesslich an jenes zuerst daheim gebliebene *weorod* zu denken haben. Thut man dies aber nicht, so erhebt sich die Frage, wie viele von dem nach Beówulfs Fall übrig gebliebenen Elf (zu denen Wîglâf selber gehört) und wie viele von den später hinzugekommenen zusammen das Dutzend voll machen. Findet der Leser diese Frage pedantisch, ja lächerlich, so widerspreche ich nicht. Ich wünsche für den Fall nur, dass er die Konsequenzen solcher Ansicht ziehe, und diese sind doch wohl folgende. Wir haben uns um das Verhältnis des 3030 erwähnten *weorod* zu Wîglâf und seinen zehn Gefährten bei Beówulfs Bestattung deshalb nicht zu kümmern, weil anzunehmen ist, dass auch der Dichter dies nicht gethan hat. Hat aber der Dichter dies nicht gethan, so hat er also jenes *weorod* an den Ort des Kampfes eilen lassen, ohne eine bestimmte Vorstellung von der Aufgabe zu haben, die ihm später zufallen würde. Folglich hat der Dichter seinen Boten nicht deshalb nach Beówulfs Wohnsitz senden lassen, weil dies die Rücksicht auf den Verlauf der darzustellenden Handlung erforderte, sondern weil er mit dieser Sendung an sich einen Zweck verknüpfte. Dieser Zweck kann aber nur der gewesen sein, durch die W o r t e des Boten die Wirkung der dichterischen Darstellung zu erhöhen, und folglich sind diese Worte nicht einfach alle zu streichen.[1] Nur diejenigen Teile in der Rede des Boten werden wir als jüngere Zusätze zu betrachten haben, welche der dichterischen Absicht fremd sind oder gar widersprechen. Was erreicht werden soll, ist eine Steigerung des elegischen Eindruckes und der Vorstellung von der Bedeutung des Helden, den das Geschick hinweggerafft hat. Die lange Ausführung über die Fehde zwischen Gauten und Schweden, so anziehend sie auch an sich ist, trägt zu diesem Zweck nichts bei, schwächt im Gegentheil die Wirkung des übrigen ab. Und die Erwähnung von Hygelâcs Beutezug nach dem Niederrhein, der den Tod jenes Königs im Gefolge hatte,

[1] Aus einem andern Grund protestiert Rönning S. 72 gegen die Beseitigung derselben: die direkte Rede sei nicht wohl zu entbehren „i det betydningsfulde øjeblik, da Beovulfs død forkyndes for hans helteskare, der har ventet i stærk spænding på udfaldet af den farlige kamp.“ Andrerseits übersieht Rönning (S. 71) nicht, dass die Überlieferung hier manches nicht zur Sache gehörige enthält. Die Art, wie er sich mit der Schwierigkeit abzufinden sucht, ist für sein ganzes Verfahren bezeichnend; wo er auf etwas unpassendes stösst, sieht er einen Beweis von Kunstdichtung: „og dette er da atter et fingerpeg i retning af konstdigtning.“ (S. 72 oben).

ist vor allem deshalb nicht am Platz, weil Beówulfs Thaten auf jenem Zug dabei nicht zur Sprache kommen. Die genaue Bestimmung der Art, wie der Drache den Tod gefunden, 2904 ff., finde ich mit Müllenhoff auffallend, und auch über 3018 f. denke ich wie er: was darin gesagt ist, scheint mir wunderlich und voreilig. Weiter jedoch möchte ich in den Athetesen nicht gehen. Die Verse 3014ᵇ - 3017,[1] mögen sie immerhin stark hyperbolisch sein, erregen mir um so weniger Anstoss, als F sich um das Schicksal des Horts im übrigen recht wenig kümmert: 3087—3092 und 3101—3109, wahrscheinlich auch 3120—3136 gehören, wie wir sahen, G an. Und sogar den Schluss der Rede, 3021ᵇ—3027, kann ich nicht für „sinnlos" halten, so wenig sich der Redner bemüht, die darin ausgesprochene Befürchtung des näheren zu motivieren. Was vermöchte denn von der Bedeutung des gefallenen Helden eine kräftigere Anschauung zu geben, als wenn es heisst: „Beówulf is tot. Mit dem Jubel, dem Prunk, dem Reiz, der friedlichen Sicherheit unseres Lebens hat es jetzt ein Ende. Krieg und mörderischer Kampf stehen uns bevor!"

Die ursprüngliche Gestalt der Rede, soweit sie sich aus der Überlieferung gewinnen lässt, scheint mir daher folgende gewesen zu sein:

2900 Nû is wilgeofa Wedra leóda,
dryhten Geáta, deáđbedde fæst,

[1] Einen Widerspruch zwischen dieser Stelle und V. 3165 f. (Heinzel a. a. O. S. 235) vermag ich nicht herauszufinden und würde dies sogar dann nicht, wenn 3014ᵇ—3017 nicht der Bote, sondern Wîglâf selber redete. Was verlangt man denn eigentlich von einem Dichter? Dass er rechne und messe, wo es ihm nur darauf ankommt, einen möglichst starken Eindruck hervorzurufen? Dass er sich jeder Hyperbel enthalte und z. B. statt: ich will dir mein Leben weihen, sage: ich will dir die wertvollsten Stunden meines Lebens widmen? — Und wie hätte der Dichter sich etwa 3165 f. ausdrücken sollen? *hord* bedeutet allerdings wohl nicht Schatzhaus; aber kann man denn nicht von einem Schatze nehmen, bis nichts mehr übrig bleibt? Der Ausdruck ist unbestimmt, eben weil es dem Dichter von F hier gar nicht auf mathematische Genauigkeit ankam. Genug, dass er irgendwelchen anderen Gebrauch, der von dem Schatz gemacht worden wäre, ausser dem, Beówulfs Bestattung zu verherrlichen, mit grosser Entschiedenheit ignoriert; vgl. 3167—3169.

2902/2906 wunað wælreste; Wîglâf siteð
ofer Beówulfe, byre Wihstânes,
2908/3007 eorl ofer ôðrum. Nû[1] is ofost betost,
þæt wê þeódcyning þǣr sceáwian
ond þone gebringan, þe ûs beágas geaf,
on âdfære. Ne scel ânes hwæt
meltan mid þâm môdgan,[2] ac þǣr is mâðma hord
gold unrîme, grimme geceápod
ond nû æt sîðestan sylfes feóre
beágas gebohte: þâ sceall brond fretan,
ǣled þeccean, nalles eorl wegan
mâððum tô gemyndum, nê mægð scŷne
habban on healse hringweorðunge,
nû se herewîsa hleahtor âlegde,
gamen ond gleódreám. Forðon sceall gâr wesan
monig morgenceald mundum bewunden,
hæfen on handa, nalles hearpan swêg
wîgend weccean, ac se wonna hrefn,
fûs ofer fǣgum, fela reordian,
earne secgan, hû him æt ǣte speów,
þenden hê wið wulf wæl reáfode.

Als Zusätze sind demnach zu betrachten 2902ᵇ—2906ᵃ. 2908ᵇ—3007ᵃ. 3018 3019.

3033—3037. 3058—3068. 3074 ff. Durch Ausscheidung von 3038—3057 und 3069—3073, die, wie wir sahen, zu G gehören, wird die Sache für F nicht viel gebessert; doch glaubt man jetzt ungefähr zu sehen, was die Stelle besagen soll. Sie nimmt sich wie ein ungeschickter Versuch aus, auf eine neue Art den Gedanken auszusprechen, dass nicht nur Beówulf, sondern auch der Drache (3058 ff.) den Tod gefunden hatte, und wie ein Versuch, beider Ende zu motivieren. In betreff Beówulfs geschieht letzteres in der Weise, dass gesagt wird: „Es ist kein Wunder, dass der Mann stirbt, wenn seine Stunde gekommen ist. So erfuhr Beówulf tückische Feindschaft, als er den Drachen aufsuchte. Er wusste selber nicht, wodurch er sterben sollte. Nicht aus Goldgier hatte er den Kampf gesucht; er hatte ja früher die Gunst seines Herrn vollständiger erfahren“, d. h. wohl:

[1] Mit Kemble statt *meis*.

[2] HS. *modigan*.

„reichlichere Gaben erhalten"; wobei der Komparativ immer seltsam bleibt.

Dass diese Reflexionen nicht zur ursprünglichen Dichtung gehören, liegt auf der Hand. Es fragt sich, wieviel wir auszuscheiden haben, um das ursprüngliche, sofern dies erreichbar, zu erhalten? Dabei werden wir nicht ausser Acht zu lassen haben, dass vor allem auch die gegenwärtige Beschaffenheit und Stellung von 3074 f. der Erklärung bedarf. Ich nehme an, dass 3036[b]—3037. 3058—3068. 3074[a] hinzugesetzt sind, in 3074[b] aber eine kleine Änderung vorzunehmen ist. Die Stelle mag anfänglich gelautet haben:

3033 fundon đâ on sande sâwulleásne
hlinbed healdan, þone þe him hringas geaf
ǽrran mǽlum: þâ wæs endedæg
3036/3074 gôdum gegongen; gearwor hæfdon
âgendes êst ǽr gesceáwod.

Hier hat der letzte Satz, meine ich, einen guten Sinn, der durch 3034 f. nahegelegt wird: der Gute war dahin, nicht länger war er, wie sonst, darauf bedacht ihnen seine Milde zu erweisen.

3110—3119. 3137 ff. Das Bedenken, das sich vom Standpunkt der Fassung F aus gegen die Ausscheidung der Verse 3120—3136, die sich sonst als zu G gehörig ausweisen, erheben lässt (vgl. S. 134), ist nicht unwichtig. Beówulf hat 2805 befohlen, ihn *on Hrones næsse* zu bestatten, und nunmehr vermisst man in F jede Andeutung darüber, dass dieser Befehl auch zur Ausführung gelangt. Denn wir haben, (wie schon 3135 f. zeigt) in *Hrones næs* einen Eigennamen und keine poetische Bezeichnung, die mit *Earna næs* 3031 wechseln konnte, somit keine Bezeichnung für den Ort, wo der Kampf stattgefunden, zu erblicken; und diese Erkenntnis ist auch bei F vorauszusetzen. Allein auch in Wîglâfs Worten 3096 ff. wird der Ort, wo Beówulf bestattet zu sein gewünscht hat, nicht genauer bezeichnet, sondern bloss gesagt, dass das Grabmal *in bǽlstede* errichtet werden soll. Und es ist überhaupt für die Darstellung F charakteristisch, dass sie über solche Momente, die zur Erhöhung der Wirkung nicht beitragen und die jeder Zuhörer sich allenfalls selbst ergänzen kann, leicht hinweggeht. Aus diesem Grund, und weil 3120 ff. sich so deutlich zu 3109 fügen, 3137 aber sich so gut mit 3119 verbindet, halte ich es für unthunlich, 3120—3136 für F dennoch in Anspruch zu nehmen, für bedenklich, die Stelle 3134—3136 aus ihrem jetzigen Zusammenhang zu reissen und allein zur ersten Version hinüberzuziehen, und auch nicht für geboten, hier in der Überlieferung von F eine Lücke zu statuieren.

3172—73. Die Verse können in F nicht entbehrt werden, weil ohne sie dem *hê* 3181 die Beziehung fehlte. Wie jedoch das in der HS unleserlich gewordene ergänzt werden soll, ist mir zweifelhaft. Bugges Vorschläge (Beitr. XII, 111 f.) sind diesmal nicht so glücklich, wie man es in ähnlichen Fällen von ihm gewohnt ist. Insbesondere halte ich die Halbzeile *ond ymb wel sprecan* für unmöglich: bei solcher Stellung müsste *ymb* notwendig allitterieren, und Metr. XX, 27, wo das Verbum der Partikel vorhergeht, lässt sich gar nicht vergleichen.

Auf Grund der obigen Ausführungen ergäbe sich als der Kern von F: 2200—2203. (2204—2205). 2207—2212. 2233—2271. ** 2278—2280. 2295. 2300—2303. 2312—2326. 2401—2402. 2410—2420. 2425—2434. ** 2490—2509. 2538-2541. 2550-2583ᵃ. 2593ᵇ—2630. 2661—2759. 2767—2770 2773—2777. 2779. 2783—2825. 2844—2854. 2860—2876. 2884—2902ᵃ. 2906ᵇ—2908ᵃ. 3007ᵇ—3017. 3020—3036ᵃ. 3074ᵇ—3084. 3093—3100. 3110—3119. 3137—3147. 3157—3159. 3161. 3164—3173. 3181—3183.

Die Darstellung enthält demnach zwei Lücken; überdies einige Unebenheiten. V. 2412—2416 passen, wie S. 140 ausgeführt wurde, nicht recht in den vorliegenden Zusammenhang; gleichwohl wird man es nicht leicht wagen, sie zu streichen, da sie älter sein können als manches, das für diesen Zusammenhang unentbehrlich ist. 2270 f. und 2278 ff. fügen sich, auch wenn man sich die Lücke zwischen 2271 und 2278 ausgefüllt denkt, nicht aufs beste zusammen; die Wiederholung derselben Wortglieder (*ûhtsceađa — đeódsceađa, hordwynne — hordærna*) bleibt einigermassen störend.

Vor allem erregt die Episode von dem einsamen Mann, der den Schatz vergräbt, Bedenken. In der breiten Ausführung, die sie kennzeichnet, kann sie nicht ursprünglich sein, und gleichwohl wird sich ohne Willkür und Gewalt eine Kürzung schwerlich vornehmen lassen.

Bei dieser Beschaffenheit der Überlieferung ist die Frage nach dem relativen Alter der zwei Versionen für das vierte Abenteuer weniger leicht zu beantworten als etwa für den zweiten Gesang. Beachtet man jedoch die ängstliche Art, mit der G im einzelnen motiviert, z. B. die Entdeckung des Schatzes oder die vollständige Beraubung desselben durch Wîglâf und seine Gefährten, und im Gegensatz dazu die geniale Freiheit, die F in dieser Hinsicht eigentümlich ist, berücksichtigt man ferner, dass mit Wîglâfs Mahnrede, G 2631—2660, ein neues Moment in die Darstellung tritt, so wird man nicht zweifeln können, dass F im ganzen der ursprünglichen Gestalt der Dichtung näher steht und deren Charakter treuer bewahrt hat.

Höchst merkwürdig ist es nun, dass die jüngere Version ein kräftigeres Nachwirken heidnischer Vorstellungen verrät. Wenn in F 2420 die Todesstunde als *Wyrd* bezeichnet wird, oder wenn es 2814 f. heisst: *ealle Wyrd forsweóp mîne mâgas tô metodsceafte*, so bedeutet das m. E. viel weniger als die in G 2526 f. begegnende Wendung: *ac unc sceal weorđan æt wealle, swâ unc Wyrd geteóđ, metod manna gehwæs,* wo das Wort *metod* (wie Grein, Sprachschatz II, 240 es für die „Heidenzeit" annimmt) deutlich genug den Begriff des Fatums ausdrückt, somit die Bedeutung von *Wyrd* nicht etwa modifizierend schwächt, sondern bestätigt. Ganz unverhüllt tritt der heidnische Aberglaube in 3069 ff., einer schon früher besprochenen Stelle, auf: hinter den *þeódnas mǽre* 3070 können nur Götter stecken.

Soweit historische Kunde in Betracht kommt, zeigen die Dichter beider Versionen sich in gautischen Dingen, in der Geschichte der gautischen Könige und ihrem Verhältnis zu der schwedischen Dynastie wohl bewandert. Die tiefere Kenntnis auf diesem Gebiet scheint aber doch F zu verraten, wenn man, wie in solchen Dingen erforderlich, die Version samt ihren Erweiterungen als Einheit fasst.

In geographischer Hinsicht lässt sich folgendes bemerken. G geht durchaus von der Vorstellung aus, wonach das Gautenland zum grössten Teil von Wasser umgeben,[1] insbesondere von Schweden durch das Meer getrennt sei, vgl. 2334. 2379 f. 2393 ff. Der Kern von F enthält nichts, das die gleiche Anschauung voraussetzen liesse. Unter den Erweiterungen von F giebt es freilich eine Stelle (2472 f. und 2476 f. gehören zusammen) wonach der Verkehr zwischen Gauten und Schweden gleichfalls durch die See vermittelt gedacht wird. Die Stelle leitet den Bericht über die Begebenheiten ein, die zu Ongenþeows Tod führen. Vergleichen wir nun aber eine andere Stelle, wo diese Begebenheiten ausführlich dargestellt werden, 2923—2998, so erhalten die Gauten hier zwar die Epitheta *sǣmen* 2954 und *heađolīđende* 2955, der Gautenkönig Hǣđcyn die Bezeichnung *brimwîsa* 2930, woraus hervorgeht, dass man jenes Volk als seeanwohnend und seefahrend zu denken habe, es fehlt jedoch jede Andeutung darüber, dass die Gauten über das Meer zu den Schweden gekommen seien, nachdem diese zuerst die Gauten übers Meer heimgesucht hätten. Die Verse 2924—2927, wo solche Andeutung hätte gegeben werden müssen, sind im Gegenteil so gehalten, dass sie die Auffassung von Gauten und Schweden als zweien zu Lande benachbarten Völkern durchaus nahelegen. Bei solcher Auffassung würde auch die Andeutung über die Heimkehr der siegreichen Gauten (2992) in ihrer Kürze leichter verständlich. Die Stelle 2923—2998 gehört nun zwar gleichfalls zu den Erweiterungen in F; sie beruht jedoch auf einem zweifellos sehr alten und offenbar ziemlich treu benutzten Liede, und ihre Autorität ist daher hoch über die der Stelle 2472—2478, sowie über die der ganzen Fassung G zu setzen.

Freilich giebt G und giebt ebenso die Stelle 2472—2478 ihrer geographischen Vorstellung bestimmten Ausdruck,

[1] Dass *eálond* 2334 nicht notwendig eine vollkommene Insel bezeichnet, wird man Bugge (Beitr. XII, 5, gegen Pontus Fahlbeck, Antiqvarish Tidskrift for Sverige VIII, 2, 31 f.) wohl zugeben müssen.

während wir die in den alten Teilen von F und in 2923—2998 herrschende nur aus ihrem Schweigen erschliessen. Ist auch dies Schweigen in 2923—2998 ein so beredtes, dass es fast einem positiven Zeugnis gleichkommt, so reicht es doch eben zur Begründung einer Überzeugung nicht ganz aus. Es wird also darauf ankommen, ob Gründe anderer Art uns veranlassen, die Gauten als ein Nachbarvolk der Schweden uns zu denken. Sollte dies der Fall sein, so würden wir zu dem Resultat gelangen, dass die Anschauung von der Lage des Gautenlandes im englischen Epos sich im Laufe der Zeit verwirrt hätte.

Vorläufig liegt eine andere Frage uns näher: wie stellt sich die Dichtung vom Drachenkampf zu der Dichtung von Beówulfs Reise? Hier stossen wir auf die merkwürdige Wahrnehmung, dass die erstere in der Version F auf die letztere gar keinen Bezug nimmt. Die *Gârdene* werden 2494 neben anderen benachbarten Völkern, neben Gepiden und Schweden genannt. Kein Wort verlautet von einer besonderen Beziehung der Gauten oder auch Beówulfs selber zu dem Dänenvolk; kein Wort von Hrôđgâr, von Beówulfs Reise, von dem Kampf mit Grendel. Und doch hätte die Rede 2426—2509, in der Beówulf sich seine früheren Erlebnisse und Thaten vergegenwärtigt, die beste Gelegenheit zur Erwähnung dieser Dinge geboten. Nun findet sich freilich in dem Kern dieser Rede, wie wir gesehen haben, zwischen 2434 und 2490 eine Lücke, und es wäre immerhin denkbar, dass die verlorengegangene Stelle das vermisste wirklich enthalten hätte. Wahrscheinlich ist dies jedoch gerade nicht, u. a. aus dem Grunde nicht, weil es nicht recht begreiflich wäre, dass die Erwähnung des Kampfs mit Grendel sich in der Überlieferung verloren hätte, statt, was viel näher lag, zu Erweiterungen Anlass zu geben. Wenn aber die Stelle, welche die Lücke ursprünglich ausfüllte, an das *Hygelâc mîn* 2434 anknüpfend, einfach sagte, dass Hygelâc Beówulf stets ein treuer Freund gewesen und, als er selber König geworden, ein mildspendender Gefolgsherr, so konnte sie durch die in 2435—2489 enthaltene Ausführung leichter verdrängt und der passende Anschluss für 2490 verfehlt werden. Die überlieferte Beschaffenheit der Rede 2426—2509 wie der ganzen Version F erklärt sich am besten unter der Annahme, dass diese Version sich ohne Berührung mit der Dichtung von Beówulfs Reise entwickelt habe.

Anders die jüngere Gestaltung G, welche, obwohl nur bruchstückweise überliefert, an zwei Stellen Kenntnis jener Dichtung verrät. In Beówulfs Rede vor dem Drachenkampf findet sich nicht nur 2521 die Erinnerung, dass er seiner Zeit Grendel ohne Waffen bezwungen habe, sondern in dem ganzen Abschnitt 2518 ff. manches, das uns an Beówulfs Trotzrede vor dem Grendelkampf, 677 ff., gemahnt. In der historischen Übersicht heisst es 2351 ff.: *syđđan hê Hrôđgâres, sigoreádig secg, sele fǽlsode ond' æt gûđe forgrâp Grendeles mǽgum, lâđan cynnes.* „Grendels Sippschaft" bedeutet doch wohl, wie gewöhnlich angenommen wird, Grendel und seine Mutter, und da zugleich von der Reinigung des Saales Hrôđgârs die Rede ist, so sehen wir, dass die Spaltung von „Beówulfs Reise" in zwei Abenteuer hier vorausgesetzt wird. Die grammatische Beziehung von *lâđan cynnes* ist nicht recht klar; man könnte *lâđan cynne* vermuten. Bemerkenswert aber ist das Anklingen dieser Stelle an E 2005^{b}—2008.

Beide Versionen des vierten Abenteuers enthalten deutliche Spuren einer Auffassung, wonach Beówulf „nicht aus Notwehr, um sich und seine Leute von einer Landplage zu befreien, ... sondern nur aus Heldensinn und Verlangen nach dem Hort den Kampf mit dem Drachen unternahm [1]." Allein wir vermögen eine dieser Auffassung entsprechende Gestalt der Dichtung mit den Mitteln der Überlieferung nicht herzustellen. Die Verse 2397—2400, welche Müllenhoff an die Spitze seines alten Liedes stellt, [2] gehören der jüngeren und fragmentarisch überlieferten Version an. Die ursprüngliche Gestalt des Lieds vom Drachenkampf ist uns bei methodischem Verfahren nur insofern erreichbar, als sie sich aus F gewinnen lässt. Möge immerhin die jüngere Version

[1] Müllenhoff Zs. XIV, 222 f. vgl. VII, 427 ff. Die entscheidenden Stellen des Gedichts werden XIV, 223 angeführt.

[2] Unter Verwandlung von *Swâ* 2397 in *Hwæt;* worüber zu vergleichen Bugge, Zs. f. D. Ph. IV, 203.

in einzelnen Fällen das ursprüngliche besser bewahrt haben als die ältere; wir verfügen über keine sicheren Kriterien, es als solches zu erkennen.

Es unterliegt keinem Zweifel, dass die Dichtung von Beówulfs Reise, wenigstens ihrem grösseren, in den alten Partien von A erhaltenen Teile nach, uns besser überliefert ist als die Dichtung von Beówulfs Drachenkampf. Nichtsdestoweniger sei eine Vergleichung beider Dichtungen unternommen, wozu schon die sich aufdrängende Frage nach ihrem relativen Alter einladet.

Dem Dichter von *Beówulfs sîđ* kam es, wie wir sahen, vorzugsweise darauf an, Bewunderung für seinen Helden zu erregen; der Dichter des Drachenkampfs dagegen ist vor allem darauf bedacht, seine Hörer zu rühren, ihre Teilnahme für das Geschick des Helden zu wecken. Auch hier fehlt der epischen Wirkung das Element der Bewunderung nicht, ja es ist ihr durchaus wesentlich, aber es ist dem Moment der Rührung aufs engste verbunden, ihm untergeordnet, insofern es dazu dient, ihm seine eigentümliche Färbung zu verleihen. Was der Dichter zur Darstellung bringt, ist das Ende eines grossen, in edeln Thaten verbrachten Lebens, und eine edle That führt dieses Ende herbei. Gross und gewaltig erscheint auch hier der Held; aber er steht nicht mehr in der Blüte der Jahre, eine hoffnungsreiche Zukunft vor sich. Ein königlicher Greis, steht er am Ende seiner Lebensbahn, einsam, ohne Gattin und Kinder, ohne nähere Verwandte, halb von der Erinnerung an die Vergangenheit lebend; aber noch immer von der gleichen selbstlosen Heldengesinnung, der gleichen Treue, dem gleichen unerschütterlichen Mute. Heldensinn und Liebe zu seinem Volk — denn auch den Hort erkämpft er nicht für sich, sondern für die Seinigen, vgl. 2797 f. — treiben ihn zu seiner letzten grossen That. Er sieht sich in der Todesgefahr von seinen Mannen verlassen; doch einer von ihnen, Wîglâf, der letzte Spross des Geschlechts, dem auch Beówulf angehört, bleibt ihm treu, steht ihm bei in der höchsten Not und hilft ihm den Drachen erlegen. Die Gestalt Wîglâfs bildet die Lichtseite in dem dunkeln Gemälde, das uns die Dichtung entrollt. Ohne ihn wäre die Gesammtwirkung eine niederdrückende statt bei allem Schmerz erhebende. Der *leóflîc lindwiga*, der dem ergrauten Helden zur Seite tritt, repräsentiert für die jüngere Generation das Heldentum und die Gefolgsmannstreue, welche Beówulf in der ältern Generation verkörpert. An ihm belebt sich unsere Zuversicht, dass mit Beówulf diese Tugenden nicht zu Grabe getragen werden, richtet sich die Hoffnung auf die Zukunft auf.

Wenn die Kunst des Dichters von *Beówulfes sîđ* sich in der zweckmässigen Weise äussert, wie er das Bild der Heldengrösse sich allmählich entfalten lässt, so war die Aufgabe des Dichters vom Drachenkampf eine kompliziertere. Es galt — und zwar gleichfalls in fortschreitender Entwicklung — zugleich die Grösse des Helden zu zeigen und Teilnahme für sein Geschick zu erwecken, dem Hörer zum Bewusstsein zu bringen, welchen Verlust Beówulfs Tod der Welt bedeutet, und zugleich ihn zu trösten durch den Gedanken, dass ein Stück von Beówulf in Wîglâf fortlebt. Der Dichter ist dieser Aufgabe durchaus gerecht geworden. Wie hat er es verstanden, uns die Vereinsamung Beówulfs mit sich steigerndem Nachdruck zum Bewusstsein zu bringen: zuerst in Beówulfs Rede vor dem Kampf jener Rückblick auf sein vergangenes Leben; dann die Flucht von Beówulfs Mannen; drittens die Worte des todwunden 2729 ff.: *Nû ic suna mînum syllan wolde gûđgewǽdu, þǽr me gifeđe swâ ǽnig yrfeweard æfter wurde, lîce gelenge;* und endlich die letzten Worte, die der sterbende zu Wîglâf spricht (2813 ff.); *þû eart endelâf ûsses cynnes, Wǽgmundinga! ealle Wyrd forsweóp mîne mâgas tô metodsceafte, eorlas on elne: ic him æfter sceal.* Und alle diese vier Stellen, bzw. der Zusammenhang, wo sie sich finden, sind zugleich für die Explikation von Beówulfs Heldengrösse, seinen Seelenadel bedeutsam. Welche schöne Steigerung zeigt sich sodann in Wîglâfs Rügerede, 2864 ff., und in dem Bericht des Boten, 2900 ff. Wenn in jener die bevorstehenden Folgen von Beówulfs Tod 2884 ff. mit dem Verhalten der feigen Gefolgsmänner in Beziehung gebracht werden, so tritt in dieser das ungeheuere Ereignis, von allen Nebenbeziehungen losgelöst, in der verhängnisvollen Tragweite, die ihm an sich zukommt, hervor. Am Schluss der Dichtung aber empfindet man tiefe Trauer, gemischt mit Resignation und mit dem Trost, der darin liegt, dass der Ruhm des Helden sein Leben überdauert, dass das Streben, das in ihm lebendig war, auch nach seinem Tode fortwirkt, dass vor allem die Treue über das Grab hinausreicht.

Der Verschiedenheit der Idee und Tendenz entsprechend, ist auch der Ton beider Dichtungen verschieden: hell und kräftig in „Beówulfs Reise", tief und schwermütig in dem „Kampf mit dem Drachen". Der Grundton der letzteren Dichtung erklingt in den Versen 2419 ff. *him wæs geômor sefa, wǽfre ond wælfûs, Wyrd ungemete neáh, seó đone gomelan grêtan sceolde.* Sehr bemerkenswert ist, wie diese Stimmung nicht nur in den alten Teilen, sondern auch in den jüngeren Partien von F festgehalten ist: ich erinnere an die Klage des vereinsamten Alten, der den Schatz vergräbt, eine Stelle, die wir zwar nicht auszuscheiden vermögen, aber gleichwohl nicht für ursprünglich halten können; ferner an die zweifellos auf Erweiterung beruhende Ausführung über den Schmerz Hrêđels und den tragischen Konflikt in der Brust dieses Königs, als der älteste seiner Söhne von der Hand des zweiten gefallen war, 2441—2469.

Mit dem elegischen Charakter der Dichtung hängt die Neigung zur Reflexion, zur Abschweifung zusammen. Dieser Zug aber berührt sich zugleich mit einer weitergehenden Eigentümlichkeit, wodurch sich die epische Darstellung im Drachenlied von der in „Beówulfs Reise" herrschenden unterscheidet. Letztere zeigt uns den epischen Stil im grossen auf einer entschieden höheren Stufe der Ausbildung als jenes. Sie gewährt uns ein viel vollständigeres und anschaulicheres Bild der Welt, in die sie uns hineinführt, erregt in viel höherem Masse die Illusion der Wirklichkeit. Man denke an die Landung der Gauten im Dänenland, an ihren Empfang durch den Strandwart und dann durch Wulfgâr, an das Auftreten Unferđs. Das Drachenlied zeigt sich von dieser anmutigen Fülle der Erzählung, die recht eigentlich dem Epos zukommt, weit entfernt; was zwar zum Teil am Gegenstand, aber gewiss nicht bloss am Gegenstand liegt. Es beschränkt sich in der Hauptsache auf das Notwendige und, wo es zur Steigerung der Wirkung Nebensächliches braucht, verwebt es dies nicht in die Darstellung, sondern bringt es parenthetisch an. Die Grendeldichtung schreitet behaglich, aber stetig fort; das Drachenlied bewegt sich mit einer gewissen unruhigen Hast, ist aber dabei im einzelnen voll retardierender Momente. Ich erinnere an die Ausführung über Wîglâfs Beziehungen zu Beówulf und insbesondere über Wîglâfs Schwert, 2606–2630, wodurch die Darstellung des Kampfes in sehr kritischer Lage lange unterbrochen wird, an die Bemerkung über Beówulfs Verhältnis zum Schwertkampf, 2682ᵇ–2687, und manches andere. Sehr merkwürdig ist es nun wieder, wie auch in dieser Hinsicht die Erweiterungen in F den eigentümlichen Charakter des Grundtextes steigern.

Von dem Reime macht F einen reichhaltigen Gebrauch. Die für die Zukunft der Verskunst wichtigsten Reimbindungen waren die, welche die Einheit des Halbverses bestehen liessen, und unter diesen wieder diejenigen, welche entweder Cäsur und Schluss derselben Langzeile oder den Schluss zweier auf einander folgender Langverse ergriffen. Von diesen beiden Arten fanden wir die erstere besonders in A, die andere in C vertreten. In F kommen beide Arten vor: die erste 2258. 2864. 3173, die andere 2590 f. (Erweiterung). 2737 f. 2792 f. — Auch unter den Reimen, welche die Halbzeile brechen, sind die besonders ohrfälligen und die nicht gleichsam von selbst sich einstellenden vor allem in F beliebt. Vergleichen wir über die *sectional rhymes* in Beówulf Kluges Tabelle (Beitr. IX, 430), welche nur *aðalhending* berücksichtigt und andrerseits Reimkomposita, Reimformeln und grammatischen Reim ausschliesst, so finden wir, dass auf F allein 10 Fälle kommen, auf alle übrigen Bestandteile des Beówulfs zusammengenommen nur 16 Fälle.[1] Dabei ist bemerkenswert, dass diejenigen Bindungen, welche

[1] Zu Kluges Tabelle ist zu bemerken, dass sie in der Zeilenangabe zwischen Grein und Heyne schwankt, und ferner, dass 2556ᵇ (Kluge 2557ᵇ) *from ǽrest cwôm,* sowie 2527ᵇ (Kluge 2528ᵇ) *on môde from* zu streichen sind. Jener Fall wäre auf F, dieser auf G gekommen.

beide Reimworte ungebrochen lassen, ausschliesslich auf F kommen: *hât hildeswât* 2558ª, *stîđmôd gestôd* 2566ª, *hond rond gefêng* 2609ᵇ und in einer auf Erweiterung beruhenden Stelle *hearde heađoscearde* 2829ª.

Lassen sich aus den obigen Betrachtungen nun irgendwelche Ergebnisse gewinnen zur Beantwortung der Frage, wie sich in Bezug auf Entstehungszeit und Entstehungsort das Drachenlied etwa zur Grendeldichtung A′ verhalten mag? Wir sahen, dass die epische Komposition im Drachenlied auf einer tieferen Stufe steht als in der anderen Dichtung. Dies könnte eine Bewegung in aufsteigender, es könnte aber auch eine in absteigender Linie bedeuten. Die alten Teile von F machen jedoch durchaus nicht den Eindruck einer verfallenden Kunst, und bei organischer Entwicklung, wie wir solche doch für die kurze Lebenszeit des altenglischen Epos voraussetzen müssen, pflegt der Verfall sich auch früher in dem Geist als in der Form des Epos zu offenbaren. In der Energie, mit der das Drachenlied die einfach grossen Grundgedanken fest hält, während die künstlerische Ausführung des einzelnen sich noch nicht ganz entwickelt zeigt, liegt für mein Gefühl etwas entschieden altertümliches. Die Beobachtung der Reimbehandlung in F dürfte diesem Eindruck nicht widersprechen. Die Dichtung bekundet eine grosse Freude an vollem und ohrfälligem Gleichklang, ohne sich in der Art seiner Verwendung zu einer bestimmten Richtung zu bekennen. Alles in allem genommen, ist mir — der gewöhnlichen Annahme entgegen — wahrscheinlich, dass die Grendeldichtung (A′) später als das Drachenlied entstanden ist. Mit Sicherheit lässt sich dies jedoch nicht behaupten. Die beobachtete Verschiedenheit könnte, statt auf zeitlicher, auf lokaler Trennung beruhen; sagen wir: sie könnte n u r auf lokaler Trennung beruhen, denn dass letztere auf jeden Fall jene Verschiedenheit mitveranlasst hat, steht ausser Zweifel.

War die Grendeldichtung schon vorhanden, als das Drachenlied entstand, so konnte dieses nur dann nach Inhalt und Form sich so selbständig gestalten, wenn es in Kreisen sich bildete, die von der Grendeldichtung nichts wussten.

Aber auch falls das Drachenlied älter war, konnte es in seiner Weiterentwicklung nicht so durchaus unbeeinflusst bleiben von der Grendeldichtung, wie dies mit der Version F der Fall war, wenn diese Dichtung von denselben Sängern, vor denselben Hörern gesungen wurde, wie es selber. Wie es sich daher auch mit dem relativen Alter der beiden Lieder verhalten möge, ganz sicher ist, dass sie an verschiedenen Orten entstanden sind. Wahrscheinlich aber fielen sie auch zeitlich nicht zusammen und war das Drachenlied um etwas älter. Man denke doch an die Wirkungen, welche die Dichtung A′ über die Grenzen ihres ursprünglichen Gebiets hinaus übte, an ihr Verhältnis zu X und an die Entstehung des zweiten Abenteuers. Wenn das Drachenlied sich so durchaus selbständig erhielt, so beruht dies wohl zum Teil darauf, dass es im wesentlichen abgeschlossen war, als die Zeit kam, wo es den Einfluss von A′ hätte erfahren können. Das höhere Alter würde auch die Mangelhaftigkeit der Überlieferung des Liedes erklären helfen.

Schliesslich bleibt die Frage zu erörtern, ob die Versionen F und G dem Ordner des Beówulfs selbständig oder aber mit anderen Teilen des Epos verbunden zu Handen waren.

Dass F ihm bereits als Glied einer Redaktion vorlag, ergiebt sich deutlich genug aus dem Eingang, 2200 ff. Derselbe schliesst sich leidlich an E an, noch besser jedoch an V. 2177—2189, welche wir C zugewiesen haben. Da nun die Redaktion, der C angehört, nicht bloss das erste und zweite, sondern auch das vierte Abenteuer umfasste (oben S. 121), so ist kaum zu bezweifeln, dass sie letzteres eben in Gestalt von F enthielt; woraus der gleichmässige Vorzug, den der Gesamtordner A, C, F vor B, D, G zugestand, sich auf die einfachste Weise erklärt. Wir gelangen also zum Resultat, dass A, C, F dem Beówulfordner in éiner Handschrift zu Gebote standen. Ein Bedenken gegen diese Annahme scheint sich aus V. 3005 zu ergeben, der — wie Müllenhoff bemerkt hat — 2052, d. h. einen Vers aus E, gedankenlos wiederholt. Allein dies Bedenken wiegt nicht schwer. Denn wie man die sinnlose Wiederholung auch erklären wolle, zweifellos ist sie das Werk eines geistesabwesenden Schreibers, nicht eines Sängers und nicht eines halbwegs vernünftigen Interpolators oder Redaktors. Und so haben wir nicht den geringsten Grund, sie gerade dem Redaktor von A + C + F in die Schuhe zu schieben; sie kann ebensowohl nach wie vor der Gesamtredaktion des Beówulfs sich eingeschlichen haben.

Der Eingang von G ist uns nicht erhalten, und die Beziehung zwischen 2351^b—2354^a und 2005^b—2008 ist zu unerheblich, um weitgehende Schlussfolgerungen zu gestatten. G könnte dem Gesamtordner in selbständiger Gestalt vorgelegen haben; aber viel wahrscheinlicher ist doch wohl, dass es einen Teil der Redaktion bildete, welche ausserdem B, D und E enthielt.

NEUNTES KAPITEL.

DAS LETZTE ÜBER DIE EINLEITUNG.

Kehren wir jetzt endlich zur Einleitung zurück in betreff deren die schwierigsten Probleme noch zu lösen sind. V. 1—52 wurden noch gar nicht in Betracht gezogen. In betreff der Verse 53—85 aber haben wir die Frage, welcher Version — A oder B — sie angehören, offen gelassen; ja, wenn wir S. 8 von einem noch ganz naiven Standpunkt aus bemerkten, dieser Abschnitt gebe keinen Anstoss, so ist damit nicht gesagt, dass er einer auf bestimmten Voraussetzungen fussenden Betrachtung als in sich durchaus einheitlich erscheinen werde.

Beginnen wir mit diesem Abschnitt 53—85. Bereits S. 11 wurde beiläufig erwähnt, dass 99 ff., die zu B gehören, noch besser als 86 ff., welche einen Teil von A bilden, sich an 85 anschlössen. Die in 83ᵇ—85 enthaltene Bemerkung aber, welche ganz im vorübergehen und nur dem eingeweihten verständlich auf den Kampf zwischen Dänen und Heađobarden anspielt, setzt eine so intime Kenntnis der betreffenden Verhältnisse voraus, wie wir sie eher von B als von A zu erwarten berechtigt sind. Man erinnere sich, dass B, D und E nicht bloss äusserlich, sondern auch innerlich zusammen gehören, dass in allen dreien sich das gleiche Interesse für das Personal des dänischen Königshofs verrät und dass in E die Heađobardenepisode vorkommt. Die betreffende Stelle wird daher B entnommen sein. Da jedoch A nicht mit V. 86 begonnen haben kann, und da der Ordner den Eingang dieser Version nicht vernachlässigt haben wird, so muss sich aus den vorhergehenden Teilen des Abschnitts ein A angehöriges, zur Einleitung von 86 ff. geeignetes Stück herausschälen lassen. Nun kann es nicht zweifelhaft sein, dass 53—79, in denen nichts entbehrlich ist, zu A gehören, wie es andrerseits auf der Hand liegt, dass 83^a von 83^b nicht zu trennen, also zu B zu schlagen ist. Problematisch sind folglich nur die drei Verse 80—82. Auf den ersten Blick würde man sie zu A ziehen, zumal da 81^b—82^a *Sele hlîfade heáh ond horngeáp* lebhaft an 1799^b—1800^a erinnert, eine Stelle, die wir als zu A′ gehörig erkannt haben. Nähere Erwägung lässt die Wiederholung von *bâd* 82. 87 — beide Verse wären in A nur durch éine Zeile getrennt — als störend empfinden und den genauen Anschluss von 83^a an 82^b als schwerlich durch den Zufall herbeigeführt erkennen. Darnach muss auch 82 B zugewiesen werden. Nun ist es aber nicht angängig, nach *hlîfade* 81 einen Punkt zu setzen; und bei genauerem Zusehen gewahrt man auch, dass der Ausdruck *beót* 80 mehr besagt, als 67 mit den Worten *Him on môd bearn* angedeutet ist. Man gelangt so zu dem Ergebnis, dass der Abschnitt 80—85 als ganzes B angehört, und dass in A 86 sich unmittelbar an 79 anschliesst. Vielleicht wird der eine oder andere nun das Gefühl einer Lücke haben; allein, wie ich glaube, mit Unrecht. Niemand würde ja wohl in deutscher Sprache Anstoss nehmen an einer Erzählung dieser Art: Als die Halle fertig war, empfand der Unhold, der im Düstern weilte, eine Zeit lang grossen Verdruss, weil er alltäglich lauten Jubel in derselben vernahm. In die Sprache des altenglischen Epos übersetzt, wäre dies genau dasselbe, was wir in A nach Ausscheidung von 80—85 vorfinden.

Es bleibt jetzt der Abschnitt 1—52, über den sehr viel hin und her vermutet worden ist, zu untersuchen. Dass 12 ff. oder doch 13 ff. sich an das vorhergehende nicht gut anschliessen, wird man Ettmüller und Müllenhoff zugeben müssen. Damit jedoch, dass man mit Müllenhoff 12—25 oder mit Ettmüller 13—17 bzw. 13—17. 20—25 streicht, wird nicht viel gewonnen; denn eine grössere Inkongruenz als die zwischen

12 ff. bzw. 13 ff. und dem vorhergehenden obwaltende findet sich innerhalb der gestrichenen Stelle selber. Der Satz 16 f. *Him þæs lîffreá, wuldres wealdend, woroldâre forgeaf*, stimmt wunderlich zu dem, was soeben gesagt ist; Gott verlieh Beówulf Besitz auf der Welt, — weil sein Volk schreckliche Not gelitten?! — Und nun die politisch-moralische Maxime, 20—25! Müllenhoff findet sie bedenklich, und unter Umständen ist sie das auch, nämlich dann, wenn der Vater ein schwacher Herrscher und der Sohn ehrgeizig und pietätslos ist. Dass aber auch dem jugendlichen Königssohn die Milde geziemt, ist wohl nicht zu bezweifeln, und wir können uns sehr wohl eine politische Lage vorstellen, wo eine Reflexion wie die 20—25 ausgesprochene sich dem denkenden aufdrängen musste. Zum Beispiel: ein König ist im Kampf gefallen, sein Land gerät in die Gewalt seiner Feinde, der Thronfolger ist flüchtig; einige Jahre darauf macht das Volk sich von fremder Botmässigkeit unabhängig unter Führern, welche den Königssohn zurückrufen und ihm den Weg zum Throne ebnen. Auf solche Weise gelangte i. J. 658 Wulfhere, Pendas jüngerer Sohn,[1] zur Regierung in Mercien; und warum sollte die Stelle nicht einem ähnlichen Ereignis oder einer ähnlichen Situation ihre Entstehung verdanken? Also an sich muss man die Verse 20—25 gelten lassen; allein wodurch werden sie motiviert? Derartige mit *Swâ sceal* eingeleitete Sätze pflegen sich sonst auf eine vorher berichtete Handlung oder Gewohnheit zu beziehen. Von Beówulf aber haben wir nur gehört, dass Gott ihm Besitz verlieh und dass er berühmt war. Und diese Besitzverleihung fanden wir gerade so wenig motiviert wie jene Maxime. Die Sache wäre in Ordnung, wenn vor V. 16 gesagt wäre, dass Beówulf sich durch Tugenden, zumal durch Milde auszeichnete. Ich nehme an, dass dies in dem Text,

[1] Wulfheres älterer Bruder Peada, dem der Besieger Pendas, König Ôswiu von Nordhumbrien, die Herrschaft über Südmercien überlassen hatte, war bereits Ostern 656 von seinem Weibe erschlagen worden, worauf Ôswiu zwei Jahre lang ganz Mercien beherrschte. Vgl. Lappenberg I, 161 f.

dem der Ordner 16—25 entnahm, wirklich stand und dass dieser Text B war. Zu A gehören demnach V. 1—15.

An 15 aber muss sich 53 unmittelbar angeschlossen haben, so dass auch die schöne Stelle über Scylds Bestattung, die übrigens, wie Arthur Köhler [1] richtig gesehen hat, einem alten selbständigen Liede entnommen ist, B zugewiesen werden muss. Vergleichen wir nämlich 56 ff., so sehen wir, dass weder Beówulfs noch Healfdenes Tod ausdrücklich erwähnt, sondern dasjenige, was über die Regierung des jedesmaligen Thronfolgers zu sagen ist, unmittelbar an die Geburt desselben angeknüpft wird. Die parenthetische, aber nachdrückliche Hervorhebung von Scylds Verscheiden, 55 f., würde nun umsomehr überraschen und höchst überflüssig erscheinen, wenn von Scylds Bestattung vorher ausführlich die Rede war.

Es gehören demnach von den ersten 85 Versen des Beówulfs zu B: 16–52. 80—85.

Dass die Verse 12—15 zu A gehören, ist nach allem ausgeführten nicht zu bezweifeln; damit ist jedoch die in ihnen liegende Schwierigkeit nicht hinweggeräumt. Die *fyrenđearf*, von der V. 14 die Rede ist, kann sich nur auf einen Zustand beziehen, welcher der Ankunft oder doch dem Königtume Scylds vorherging. Eine andere Auffassung ist schlechterdings ausgeschlossen; denn Subjekt zu *ongeat* 14 ist natürlich *god* 13, und wenn somit der Satz 14ᵇ—15 den Grund an-

---

[1] Zs. f. D. Ph II, 213 f. — Im übrigen ist die betreffende Abhandlung Köhlers „Die Einleitung des Beówulfliedes", wie mir scheint, nicht frei von unerwiesenen Behauptungen und unklaren Vorstellungen über volkstümliche und kunstmässige Dichtung. — Eine gewisse Starrheit der Anschauung spricht sich schon in der Meinung aus (S. 312), es wäre eine „Ungeheuerlichkeit", wenn „gerade ein uraltes Stück des Liedes als späterer Zusatz verworfen werden müsste." Freilich kann ein uraltes Stück des Liedes demselben nicht später hinzugesetzt sein, recht wohl aber könnte ein solches Stück zwar an sich recht alt, als Bestandteil des Beówulfs dagegen verhältnismässig jung sein. Ein episches Gewebe wie der Beówulf bekundet seine centralisierende Kraft naturgemäss dadurch, dass ursprünglich selbständige Dichtungen im Lauf der Zeit von ihm, wenn nicht ganz, so doch teilweise angezogen werden.

giebt, weshalb Gott Beówulf geboren werden liess, so kann dieser Grund unmöglich an Ereignisse anknüpfen, die erst nach Scylds Tod eintraten. Der Dichter kann daher nur gemeint haben, dass Gott die Wiederkehr der königslosen Zeit, wie sie vor Scylds Ankunft war, „durch die Geburt des Sohnes abgewendet habe"; er „wusste" also allerdings „nicht zu sagen was er wollte" (Müllenhoff S. 195).

Im obigen ist vorausgesetzt, dass die Verse 12—15 den Platz einnehmen, der ihnen gebührt. Ist dies jedoch sicher? Wäre es nicht möglich, dass dem Redaktor von A oder einem derjenigen, die ihn mit ihrem Gedächtnis unterstützten, hier etwas menschliches begegnet, dass hier eine Konfusion eingetreten wäre? Ich will die Vermutung oder vielmehr den Gedanken an eine Möglichkeit nicht unterdrücken, der mir bei Vergleichung der gegenwärtigen Stelle mit 907—913ᵃ gekommen ist. V. 12—15 könnten ursprünglich nicht auf den Scylding Beówulf, sondern auf Heremôd sich bezogen haben.[1] Denken wir uns zwei Stellen, die eine diesen, die andere jenen betreffend, beide mit ungefähr gleichlautendem Anfang, so lag eine Verwechslung durchaus im Bereiche der Möglichkeit. Irgendwelche Bedeutung messe ich diesem Einfall nicht bei. Es kommt schliesslich nicht soviel darauf an, ob an dieser Stelle die Überlieferung mangelhaft war oder ob ein Dichter sich ungeschickt ausgedrückt hatte. Mag das eine oder das andere zutreffen, unter allen Umständen haben wir in 12—15 oder auch in den Versen, deren Stelle jene eingenommen hätten, keinen ursprünglichen Bestandteil von A zu vermuten. Die ganze Genealogie des dänischen Königshauses wird auf späterer Erweiterung beruhen, vor allem die Erwähnung des Scyldings Beówulf, welche nur geeignet war, Verwirrung hervorzurufen. Anfänglich schloss V. 3 sich wohl direkt an V. 64 an.

Auf welcher Entwicklungsstufe von A die Einfügung

[1] Im dreizehnten Kapitel werden wir nämlich sehen, dass die Erweiterung von A um die Genealogie der Scyldinge wahrscheinlich unter verwandten Einflüssen stattfand wie die Entstehung von C, in dem Heremôd bekanntlich eine grosse Rolle spielt.

der Scyldingengenealogie stattfand, lässt sich vor der Hand nicht genau bestimmen. Da jedoch B eine ähnliche Genealogie enthielt, wenigstens von Scyld und dessen Sohn Beówulf ausführlich redete, so ist die Annahme, dass A jenen Zusatz erst bei der schriftlichen Redaktion erhalten habe, als unwahrscheinlich abzuweisen.

Wir verzeichnen nunmehr den Bestand von A für die ganze Einleitung: 1—15. 53—79. 86—98. 115—124. 126—127. 132—137. 144—146. 159—163. 168—188.

Der Kern dieser Partie setzt sich zusammen aus den Versen: 1—3. 64—79. 86—90ª. 115—124. 126—127. 132—133. 135—137. 144—146. 159—160. 170—174.

Nicht zu übersehen ist hierbei, dass der Ausdruck „Kern von A“ — und dasselbe gilt von F und streng genommen von allen Teilen des Epos — auf die Einleitung bezogen, nicht dasselbe bedeutet wie in Rücksicht auf die eigentliche Darstellung. Zwar dasselbe für uns, nicht aber dasselbe an sich. Denn, wie wir bei früheren Anlässen hinreichend ausgeführt haben, wenn die epische Darstellung überhaupt fluktuierenden Charakter hat, so in ganz besonderem Masse die Partien, welche zur Einleitung eines epischen Vortrags dienten. Dass V. 194 ff. einen Liedanfang bezeichnen, haben wir S. 28 geleugnet; damit haben wir jedoch nicht in Abrede stellen können noch wollen, dass der Leser, wenn er diesen Punkt erreicht, aufatmet wie einer, der von einem durchweichten Weg kommend festen Boden unter den Füssen zu fühlen beginnt. Hier beginnt eben die eigentliche Darstellung, hier das Interesse für Dichter und Hörer. Und wie sich von diesem Punkt an die epische Kunst recht zu entfalten beginnt, so hat das, was sie auf der Höhe ihrer Vollendung leistete, von diesem Punkt an sich nicht nur dem Gedächtnis treuer eingeprägt, sondern sich auch dem Gefühl späterer Sänger in höherem Grade als massgebend aufgezwungen.

Wenn wir Shaksperes Macbeth lesen, atmen wir auf in dem Augenblick, wo der Titelheld die Bühne betritt; erst hier erkennen wir Shakspere wieder. Aus diesem

Eindruck werden wir jedoch nicht den Schluss ziehen, dass die Tragödie eigentlich erst mit dieser Scene beginnt. Wohl aber werden wir sagen dürfen, dass von diesem Punkt an das Drama in anderm, höherm Sinn eine Einheit bildet als in Verbindung mit den vorhergehenden Teilen. Und dasselbe sagen wir von Müllenhoffs „erstem Lied" im Verhältnis zur Einleitung, — auch nachdem wir beide auf die ältest erreichbare, einfache Gestalt zurückgeführt haben.

ZEHNTES KAPITEL.

DIE STROPHENTHEORIE.

Nunmehr scheint es an der Zeit, Möllers Strophentheorie einer Prüfung zu unterwerfen.

Folgendes kann ich wohl von vornherein aussprechen, ohne grossen Widerspruch seitens meiner Leser befürchten zu müssen: die Hypothese ist einerseits nicht einfach abzuweisen, andrerseits aber bis jetzt ungenügend begründet. Gar oft stellt sich die strophische Gliederung in Möllers Beówulf ungesucht in überraschender Weise ein; vielfach aber auch ist das Verfahren des Kritikers willkürlich, ja gewaltsam, und trotzdem seine Resultate auch unter dem blossen Gesichtspunkt der strophischen Gliederung nicht selten recht unbefriedigend.

Wie stellt sich nun die Sache für die Bestandteile des Epos, wie sie die im vorigen geführte Untersuchung uns kennen gelehrt hat? Gereichen die Resultate unsrer Kritik Möllers Theorie zur Bestätigung oder zur Widerlegung? Im ganzen verhalten sie sich dazu ziemlich indifferent. Wenn durch unsre Ausscheidung einigemal strophische Gliederung entsteht, wo die Überlieferung sie vermissen liess, so fehlt es auch nicht an Beispielen für das Gegenteil. Ich habe nicht genau untersucht, ob die Zahlen, welche das Verhältnis der strophisch gegliederten zu den nicht gegliederten Versen ausdrücken, in einzelnen Fällen eine erhebliche Abänderung erfahren; im ganzen glaube ich solches in Abrede stellen zu dürfen.

Ich habe mich bei der Prüfung der Frage wesentlich auf solche Bestandteile des Beówulfs beschränkt, welche ein grösseres, in sich zusammenhängendes Ganzes darstellen. B, D, G lasse ich daher ganz bei Seite und auch C, wegen der verschiedenartigen Elemente, die es in sich birgt, als solches unberührt.

Nehmen wir zunächst die alten Teile von A für den Umfang des ersten Abenteuers, also von 194 ab. Der Bestand ist oben (S. 55) angegeben und umfasst, wenn wir die Zahl etwas abrunden, gegen 420 Verse. In dieser Partie finden sich nun 22 vierzeilige Strophen; das gäbe 88 Verse, also mehr als ein Fünftel der Gesamtzahl. Lassen wir aber die isolierten Strophen, die ja immer leichter auf Zufall beruhen können, beiseite, so finden wir zwei Fälle, wo je zwei Strophen aufeinander folgen (312—319 und 340—347), éinen Fall, wo deren drei zusammen stehen (658—663. 669—670), endlich als *pièce de résistance* ein aus sieben Strophen bestehendes Stück (391—418).[1] Stärker sind die Strophen in den Teilen von A′ vertreten, die wir mit einiger Sicherheit in C nachweisen können, wenigstens in der Schlusspartie (1787—1806. 1813—1825. 1834—1835. 1840—1865. 1870—1873ᵃ. 1880ᵇ—1881. 1888—1904). Unter den 83 Versen, welche diese umfasst, sind nicht weniger als 40 zu vierzeiligen Strophen gegliedert, und von diesen zehn Strophen folgen zweimal je drei aufeinander (1799—1806. 1813—1816 und 1888—1899).

Es ist klar, dass dies kein Zufall sein kann. Die Sache gestaltet sich noch günstiger für Möllers Ansicht, wenn man erwägt, dass die Strophen bzw. Strophenverbände manchmal nur durch unbedeutende Intervalle von einander getrennt sind. Nicht selten auch bedarf es bloss einer leichten Remedur, um den Text strophisch zu gestalten: indem man etwa eine im Zusammenhang entbehrliche und an sich nicht bedeutende Zeile opfert oder eine kleinere Änderung vornimmt. Leider gelingt dies nicht überall; in der überwiegenden Mehrzahl

---

[1] Es wird hierbei im allgemeinen die Interpunktion der Holderschen Ausgabe vorausgesetzt.

der Fälle kommt man, soweit ich die Sache übersehe, ohne eine gewisse Gewaltthätigkeit nicht aus; und weil dem so ist, darf man auch jene leichteren Änderungen wenigstens aus blosser Rücksicht auf strophische Gliederung nicht vornehmen, da solches, wenn nicht nach Gewalt, so doch nach Willkür schmecken würde.

Wie sollen wir uns aber die Sachlage erklären? Ich sehe nur folgende Alternative. Entweder: es gab eine Zeit, wo A′ ausschliesslich in Strophen vorgetragen wurde; infolge der Änderungen, welche der Text im Laufe der Zeit erfuhr, blieben diese Strophen nur zum Teil erhalten. Oder: zu der Zeit, wo der grosse epische Stil sich entwickelte, war zwar bei vielen Sängern — wenn man so sagen darf, in der epischen Diktion selber — von früher her eine gewisse Tendenz zur Strophe vorhanden, jedoch keine deren Gebrauch vorschreibende Regel mehr in Kraft.

Vergegenwärtigen wir uns die Konsequenzen jeder dieser Möglichkeiten, indem wir zugleich zusehen, in wiefern dieselben wirklich eingetroffen sind.

Die erstere Annahme setzt voraus, dass zu einer gewissen Epoche der Entwicklung von A′ ein Umschwung im epischen Vortrag, ein vollständiger Bruch mit der Formtradition stattgefunden habe. Eine solche Umwälzung aber hätte sich schwerlich auf das Aufgeben der Strophe beschränkt, sondern würde auch auf den epischen Stil, ja die epische Auffassung sich erstreckt haben. Lässt sich nun zwischen den strophischen und den unstrophischen Partien im Kern von A ein solcher Unterschied wahrnehmen, wie er hiernach vorauszusetzen wäre? Ich glaube nicht. Zweitens würde das was von A′ gilt, doch auch wohl von den übrigen Teilen des Beówulfepos gelten, und wir würden voraussetzen müssen, dass die ältesten Teile desselben die meisten Spuren der strophischen Form bewahrt hätten, die jüngsten Teile aber ganz unstrophisch gehalten wären. Dies trifft nun aber durchaus nicht zu. Als den ältesten Teil des Epos haben wir F erkannt. Der Kern von F aber enthält an Strophenverbänden nur éinen zweigliedrigen (2538—2541. 2550—53) und zwei Triaden (2752—59. 2767—2770 und 2809—2820), ausserdem nur noch ein paar isolierte Strophen, die unzweideutigste 3157—59. 61. Freilich ist F schlechter überliefert als A, jedoch dies haben wir eben aus dem höhern Alter des Drachenlieds erklärt, und wenn die Altertümlichkeit der Darstellung trotz der Schlechtigkeit der Überlieferung noch erkennbar ist, warum verhält es sich so ganz anders mit der metrischen Gliederung? Umgekehrt bildet E, wie wir gesehen haben, den allerjüngsten Teil des Epos, und hier ist die Strophe besonders stark vertreten, und zwar in einem bestimmten Abschnitt des Abenteuers. Die Erzählung Beówulfs ist, wenn wir von ihrem Anfang (2000—2024ª. 2072ᵇ—2080) absehen, zum grössten Teil in vierzeiligen Strophen überliefert. In 2081—2151, d. h. in 71 Versen finden wir nicht weniger als 11 fertige Strophen,[1] und wenn wir für die Verse 2105 ff., in betreff deren unsere eigenen Kriterien uns zu keinem sicheren Resultat führten (vgl. oben S. 119), Möllers Ansicht acceptieren, die manches für sich hat, und 2109 f. ausscheiden (wodurch die Gesamtzahl der Verse auf 69 reduziert würde), so erhalten wir in 2105—2108 eine zwölfte Strophe. Das wären also 48 strophisch gegliederte gegen 21 nicht gegliederte Verse. Wie ist diese Erscheinung zu erklären? Der Anhänger der Strophentheorie wird vielleicht sagen: Gerade E ist für unsere Ansicht beweisend; denn wenn E als der jüngste Teil des Epos bald nach seiner Entstehung aufgezeichnet wurde, so darf man erwarten, dass in ihm weniger Änderungen vorgenommen wurden als in den übrigen Teilen, und folglich darf man auch erwarten, in ihm verhältnissmässig die grösste Zahl Strophen anzutreffen. Aber dann müssten ja die unstrophischen Teile von A dem Ton der lebendigen Epik ferner stehen als Beówulfs Erzäh-

[1] Dass nach V. 2084 und 2096 schwach zu interpungieren sei, kann ich Heinzel (Anz. X, 216) nicht einräumen. Jedesfalls verlangt die Billigkeit anzuerkennen, dass gegen Möllers Auffassung von 2081—2084 und 2093—2096 als vierzeilige Strophen ein begründetes Bedenken sich nicht erheben lässt. Die übrigen elf Strophen, die ich herausrechne, ergeben sich von selbst; mit Ausnahme von 2111—2114, die jedoch, wie man auch noch 2110 interpungieren möge, für sich ein befriedigendes Ganzes bilden.

lung in E, und wer wird dies zu behaupten wagen? Man würde also auf jeden Fall einen anderen Punkt, den lokalen Einfluss in Betracht ziehen müssen, man würde anzunehmen haben, dass der Gebrauch der Strophe sich in der einen Gegend länger erhielt als in der anderen. Dies ist nun gewiss nicht unwahrscheinlich; jedoch auch diese Annahme verhilft den Anhängern der Strophentheorie nicht zu einer befriedigenden Erklärung der Thatsachen. Denn gesetzt nun, der Dichter von E hätte, eben weil dies in seiner Umgebung so üblich war, sich durchweg der Strophen bedient, woher kommt es, dass sein Werk, das doch bald nach der Entstehung und aller Wahrscheinlichkeit nach in der Gegend, wo es entstanden, aufgezeichnet wurde, woher kommt es, dass es als ganzes genommen in seiner überlieferten Gestalt nicht noch viel mehr Strophen enthält? Nehmen wir den oben betrachteten Abschnitt 2081—2151 aus, so findet sich in E nur noch éine isolierte Strophe: 2190—2193. Worauf beruht der merkwürdige Abstand zwischen jener Partie und den übrigen Teilen von E? Kein Mensch wird — bei der Abwesenheit aller sonstigen Gründe — auf den Gedanken kommen, den betreffenden Abschnitt wegen der darin vorwiegenden strophischen Gliederung von der übrigen Masse von E als ein diesem ursprünglich fremdes Stück abzusondern. Woher dann aber dieser Unterschied? Nur eine gewisse Abneigung gegen die strophische Form hätte sie in dem ersten Teil von E, bis V. 2080 einschliesslich, so gänzlich austilgen können, und wenn solche Abneigung vorhanden war, warum machte sie sich bei dem Abschnitt 2081—2151 nicht ebenso geltend? — Es zeigt sich also, dass die Annahme einer regelrechten Anwendung der Strophe in den alten Teilen des Beówulfs zu unlösbaren Schwierigkeiten führt.

Versuchen wir es daher mit der anderen Annahme. Wenn die Anwendung der Strophe im Beówulfepos bloss fakultativ und gelegentlich stattfand, als Nachwirkung eines früheren Brauchs, — denn dass es eine Zeit gab, wo alle Germanen nur strophische Lieder kannten, ist nicht zu bezweifeln — so wird die Häufigkeit dieser Anwendung nicht bloss durch Zeit und Ort, sondern auch durch die Individualität der epischen Sänger, durch die augenblickliche Disposition einunddesselben Sängers und durch die Beschaffenheit des in einem bestimmten Moment zu bewältigenden Stoffes bedingt gewesen sein. Die Sänger, welche z. B. an der Gestaltung von A′ beteiligt waren (vgl. oben S. 106), werden doch nicht alle, auch wenn sich ihre Thätigkeit über den ganzen Umfang dieser Dichtung erstreckte, an allen Teilen gleich schöpferisch thätig gewesen sein; sondern der eine wird an dieser, der andere an jener Stelle die Spuren seines Wirkens deutlicher zurückgelassen haben. Andrerseits ist es denkbar, dass ein Sänger, der seinen Vortrag unstrophisch begonnen, durch eine sich ihm zufällig einstellende, vielleicht auch durch eine ältere Strophe, die er nur reproduzierte, auf diese bestimmte Bahn geführt, nun eine Reihe von Strophen ohne Unterbrechung zu Tage förderte, bis die Sprödigkeit des Stoffs oder überhaupt eine sich einstellende Schwierigkeit ihn veranlasste, wieder in den gewöhnlichen Ton einzulenken. Auf solche Weise würde sich sowohl die überlieferte Gestalt des Beówulfs wie die Beschaffenheit der Bestandteile, welche die Kritik in dem Epos unterscheiden lehrt, in diesem Betracht auf die einfachste Weise erklären.

Ich nehme daher an, dass strophische Gliederung im altenglischen Epos zwar manchmal sich einstellt, jedoch nicht infolge einer als bindend empfundenen Regel, sondern als Nachwirkung einer älteren Phase der Dichtung, eines Zustandes, welcher der Entwicklung des grossen epischen Stils voranging.

Zu einem ähnlichen Resultat ist Heinzel in seiner Beurteilung der Möllerschen Schrift (Anz. X, 215 ff.) gelangt. Er sagt (S. 217), dass „eine gewisse Neigung zur Erzählung in vierzeiligen Abschnitten in der angelsächsischen Poesie vorhanden“ sei, „und zwar eine grössere im nationalen Epos als in der gelehrten Dichtung“.

ELFTES KAPITEL.

DIE ORIGINALITÄT DES BEOWULFS.

Die Kritik des Beówulfepos erschliesst uns den Blick auf einen Schauplatz schöpferischer und reproduzierender Thätigkeit, auf dem mannigfaltige Kräfte zusammenwirken, verschiedene Generationen einander ablösen und dessen Hintergrund sich in duftige Ferne verliert. Wer unsern Ausführungen mit einiger Aufmerksamkeit gefolgt ist, wird die alte, in den letzten Jahren hin und wieder von neuem aufgetauchte Annahme, der Beówulf sei in der altenglischen Litteratur ein fremdes Produkt, eine Übersetzung aus irgend einer skandinavischen Mundart, auch keinen Augenblick als möglich gelten lassen. Es ist dabei ziemlich gleichgültig, ob es sich um die von Ettmüller oder um die seiner Zeit von Thorkelin, gegenwärtig mit grossem Talent und grösserm Eifer von Sarrazin vertretene Ansicht, ob es sich um gautischen oder dänischen Ursprung des Beówulfs handelt. Der eine ist so wenig denkbar und lässt sich so wenig erweisen wie der andere.

Beginnen wir damit, die Gründe, die man für die m. E. irrige Ansicht geltend gemacht hat, einer kurzen Prüfung zu unterwerfen. Man gestatte mir, dieselben nach meiner Weise zu ordnen.

1. „Nach allem . . . . ., was wir wissen,“ sagt Sarrazin (Beitr. XI, 536), muss bei den ostgermanischen Stämmen die epische Dichtung besonders in Blüte gestanden haben. Wir wissen von gotischen, langobardischen, burgundischen, von dänischen, schwedischen, norwegischen Heldensagen und

Heldenliedern, oder können wenigstens ihr einstiges Vorhandensein erschliessen; aber wir wissen so gut wie nichts von einheimischer epischer Dichtung bei den Alemannen, Schwaben, Franken, Sachsen, Friesen". Dass Sarrazin die Langobarden zu den Ostgermanen rechnet, war mir sehr interessant zu erfahren. Noch interessanter, dass er so gut wie nichts von einheimischer epischer Dichtung bei den Franken weiss. Mir scheint aus der Geschichte des deutschen und noch mehr des französischen Epos, das sich der neueren Forschung immer mehr als ein in seinem Kern fränkisches Epos entpuppt, hervorzugehen, dass die Franken an epischer Begabung keinem der germanischen Stämme nachstanden, vielleicht sie alle übertrafen. Keine vorgefasste Meinung über westgermanisches Unvermögen wird uns also zu bestimmen brauchen, die durchaus eigentümlich geartete Epik, die wir bei den Angelsachsen antreffen, für ein im Grunde ostgermanisches Produkt zu halten — um so weniger, da der einzige ostgermanische Stamm, der hier in Betracht kommt, der skandinavische, in seiner Epik gerade die Eigenschaften, welche die altenglische auszeichnen, vermissen lässt.

2. Die Skandinavismen, die nach Sarrazin (Beitr. XI, 173 ff. 181 ff. 528 ff.) im Beówulf vorkommen sollen. Über diesen Gegenstand hat Sievers (Beitr. XI, 354 ff; XII, 168 ff. vgl. noch Gallée a. a. O. S. 561 ff.) so gründlich gehandelt, dass ich ihn wohl als abgethan betrachten darf. Einen Punkt jedoch, den er nicht besonders berücksichtigt, möchte ich noch besprechen, da dies zur Beleuchtung der Sarrazin eigenthümlichen Methode dienen wird. Lichtenheld (Haupts Zs. XVI, 325 ff.) hat gezeigt, dass die Verwendung des schwachen Adjektivs neben dem Substantiv ohne hinzutretenden Artikel im Beówulf häufiger ist, und der bestimmte Artikel ohne demonstrative Kraft hier überhaupt seltener vorkommt als in den meisten übrigen Denkmälern der altenglischen Poesie, und in dieser Erscheinung mit Recht ein Zeichen höherer Altertümlichkeit der Sprache erblickt. Sarrazin äussert sich nun Beitr. XI, 177 f. über „die Auslassung des bestimmten Artikels". Er bemerkt, dass in der ältesten ags. Prosa der bestimmte Artikel ganz gewöhnlich angewendet

werde,[1] und fährt dann fort: „Da nun die sämtlichen poetischen Denkmäler in der vorliegenden Form sicher jünger sind als die ältesten prosaischen, muss es mit dem Fehlen des Artikels eine besondere Bewandtnis haben. Es ist eben charakteristisch für den poetischen Stil (ähnlich wie im geringeren Grade auch im Deutschen). Wenn wir nun bedenken, dass der Stil der Eddalieder einen bestimmten Artikel noch fast gar nicht kennt, so können wir auch hierin Einfluss des altnordischen Stils sehen; und wenn gerade im Beówulf das Demonstrativpronomen die Funktion des best. Artikels noch fast gar nicht hat, wie Lichtenheld nachgewiesen, so ist auch dies wieder ein Zeichen, dass hier jener Einfluss besonders stark war". Soll ich hierauf die Antwort geben, die jeder Leser bereits auf der Zunge hat? In Gottes Namen. Es ist a priori gewiss, dass die englische Sprache — ebenso wie jede andere germanische und auch jede nichtgermanische, welche sich aus dem Demonstrativpronomen einen bestimmten Artikel gebildet, — in der ältesten Zeit das Demonstrativ eben nur als Demonstrativ und nicht als Artikel verwendet hat. Ferner lässt sich im weitesten Umfang beobachten, dass die Sprache der Poesie, weil traditioneller, archaischer ist als die der Prosa, so dass wir a priori berechtigt sind, in einem altenglischen Prosatext häufigeren Gebrauch des Artikels zu erwarten als in einem gleichzeitigen poetischen Denkmal; auf jedem Gebiet für sich genommen aber wird bis zu einem gewissen Zeitpunkt jener Gebrauch mit dem jüngeren Alter zunehmen. Wenn daher Sarrazin die grössere Seltenheit des bestimmten Artikels in der altenglischen Poesie im Verhältnis zur Prosa auf skandinavischen Einfluss und das Minimum des Gebrauchs im Beówulf auf ein Maximum von skandinavischem Einfluss zurückführt, so ist dies ein Akt wissenschaftlicher Willkür, wie sie grösser kaum gedacht werden kann. Aus dem Umstand aber, dass die Denkmäler alt-

---

[1] Dass diese Behauptung cum grano salis zu nehmen sei, ersieht man aus Henry Philipsen, Über Wesen und Gebrauch des bestimmten Artikels in der Prosa König Alfreds, Greifswald 1887.

englischer Poesie, mit geringfügigen Ausnahmen, uns in jüngeren Handschriften überliefert sind als einige der älteren Prosatexte, folgt mit nichten, dass das höhere Alter mancher Dichtungen nicht dennoch aus ihrem Sprachgebrauch, u. a. auch aus ihrer Syntax ersichtlich wäre. Und wenn die Abschreiber altenglischer Gedichte deren Syntax in ihren Archaismen nicht respektierten, warum hätten sie dieselbe in ihren Skandinavismen respektiert?

3. Die dem Beówulfepos zu Grunde liegende strophische Form. Sarrazin (Beitr. XI, 172) acceptiert nämlich Möllers Theorie von den vierzeiligen Strophen, wenigstens im Prinzip, für den Beówulf, während er dessen „Versuche, auch in anderen altenglischen Dichtungen die Strophenform nachzuweisen, ... als misslungen betrachtet.“ Er hält diese Form, die der westgermanischen Epik überhaupt fremd gewesen zu sein scheine, im Beówulf für etwas „durchaus unvolkstümliches“ und meint, sie „könnte sehr wohl als Argument“ für den skandinavischen Ursprung jenes Epos „geltend gemacht werden“. Sarrazin hat offenbar Heinzels Zusammenstellungen (Anz. f. D. A. X, 216 f.) nicht beachtet, aus denen sich ergiebt, dass der Beówulf in betreff der strophischen Gliederung durchaus keine exceptionelle Stellung beanspruchen kann. Auf den Gegenstand selber brauchen wir nach den im vorigen Kapitel gegebenen Ausführungen nicht weiter einzugehen.

4. Die Schilderung der Örtlichkeit im Beówulf, welche den Schauplatz des Kampfes mit Grendel und seiner Mutter bildet. Sarrazin erblickt zwischen dieser und der thatsächlichen Beschaffenheit der vorauszusetzenden Lokalität, wie sie sich noch heute den Besuchern des Dorfs Lejre und seiner Umgebung — auf der Insel Seeland — darbiete (Beitr. XI, 167 ff.), eine so genaue Übereinstimmung, dass er eine Autopsie seitens des Beówulfdichters mit Notwendigkeit voraussetzen zu müssen glaubt. Ich kenne die betreffende Lokalität nur aus Beschreibungen; die Schilderung im Beówulf aber scheint mir so allgemein gehalten, dass sie auf eine Reihe anderer Örtlichkeiten eben so gut passen würde.

Daher es denn auch nicht zu verwundern ist, dass Haigh[1] (The Anglo-Saxon Sagas S. 20 ff.) ihr Ebenbild auf nordhumbrischem Boden zu finden glaubte, und Rönning (Beovulfskvadet S. 107) nicht ungeneigt scheint, sich ihm anzuschliessen. Es unterliegt keinem Zweifel, dass Sarrazin gewisse Angaben im Gedicht auf eine durchaus unzulässige Weise interpretiert und urgiert hat. So fällt z. B. was er (S. 169 f. Anm. 2) nach Hornburgs Vorgang (Die Kompos. des Beów. S. 22) über den Weg vom Grendelsee nach Hrôđgârs Burg und rückwärts bemerkt, einfach in sich zusammen. Dass Hrôđgâr auf dem Weg zum See zuerst gallopiert (1401), dann langsam reitet (1408 ff.), dann wieder gallopiert (1412), kann ich beim besten Willen nicht aus dem Text herauslesen. Denn einmal heisst *gengan* 1401. 1412 nicht gerade „gallopieren“, und zweitens ist der Umstand, dass die Schilderung des Wegs 1408 ff. nicht am Anfang und nicht am Schluss, sondern in der Mitte der Darstellung von Hrôđgârs Ritt steht, selbstverständlich und lässt sich daher zu irgendwelcher Schlussfolgerung auf die Beschaffenheit des Wegs nicht benutzen. Was aber den zweimaligen Wechsel von Reden oder Singen und Wettreiten in 853—917 betrifft, so haben wir S. 60 gesehen, auf welche Weise diese Wiederholung hervorgerufen worden ist. Sehr bezeichnend ist nun, dass obwohl die Schilderung des Schauplatzes im Beówulf sich im einzelnen recht verschieden deuten lässt, Sarrazin trotzdem eine vollkommene Übereinstimmung zwischen ihr und der Wirklichkeit selber nicht einmal herauszufinden vermag, sondern sich (S. 167 f.) genötigt sieht, „einige Übertreibungen, dass zum Beispiel von Klippen und Felsen die Rede ist, wo in Wirklichkeit nur Dünen und Sandhügel zu sehen sind, der dichterischen Phantasie . . . zu gute“ zu „halten“. Auf der einen Seite also die Phantasie des Dichters, auf der anderen, wie wir sahen, die Phantasie des Interpreten — welche Sicherheit des Glaubens bleibt uns da noch übrig? Rönning (a. a. O.) sieht

[1] Dass ich übrigens Haighs Bestreben, die Wurzeln der Beówulfsage auf dem Boden und in der Geschichte Englands nachzuweisen, für durchaus verfehlt halte, brauche ich kaum ausdrücklich zu bemerken.

in jenen felsigen Ufern, die nicht nur bei der Schilderung Seelands, sondern auch Gautlands figurieren, eine Nachwirkung entweder der gautischen oder der nordenglischen Wirklichkeit. Ich will Sarrazin soviel einräumen wie nur möglich; eine allgemeine Ähnlichkeit zwischen der von ihm geschilderten Lokalität und dem Schauplatz der beiden ersten Abenteuer im Beówulf erkenne ich gerne an. Dieselbe ist jedoch nicht von der Art, dass sie die Annahme eines dänischen Dichters erforderte oder auch nur sich damit vertrüge; ja auch ein gautischer Dichter, dem doch der Gegensatz zwischen den Küsten seines Vaterlandes und Seelands nicht wohl unbekannt sein konnte, würde beide schwerlich in gleicher Weise geschildert haben. Am leichtesten erklärt sich das Verhältnis, wenn man annimmt, dass englische Sänger noch von der alten Heimat ihres Volkes aus die berühmte dänische Königsburg[1] besuchten und was sie gesehen in Schilderungen wiedergaben, deren allgemeiner Eindruck, wenn auch im einzelnen nicht ungetrübt, in der englischen Epik haften blieb.

5. Die historischen Anknüpfungen im Beówulf, die Nationalität des oder auch der Helden. Wir berühren hier den wichtigsten Punkt; für die Mehrzahl derjenigen, welche dem Epos skandinavische Herkunft beilegen zu müssen glaubten, war zweifellos der Umstand massgebend, dass es uns in die skandinavische Welt einführt, einen skandinavischen Helden feiert.

Ettmüller[2] giebt für seine Annahme eines gautischen Originalbeówulfs keinen anderen Grund an als den, dass in alter Zeit jedes Volk bekanntlich nur seine eigenen Helden in Liedern gefeiert habe — ein Satz, der in dieser Allgemeinheit von der Geschichte des germanischen Epos schwerlich bestätigt wird. Im gegenwärtigen Fall gerät man

[1] Dass der Bau der Halle Heorot (nach Müllenhoffs treffender Annahme) die Gründung des Dänenreichs symbolisiert, schliesst natürlich eine vom dänischen Herrschersitz auf englische Fahrende thatsächlich ausgeübte Anziehungskraft in keiner Weise aus, sondern eher das Gegenteil.

[2] Ausgabe S. III: Unum quemque populum priscis temporibus suos tantummodo heroas carminibus celebrasse, omnes sciunt.

mit diesem Satz alsbald in die Enge. Denn, wenn auch ihr eigentlicher Held dem Gautenvolk angehört, so erscheint die Dichtung als Ganzes genommen doch noch besser unter den Dänen als unter den Gauten heimisch, und auch dänische Helden, so gleich zu Anfang die Scyldinge, werden darin gepriesen. Vergleichen wir aber, wie wir doch wohl müssen, die einzelnen Bestandteile des Beówulfs in dieser Rücksicht mit einander, so finden wir solche, welche nur von gautischen (und natürlich schwedischen) Verhältnissen, von dänischen aber gar keine Kunde verraten, andere, die von den Gauten nur allgemeines und oberflächliches wissen, dagegen auf das genaueste über die dänischen Dinge unterrichtet sind, und wieder andere, denen beide Gebiete, genauer aber doch wohl das dänische, vertraut sind. Dabei zeigt sich, dass diejenigen Teile, die wir ihrem Inhalt nach als speciell gautisch bezeichnen können, uns die gautische Welt nicht so lebendig vergegenwärtigen, wie andere Partien uns die dänische hinstellen.

Die dem Anhänger des Ettmüllerschen Satzes hier entgegentretende Schwierigkeit, welche nur durch die phantastische Annahme eines den Beówulfdichtern wie der Geschichte gleich unbekannten dänisch-gautischen Reiches sich heben liesse, ist in neuester Zeit zumal von Ebert (Litt. des Mittelalters III, 35 ff.) gewürdigt worden, dessen Ansicht von der Entstehung des Epos im übrigen der von Rönning (Beóvulfskvadet S. 77 ff. 107) vorgetragenen nahe steht. Beide nehmen als Grundlage des Beówulfs gautische[1] volkstümliche Dichtung an, Ebert eine Prosaerzählung, Rönning epische Lieder; beide denken sich diese von einem englischen Kunstdichter bearbeitet, den Rönning als Geistlichen (S. 62) und Nordhumbrier (S. 91) qualifiziert, während Ebert von ihm sagt, er zeige „ritterliche Gesinnung, höfische Erziehung und klerikale Bildung". Während aber Rönning der Frage, was von dem Beówulftext eigentlich diesem Poeten und was seinen Quellen gehöre, gar nicht näher tritt, nimmt Ebert wenigstens einen

[1] Ebert a. a. O. sagt konsequenterweise „Gothe" und „gothisch", statt „Gaute" und „gautisch"; aus welchem Grund oder zu welchem Zweck, ist mir unklar geblieben.

Anlauf, sie zu beantworten, und zwar grade mit Rücksicht auf die eben angedeutete Schwierigkeit. Er unterscheidet in unserm Epos drei Teile, deren mittlerer dem zweiten plus dem dritten Abenteuer entspricht. Der erste und der dritte Teil beruhen ihm zufolge auf gautischer Grundlage, der zweite auf selbständiger Erweiterung durch den englischen Epiker, als dessen Eigentum er alle jene Partien zu fassen scheint, welche zur Verherrlichung der Dänen und zur Vermittlung einer genaueren Kunde von dänischen Dingen gereichen. Wie Ebert das ganz sonderbare und ungleiche Verfahren seines ritterlich-höfisch-klerikalen Kunstdichters samt allen Unebenheiten und Widersprüchen seines Werkes zu erklären gedenkt, wenn ihm einmal der Gedanke kommt, solches erklären zu wollen, ist seine Sache. Wir fragen hier nur, was durch seine Annahme im Hinblick auf konsequente Anwendung des Ettmüllerschen Satzes gewonnen wird, und da lautet die Antwort: nichts, gar nichts. Wenn ein englischer Dichter sich dermassen für dänische Dinge interessieren konnte, dass er bei selbständiger, nicht etwa aus einheimischer Volkssage schöpfender, Bearbeitung gautischer Lieder die Dänen so in den Vordergrund stellte, ohne je der eigenen Nation zu erwähnen, warum hätte nicht derselbe oder andere Dichter seines Volkes sich für gautische Dinge ebenso selbständig interessieren können? Wenn uns das Lob der dänischen Volkskönige aus englischem Mund nicht überrascht, warum hätte derselbe Mund nicht aus eigener Initiative einen gautischen Helden feiern sollen? Wer daher konsequent sein will, muss entweder dem Ettmüllerschen Satz nur eine beschränkte und für den gegenwärtigen Fall nicht massgebende Bedeutung einräumen, oder er muss weiter gehen als Ettmüller, Rönning, Ebert, und annehmen, gautische Lieder von Beówulf seien von einem dänischen Dichter bearbeitet, und das so entstandene dänische Epos darnach ins Englische übertragen worden. Es ist sehr möglich, dass Sarrazin, der, vom englischen ausgehend, bis jetzt erst beim dänischen Epos angelangt ist, wenn er seine Forschungen auf das Drachenlied ausdehnt, auch zu den gautischen Quellen vordringt. Inzwischen hat er die dänische Herkunft, welche er zunächst nur für das erste und zweite Abenteuer, also für die Grendeldichtung im weiteren Sinne, nachzuweisen versucht hatte (Beitr. XI, 181; Anglia IX, 199), unter der Hand als für „das Beówulfepos" schlechtweg (Anglia IX, 531) erwiesen betrachten lernen.

Bei ruhiger Überlegung aber wird man in der fremden Nationalität des Helden um so weniger einen Grund erblicken, den englischen Ursprung des Beówulfs anzuzweifeln, als die dem Helden beigelegten Thaten im wesentlichen mythischer Natur sind, es also für die Produktion der Sage und weiterhin des Epos nur darauf ankam, dass der dichtende Volksgeist einen Antrieb erhielt, der ihn veranlasste, alte mythische Vorstellungen auf eine bestimmte historische Persönlichkeit zu übertragen und an bestimmte Orte zu knüpfen. Hiermit war der Gegenstand der Dichtung gegeben, der nun an die Ausführung ganz bestimmte Anforderungen stellte. Dass die meisten der im Beówulf berührten Überlieferungen einerseits die Gauten, andrerseits die Dänen betreffen, liegt in der Natur der Sache, und die Vertrautheit mit diesen Überlieferungen erklärt sich aus der alten Weltstellung der englischen Stämme.

Es fehlt aber auch nicht an anderen Sagen, die mitgeteilt oder doch in Erinnerung gebracht werden, wie die von Sigemund, von Hâma und dem *Brîsinga mene*, von Finn, endlich die anglischen von Offa und Eómǣr. Wenn die Episode von þrŷðo und Offa im Beówulf auf späterem Zusatz beruht, so gilt dasselbe von den übrigen erwähnten und noch manchen anderen Episoden des Epos ebensogut.

Ein wichtiges Argument, das zumal in neuerer Zeit für den skandinavischen Ursprung des Beówulfs geltend gemacht wird, lassen wir fürs erste unberührt, da es bald in einem anderen Zusammenhang uns beschäftigen wird: die Übereinstimmungen zwischen der Beówulfsage und dänischen oder nordischen Überlieferungen. Geben wir zunächst die Gründe an, weshalb die Annahme, das Beówulfepos sei die Übersetzung oder auch Bearbeitung eines dänischen oder gautischen Originals uns unhaltbar erscheint. Wir haben hierbei in erster Linie die weitergehenden und, wenn ich so sagen darf, roheren Ansichten von Ettmüller oder Sarrazin im Sinn; doch auch die etwas behutsamere und zartere Auffassung von Rönning wird, wie gezeigt werden soll, durch unsre Argumente ebensogut wie jene getroffen.

Skandinavischer Ursprung des Beówulfs ist vor allem deswegen undenkbar, weil diejenigen Eigenschaften, durch die das Epos, durch die zumal der Kern der Grendeldichtung (A') auf dem Gebiet der alten germanischen Epik hervorragt: der ruhige Ton der Erzählung, das Behagen und die Klarheit, womit der breite Hintergrund der Handlung zur Anschauung gebracht wird, weil mit éinem Wort der grosse epische Stil in der altskandinavischen Poesie selber nicht gefunden wird. Dieser epische Stil aber war nur bei einer Kulturentwicklung möglich, die einen für jene Zeit hohen Grad von Milde und Verfeinerung der Sitten im Gefolge hatte, kurz einen gesellschaftlichen Zustand, wie wir ihn für das siebente und achte Jahrhundert bei keinem anderen germanischen Stamm ausser dem englischen, am allerwenigsten aber bei den Skandinaviern voraussetzen dürfen.[1] Man vergegenwärtige sich doch nur den Verkehr zwischen Beówulf und dem Dänenkönig seinem ganzen Verlaufe nach, um die Überzeugung zu gewinnen, dass hier eine Humanität sich äussert, von der die ältere Dichtung anderer germanischer und ebenso der romanischen Völker kein Beispiel bietet.

---

[1] Ich verweise für das obige auf die trefflichen Ausführungen von Heinzel (Über den Stil der altgermanischen Poesie S. 25 ff. 32 ff.), der nur darin irrt, dass er jene Humanität und Gefühlsweichheit der Angelsachsen sowie die durch sie bedingten „hervorstechenden poetischen Eigenschaften" „der Beówulflieder" (S. 38) zu einseitig vom Christentum herleitet. Heinzel sagt selber: „Nicht jedes Christentum braucht die Gemüter zu erweichen." Es waren aber gewiss nicht bloss die besonderen Bedingungen, unter denen die Bekehrung vor sich ging, welche dem altenglischen Christentum sein besonderes Gepräge verliehen, — ausser insofern diese Bedingungen auch in der Art und Sitte des Volkes selbst lagen. Wenn das Christentum bei keinem germanischen Volk „so früh und so tief Wurzeln geschlagen" hatte wie bei diesem, so lag dies vor allem daran, dass die anderen germanischen Völker zu seiner Aufnahme weniger vorbereitet waren. Vgl. übrigens meine Litteraturgesch. I, 10. — Eine eingehende Vergleichung des bildlichen Ausdrucks im Beówulf und in der Edda hat A. Hoffmann (Englische Studien VI, 163—215) geliefert.

Hierzu kommt die diskrete Behandlung der religiösen Dinge, von der schon oben (S. 20 f.) die Rede war; und wer genauer zusieht, wird finden, dass die berührten Eigenschaften alle auf das innigste zusammenhängen. Die Annahme, dass es dem englischen Bearbeiter einer skandinavischen Dichtung gelungen wäre, das heidnische Element darin mit so sicherer und zugleich so zarter Hand zu tilgen, ohne ein aufdringliches Christentum an die Stelle zu setzen,[1] dass es ihm gelungen wäre, die Wildheit der skandinavischen Sitten so glücklich zu mildern, ja in ihr Gegenteil zu verkehren, und in enger Verbindung damit die vielleicht tief poetische, aber in ihrem Bilderreichtum leidenschaftlich abgerissene Darstellung des Originals nicht bloss im einzelnen nüchterner, klarer, sondern zugleich im grossen, in der Anlage des Ganzen reicher und kunstvoller zu gestalten, kurz die fremde Darstellung mit dem gesättigten Ton des Epos zu durchdringen, — solche Annahme setzt einen Vorgang voraus, der ohne Beispiel in der Weltgeschichte wäre.

Und wozu diese unerhörte Annahme? Was wird durch sie erklärt, welche Schwierigkeit gelöst? Gar keine, gar nichts! Denn das, was man anzuerkennen sich sträubt, was man durch die unmögliche Hypothese gern aus der Welt schaffen möchte, bleibt nach wie vor bestehen: dass nämlich die Angelsachsen von fremden Helden und den Interessen fremder Stämme gesagt und gesungen haben, als wären es ihre eigenen gewesen.

Wie die Hypothese vorhandene Schwierigkeiten ungelöst lässt, so ruft sie — abgesehen von dem inneren Widerspruch, an dem sie leidet — neue Schwierigkeiten hervor. Wir wissen für die Zeit, die aus bekannten Gründen hier allein in Betracht kommen könnte, für das siebente und achte Jahrhundert bis zum Beginne der dänischen Plünderzüge,[2]

---

[1] Von einzelnen unter den jüngeren Erweiterungen und gar von den Zusätzen geistlicher Interpolatoren ist hier natürlich nicht die Rede.

[2] Da die englischen Bearbeiter eines heidnisch-skandinavischen Beówulfs notwendig Christen und zugleich den Dänen freundlich gesinnt sein mussten (vgl. das diesem Volk gleich zu Anfang des Epos gespendete Lob), so ist weder an die vorchristliche noch an die Zeit der Wikinger Züge zu denken.

nichts von einem Verkehr zwischen englischen und skandinavischen Stämmen und können uns schwerlich einen Verkehr von der Art denken, wie ihn ein Austausch litterarischer Produkte voraussetzen würde.[1]

Endlich — um hiermit zu dem im Anfang dieses Kapitels gesagten zurückzukehren — lehrt uns die Kritik des Beówulfepos, indem sie den engsten Zusammenhang zwischen Form und Inhalt der Überlieferung aufdeckt, dass es sich in derjenigen Sprache, auf demjenigen Boden entwickelt hat, wo es sich uns darbietet.

Wenden wir uns nun zu der Ansicht von Rönning, so bleibt die Möglichkeit, dass dem Beówulf skandinavische Lieder zu Grunde liegen einstweilen noch bestehen; aber nur unter der Bedingung, dass diese Lieder, die dann noch vor ihrer Besiedlung Britanniens zu den Angelsachsen gekommen sein müssten, ganz und gar Eigentum dieses Volkes geworden und von dem Prozess der epischen Entwicklung, die bei ihm stattfand, völlig verzehrt worden und in die neuen Formen ganz und gar aufgegangen wären. Es würde dies also wesentlich nur auf skandinavischen Ursprung der Beówulf*sage* hinauskommen. Nun ist aber solcher einmal an sich unwahrscheinlich, und ferner wird sich zeigen, dass die skandinavischen Lieder, welche thatsächlich und bis zu einem gewissen Grad nachweisbar in den Beówulf verarbeitet wurden,

[1] Ettmüller (Ausgabe S. IV) erzählt von einer gautisch-dänischen Einwanderung in Nordhumbrien, die sich im siebenten Jahrhundert auf friedliche Weise vollzogen haben soll. Dieselbe ist jedoch leider der englischen Geschichtschreibung ganz unbekannt, und was Ettmüller aus sagenhaften nordischen Quellen für seine Behauptung beibringt, klingt gar nicht besonders friedlich. Vgl. übrigens Lappenberg I, 287 und Dahlmann, Gesch. v. Dän. I, 17. — Sarrazin (Beitr. XI, 183) begnügt sich mit der Bemerkung: „Schon vor dem Beginn der dänischen Invasionen wird Verkehr der Angelsachsen mit den skandinavischen Völkerschaften bestanden haben. Die Übertragung der skandinavischen Sagen im Beówulfliede nach England ist allein schon ein genügendes Zeugnis dafür . . .“ Was der Beówulf an skandinavischen Sagen enthält, ist vor dem Abschluss der englischen Einwanderung in Britannien zu den Angeln gekommen, wie auch die Beówulfsage selber, obwohl nicht skandinavischen Ursprungs, vor jenem Moment sich zu bilden wenigstens begonnen haben muss. Hiervon wird später noch die Rede sein.

dem Kern des Epos fern stehen und, obwohl Eigentum des englischen Volks geworden, seit der Zeit ihrer Aufnahme keine nennenswerte Entwicklung durchgemacht zu haben scheinen.

Nicht nur das Epos, auch die Sage von Beówulf hat sich bei den englischen Stämmen gebildet. Wenigstens werden diejenigen sich kaum dieser Erkenntnis verschliessen können, welche Müllenhoffs Erklärung der Sage zustimmen.

Wie Müllenhoff[1] gezeigt hat, bildet die Grundlage der Beówulfsage der alte ingväonische Stammesmythus von Ing, dem aus der Ferne gekommenen Gott, der auch Freá (Freyr, Frô), „der Herr“ hiess. Aus altenglischen Urkunden und der Stammtafel der westsächsischen Könige ergiebt sich, dass dieser Mythus sich bei den englischen Stämmen lange lebendig erhielt, zumal insofern er Naturmythus war und an diejenige Hypostase des Gottes sich heftete, die durch den Heros Beáw oder Beówa repräsentiert wird. Zur epischen Sage wurde der Mythus, als die von Hygelâcs, des Gautenkönigs, grossem Beutezug nach dem Niederrhein und dessen tragischem Ausgang hervorgerufene Wirkung einen Dienstmann des Gautenkönigs, Beówulf, der sich auf jenem Zug und zumal auf dem Rückzug besonders ausgezeichnet hatte, zum Helden des Tages machte und ihn allmählich das Erbe des göttlichen Heros Beówa antreten liess. Jenes Ereignis ging, wie Müllenhoff in seinen Vorlesungen hervorhebt, gleichsam unter den Augen der noch in der alten Heimat lebenden Angelsachsen vor sich. Alle Elemente zur Sagenbildung waren ihnen somit zur Hand; was bedurften sie fremder Hülfe, ausser insofern sie ihre Kunde von gautischer und dänischer Geschichte und sonstiger Überlieferung natürlich von Gauten und Dänen borgen mussten?

Wenn die Beówulfsage skandinavischen Ursprungs war, wie kommt es denn, dass in keiner der verwandten skandinavischen Sagen der Held seinen echten Namen (*Bjólfr*[2] =

[1] Zs. VII, 410—419. 419—441; XII, 282 ff.; XXIII, 9 ff.

[2] Vgl. Müllenhoff, Zs. XII, 284 sowie Bugge, Tidskr. f. Phil. VIII, 287 ff.

Beówulf) trägt? Und vor allem: wie kommt es, dass die skandinavische Überlieferung, wie Müllenhoff hervorhebt, keine Erinnerung bewahrt an jenen Gautenzug nach dem Niederrhein, welcher den Anstoss zur Bildung der Beówulfsage gab?

Von den verwandten nordischen Sagen sind diejenigen, welche am meisten Übereinstimmung mit der Überlieferung von Beówulf zeigen, aller Wahrscheinlichkeit nach auf englischen Ursprung zurückzuführen. Auch Bugge ist dieser Ansicht. Sowohl die Erzählung von dem Wettschwimmen Egils in der isländischen *Egils saga ok Ásmundar* wie die den Kampf mit Grendel und Grendels Mutter reproduzierenden Partien in der isländischen *Grettis saga* oder der weit verbreiteten Sage von Orm Stórólfsson ist er geneigt von nordenglischer Überlieferung herzuleiten (Beitr. XII, 54. 58. 65). In anderen Fällen ist die beobachtete Ähnlichkeit zu allgemeiner Art, um darauf die Annahme einer thatsächlichen Verwandtschaft zwischen skandinavischer und englischer Dichtung mit einiger Sicherheit zu gründen (vgl. Bugge, Beitr. XII, 360 f.); oder es handelt sich um Nachwirkung des ingväonischen Göttermythus, der ja bekanntlich bei den Skandinaviern weite Verbreitung fand.

Eine Ausnahme scheint die Sage von Bǫđvarr Bjarki (bei Saxo, ed. Holder S. 56 ff., *Biarco*) zu machen. Auf Bjarki sollen nach Bugges Annahme (a. a. O. S. 56) Züge übertragen sein, „welche früher in einer dänischen, der englischen Beówulfsage zu Grunde liegenden Überlieferung von einem dem ags. Beówulf entsprechenden Helden erzählt wurden". Und Müllenhoff bemerkt in seinen Vorlesungen, es könne nicht ohne eine gewisse Wahrscheinlichkeit behauptet werden, dass der ags. Mythus von Beówulfs Kampf mit Grendel und seiner Mutter nur an die Stelle der dänischen Sage von einem Kampf Bjarkis mit einem gefährlichen Ungeheuer in der Nähe von Hleiđra getreten sei. Aber weiterhin macht er mit Recht auf den Unterschied zwischen dem Bericht Saxos, der ja eigentlich gar keine Ähnlichkeit mit der Beówulfsage hat, und dem der sehr jungen Hrólfssaga (vgl. auch Vigfusson, C. P. B. I, 188) aufmerksam. Letztere strebe überhaupt nach einer hochromantischen, abenteuerlichen Darstellung und nach Wunderbarem. Das mache es schon unsicher und wenig wahrscheinlich, dass wir hier eine uralte, dänische Sage wirklich vor uns hätten, und dass diese jemals eine ähnliche Bedeutung für Hleiđra gehabt, wie der Kampf Beówulfs mit Grendel für Heorot. Nehme man dies aber trotzdem an, so bleibe die Übertragung auf den Gauten Beówulf unbegreiflich, denn diese müsse aus dem unmittelbaren Interesse der Angelsachsen für den Helden hervorgegangen sein.

Vergleichen wir zunächst Bjarkis Abenteuer nach Saxos Erzählung mit Beówulfs Grendelkampf, so ist zwischen beiden so viel Verschiedenheit, wie man von zwei Heldenstücken nur verlangen kann. Bjarkis Abenteuer ist ein zufälliges, Beówulfs ein gesuchtes und feierlich vorbereitetes. Jener befindet sich im Wald auf der Jagd, dieser in der Königshalle, die seiner Hut anvertraut ist, oder aber er steigt (nach einer anderen Version der Sage) auf den Grund eines Sees hinab. Beówulf besiegt den gefürchteten Meer- oder Sumpfriesen Grendel, Bjarki erlegt einen ungeheueren Bären[1] (*ursum ... eximie magnitudinis*, Saxo, ed. Holder S. 56), von dem weder er noch wir vorher etwas erfahren haben. Beówulf bedient sich im Kampf der blossen Faust, Bjarki eines Wurfspiesses. Beówulf befindet sich entweder allein (X) oder in Begleitung seiner Gefolgsmänner (A′), die jedoch nur die Staffage für sein Auftreten bilden, Bjarki ist in Begleitung seines Gesellen Hjalti. Der Grendelkampf ist um seiner selbst willen da; der Bär dagegen wird, wie es scheint, nur zu dem Zweck erlegt, damit Hjalti auf die Aufforderung seines Gefährten das Blut des Tieres trinken und so sich Heldenkraft erwerben könne.

Grössere, wenn auch immer nur eine allgemeine, Ähnlichkeit zeigt sich zwischen Beówulf und dem Bǫđvarr Bjarki

---

[1] Prof. Skeat würde freilich in diesem Zug eine Übereinstimmung erblicken. Seine Deutung des Grendelmythus (Journal of Philology XV, 121 ff.) ist nämlich ebenso einfach wie eigentümlich. Grendel ist ihm — ein Bär, seine Mutter folglich eine Bärin, Beówulf aber eben ein Mann, der einmal zwei ungeheuere Bären erschlug und — darüber zum Helden der epischen Sage wurde.

der Hrólfssaga (s. zumal Kap. 34—36, Fornald. I, 65—72). Doch dürfte zweierlei an der Darstellung der Sage besonders zu beachten sein. Einmal, dass Bǫđvars Abenteuer hier schliesslich dieselbe Pointe hat wie bei Saxo. Ist dieser Zug alt und für das Ganze bedeutsam, während er der Beówulfsage fremd ist, ja hier ganz unmöglich wäre, so zeigt sich, meine ich, die Unabhängigkeit der englischen Sage von der dänischen deutlich genug.[1] Ist er aber unwesentlich und jüngeren Ursprungs, woher bei aller sonstiger Verschiedenheit diese Übereinstimmung zwischen Saxo und der Hrólfssaga? — Zweitens zeigt „die nordische Sage von dem Kampfe Bǫđvars", wie Bugge (Beitr. XII, 56) richtig hervorhebt, nicht nur Ähnlichkeit mit dem Grendelkampf, sondern „daneben auch Berührungen mit der Erzählung von dem Drachenkampf Beówulfs". Genauer liesse sich sagen: Erscheinung und Gebaren des von Bjarki erlegten Ungeheuers und ebenso der Kampf selber erinnern mehr an den Drachen und den Drachenkampf; Schauplatz, Beiwerk und Einleitung mehr an das Grendelabenteuer. Sollen wir nun diese Gestalt der Sage für die ursprüngliche, die klare und schöne Auffassung des Beówulfs aber für daraus abgeleitet halten? Das wird wol kein Mensch im Ernste uns zumuten. Oder sollen wir annehmen, die dänische Bjarkisage habe nur den Anstoss gegeben zur Übertragung des Beówamythus auf Beówulf, zur Anknüpfung desselben an die dänische Königsresidenz? Aber solcher Anstoss war für jene Übertragung recht überflüssig und für diese Anknüpfung eher hinderlich als förderlich; denn wie leicht hätte die dänische Überlieferung dazu verführen können, statt des Grendelkampfs das Drachenabenteuer oder auch beide Handlungen auf Seeland zu lokalisieren! Auf jeden Fall also müssten wir — und das wollen auch die Anhänger der Theorie, die wir bekämpfen, — hinter der in der Hrólfssaga gegebenen Erzählung von Bjarki eine ältere, von ihr verschiedene, dem Beówulf näher stehende Überlieferung uns denken. Nun dürfte es aber sehr schwer halten, eine Sagen-

[1] Auf die mythologischen Streifzüge Sarrazins (Anglia IX, 201 ff.) glaube ich mich hier nicht einlassen zu sollen.

form zu konstruieren, von der sich die drei Überlieferungen, die durch den Beówulf, Saxo und die Hrólfssaga vertretene, befriedigend ableiten liessen, und noch schwerer dürfte es sein, bei solcher Ableitung dem der Beówulfsage zu Grunde liegenden Mythus sein Recht widerfahren zu lassen. Da wäre es doch viel einfacher und methodischer, zu einer anderen Annahme zu greifen. Warum sollte die dänische Überlieferung von Bjaṛki nicht von der englischen Beówulfsage beeinflusst worden sein, und das Resultat dieser Einwirkung uns in der Hrólfssaga vorliegen?

Die Ursprünglichkeit der Beówulfdichtung in ihrem wesentlichen Kern scheint mir am deutlichsten hervorzutreten, wenn wir diejenigen Partien derselben, welche wirklich auf fremden Ursprung zurückgehen, neben jenen Kern halten.

Bekanntlich sind in dem überlieferten Text eine Reihe von Liedern benutzt, die einmal vor oder neben dem Epos selbständig existierten. Zum Teil haben sie eine direkte Beziehung zur Beówulfsage, ohne jedoch die Teile der Sage zu betreffen, die von der epischen Entwicklung zuerst und vorzugsweise ergriffen wurden, zum Teil haben sie zu ihr nur eine entferntere, zum Teil gar keine als die allgemeinste Beziehung. Ebenso wird die Art ihrer Benutzung durch die Beówulfdichter eine sehr verschiedene gewesen sein. Diese können sie wörtlich in ihren Vortrag aufgenommen, sie können sie nur dem Inhalt nach benutzt, sie können sie teilweise resümiert, teilweise in extenso mitgeteilt haben. Ja die allerwichtigste Art ihrer Verwertung mag diejenige gewesen sein, welche die ältesten Beówulfdichter vorgenommen haben und die wir gar nicht nachzuweisen vermögen, — wie überhaupt auch in litterarischer Zeit, auch da wo die Quellen vorliegen, die eigentlich produktiven Einwirkungen am schwierigsten zu erkennen sind.

Es unterliegt keinem Zweifel, dass Möller zu weit geht, wenn er aus den sogenannten Episoden des Beówulfs regelmässig selbständige Lieder herstellen will, also überall wörtliche Benutzung der Quellen annimmt; vgl. auch Heinzel, Anz. f. D. A. X, 225. Die Frage lässt sich nicht nebenher zum Austrag bringen, sondern erfordert eine selbständige Untersuchung. Nur möchte ich hier darauf hinweisen, dass es nicht ganz an Kriterien fehlt, die uns im einzelnen Fall deren Beantwortung ermöglichen. Bruchstücke älterer Darstellungsform in jüngeren Teilen des Beówulfs, anschaulich detaillierte Erzählung in Partien, die bloss den Charakter von Abschweifungen haben, sind z. B. sichere Merkmale mehr oder minder wörtlicher Benutzung. Andrerseits wird das Vorherrschen einer trocken referierenden Form unter Umständen das Gegenteil, also eine möglichst freie Verwertung der dem Dichter vorschwebenden Lieder vermuten lassen. Freilich hat man sich hier überall gegenwärtig zu halten, dass wir nur mit relativen Grössen rechnen. Wenn das Epos überhaupt in Varianten sich fortpflanzt, so könnte man ja wohl namentlich solchen Sängern, die ihm neuen Stoff in alten Liedern zuführen, eine gewisse Selbständigkeit in der Behandlung derselben zutrauen. Dagegen ist wiederum geltend zu machen, dass die Beimischung fremden und nicht zur völligen Assimilation gelangenden Stoffes ein Zeichen abnehmender epischer Kraft bildet, und dass der Abstand in Ton und Vortrag, der zwischen jenen Einlagen und den verbindenden und überleitenden Partien bemerkbar zu sein pflegt, vielfach deutlich genug verrät, wo der spätere Sänger mehr oder weniger schöpferisch und wo er bloss reproduktiv war.

Beschränken wir uns für diesmal auf die Erwähnung zweier derartiger Episoden: die von den Heađobearden und die, welche die Schlacht am Rabenholze und den Tod Ongenþeows erzählt. Schwerlich wird ein urteilsfähiger Leser der Behauptung widersprechen, dass diejenigen, welche diese Partien der Beówulfdichtung an so unpassendem Ort einverleibten, nicht die eigentlichen Dichter derselben waren. Es kann vielmehr nicht wohl bezweifelt werden, dass V. 2032—2066 (vgl. oben S. 118) auf einem Lied vom Heađobardenkampf beruhen, welches sich allerdings nicht vollständig daraus herstellen lässt, da — auch abgesehen von Anfang und Schluss — manche Kürzungen und auch wohl formale Änderungen darin vorgekommen sein werden, welchem jedoch, zumal in der Rede des „alten Speerkämpfers“, 2047—2056, aber auch in der sich anschliessenden Partie manche Verse, ja ganze Stellen wörtlich entliehen sein werden. Ganz ähnlich verhält es sich mit dem Abschnitt 2923—2998 (vgl. oben S. 149), zumal aber mit den Versen 2928—2988, die deutlich ziemlich treue Benutzung eines Liedes verraten, welches Hygelâcs Sieg über die Schweden und Ongenþeows Tod zum Gegenstand gehabt zu haben scheint. —

Beide Lieder werden nun in letzter Instanz fremden, und zwar das eine dänischen, das andere gautischen Ursprungs gewesen sein; denn eine so lebendige Vergegenwärtigung von Begebenheiten, welche entweder geradezu als im wesentlichen geschichtlich bezeichnet werden müssen oder doch auf eine geschichtliche Grundlage zurückgehen, und welche dabei der eigentlichen Interessensphäre der Angelsachsen so fremd waren, werden wir uns kaum anders zu erklären vermögen als durch die Annahme, dass dieses Volk seine Kunde von denselben, die ihm natürlich von Dänen und Gauten zuging, bereits in der Form von Liedern erhielt. Dies ist denn auch schon von anderer Seite vermutet worden. In betreff der Heađobeardenepisode giebt Müllenhoff in seinen Vorlesungen eine vortreffliche Erläuterung der Sage, ihres historischen Kerns und der Veränderung, welche sie in der dänischen Überlieferung erfahren hat, und weist zugleich auf die Übereinstimmung in Einkleidung und Ausführung hin, welche trotzdem zwischen der Darstellung bei Saxo VI (ed. Holder S. 188 ff. insbesondere 201—213) und jenem Abschnitt des Beówulfs stattfindet.[1] Ist durch diese Sachlage dänischer Ursprung für das englische Heađobeardenlied erwiesen, so wird gautische Herkunft für das Lied von der Schlacht am Rabenholze, deren Notwendigkeit bei der Lektüre der betreffenden Beówulfepisode sich dem Gefühl fast noch unmittelbarer aufdrängt, um so zweifelloser. Wer sich nun nicht in ganz willkürlichen und ungerechtfertigten Voraussetzungen gefällt, wird die Epoche, wo diese Lieder sich mit englischem Gewand umkleideten, notwendig in

[1] Vgl. auch D. A. V, 315 ff.

dem vor dem Abschluss der Besiedlung Britanniens liegenden Zeitraum suchen.

An solchen Beispielen zeigt sich, wie lange derartige Lieder sich in ihrer englischen Gestalt erhielten, und zugleich, wie durchaus selbständig sie sich fortpflanzten, ohne an der Entwicklung des Beówulfepos teilzunehmen. Mochten auch schon die ältesten Beówulfsänger ihnen die Kenntnis der epischen Voraussetzungen entnehmen, so sind sie doch erst von den jüngsten in stärkerem Umfang für die epische Darstellung verwertet worden. In der Sage wie im Epos von Beówulf erhielt sich die eigentliche Handlung auf dem Boden des Mythus; sogar jener Gautenzug, auf dem Hygelâc fiel und Beówulf sich so auszeichnete, tritt nur episodisch auf. Die mächtigen Eindrücke, welche die Angeln zu Anfang des sechsten Jahrhunderts von historischen Ereignissen und den Überlieferungen benachbarter Völker erhielten, gaben ihnen also nur den Anstoss zu einer Erneuerung alteinheimischer Dichtung.

Zahlreiche Übereinstimmungen im einzelnen zwischen dem Beówulf und skandinavischer Dichtung hat Bugge in seinen „Studien“ (Beitr. XII, 1 ff. 360 ff.) nachgewiesen.

Der Nachweis ist höchst belehrend, wie alles was aus Bugges Feder kommt; aber die Folgerungen, welche der gelehrte Kritiker daraus zieht, halte ich in vielen Fällen für durchaus unberechtigt. Bugge scheint ganz zu übersehen, dass derartige Ähnlichkeiten in der Poesie überall vorkommen und, wo es sich um die Poesie verwandter, von uraltem gemeinschaftlichen Erbgut zehrender, dazu lange benachbarter Völker handelt, mit einer gewissen Notwendigkeit häufig sich einstellen müssen, ohne dass im gegebenen Fall ein engerer Zusammenhang zwischen den Darstellungen, in denen sie auftreten, anzunehmen wäre. Ähnlichkeit der Situation ruft Ähnlichkeit der Ausführung von selbst hervor. Wenn ein germanischer Gefolgsmann seine Gesellen anfeuerte, ihrem Herrn in der Not beizustehen, so konnte dies kaum anders geschehen als dadurch, dass er sie an die Milde ihres Herrn und an seine sonstigen vortrefflichen Eigenschaften sowie an ihre eigenen Versprechungen und Prahlreden erinnerte. Dadurch ist die Erwähnung von geschenkten Ringen, Helmen, Rüstungen, sowie von Zechgelagen, wobei die Versprechungen gemacht wurden, fast von selbst gegeben. Es muss in der germanischen Poesie eine Art Typus für die Fassung derartiger Reden gegeben haben, der trotz aller Variationen immer durchschimmerte. Die Folgerungen, welche Bugge (S. 45 ff.) aus den Übereinstimmungen zwischen der ersten Rede Wîglâfs (2633—2660) und den Worten Hjaltis bei Saxo II (ed. Holder S. 59 ff.) bzw. in der Hrólfssaga Kap. 49 zieht, scheinen mir daher wenig begründet. Ebenso verhält es sich mit der Ähnlichkeit zwischen dem Beówulf und der Sage von Orm Stórólfsson, auf die Bugge S. 61 aufmerksam macht. Wenn Beówulf im Kampfe mit Grendels Mutter nach 1541—1556 durch Gottes Hülfe aus der grössten Not, man sieht nicht recht wie, gerettet wird, Orm aber im Kampfe mit der Katze Gott und den heiligen Petrus anruft und dann gleichfalls wunderbare Hülfe erhält, so folgt daraus mit nichten, dass die Isländer die Beówulfsage in einer Gestalt kennen lernten, welche V. 1541—1556 ihrer Substanz nach in sich enthielt. Wie oft haben christliche Dichter bei der Darstellung derartiger Situationen auf ähnliche Weise mehr noch sich selber als ihre Helden aus der Verlegenheit gebracht. Beiläufig sei hier bemerkt, dass ich hier nicht pro domo rede, da mit meiner Theorie von der Entwicklung des Beówulfepos Bugges Annahme sich wohl vertragen würde. Aber auch Müllenhoffs Ansicht, wonach die Verse 1541—1556 seinem zweiten Interpolator gehören, würde der Annahme nicht direkt widersprechen; denn hätte dieser Interpolator nicht in zahllosen Fällen aus alter Überlieferung geschöpft? — Diese beiden Beispiele mögen statt vieler ausreichen. Doch sei noch hervorgehoben, was Bugge S. 69 über Beówulf V. 1519—1525, nachdem er drei Hexameter bei Saxo verglichen, bemerkt: „Ich vermute, dass die angeführten Verse des ags. Epos auf einem älteren, aus Dänemark überführten Liede beruhen, und dass solche Verse zu dem festen Apparat, welche die altdänische Epik in Kampfschilderungen benutzte, gehört haben.“ Hier ist also endlich von „festem Apparat“ die

Rede; aber warum soll nur die dänische Epik über solchen verfügt haben? warum nicht die englische? Und wenn der „feste Apparat“ der englischen Epik mit dem der dänischen in manchen Punkten verwandt ist, verlangt man wirklich, dass wir uns darüber wundern sollen? Sind doch von Immanuel Bekker zahlreiche Übereinstimmungen sogar zwischen dem Apparat des homerischen und des altfranzösischen Epos nachgewiesen worden.

ZWÖLFTES KAPITEL.

JÜTEN UND GAUTEN.

Auffallend bleibt es, dass in einem echt englischen Epos, das so viele Völkernamen enthält, die Namen der Angeln und Sachsen gar nicht vorkommen. Unerklärlich ist es jedoch keineswegs.

Zur Zeit, wo die Begebenheiten, welche den Anstoss zur Bildung der Beówulfsage gaben, sich ereigneten, d. h. im zweiten Decennium des sechsten Jahrhunderts, etwa um das Jahr 515, da war ein grosser Teil der englischen Stämme bereits nach Britannien ausgewandert. Von dem noch in den alten Wohnsitzen zurückgebliebenen Teil war die Mehrzahl, wenn man so sagen darf, bereits reisefertig. Sie hielt das Auge auf die neue Heimat im Westen gerichtet, fühlte sich der Welt, der sie bis dahin angehört hatte, schon halb entfremdet. Die Ereignisse, welche diese Welt gerade damals bewegten, forderten zwar ihre lebendigste Teilnahme heraus; allein dies war ein rein theoretisches, ein ästhetisches, kein praktisches Interesse. Unter solchen Umständen begann die Beówulfsage sich zu bilden. Der Held derselben gehörte einem Volke an, zu dem die Angeln keine engeren Beziehungen gehabt zu haben scheinen. Der Grendelmythus aber wurde an den Herrschersitz des Dänenreichs geknüpft. Diese Lokalisierung lag nahe genug. Wie Ing, wie seine Hypostase Sceáf (oder im Beówulfliede Scyld) aus unbekannter Ferne über das Meer in das Land kam, das ihm Ackerbau und staatliche Ordnung verdankte, ähnlich stellte gewiss auch der Beówamythus die Ankunft des Heros in der Gegend dar, wo er den Kampf mit Grendel bestand. Daher dachte auch die Beówulfsage sich den Schauplatz dieses Kampfes von dem Gautenland durch das Meer getrennt. Unmöglich konnte die Vorstellung sich bilden, dass Beówulfs Reise etwa das Land der Angeln zum Ziel gehabt hätte. Was aber lag näher, als an das Dänenreich zu denken? Man wusste von freundschaftlichen Beziehungen zwischen Gauten und Dänen; von der Macht des Inselreichs und der Herrlichkeit seines Königssitzes hatten sich ganz exorbitante Vorstellungen gebildet. Hier waren Motive genug gegeben zur Lokalisierung des Grendelmythus auf der Insel Seeland.[1] Vielleicht aber lassen sich noch andere Beweggründe wahrscheinlich machen. Es war den Angeln bekannt, dass die Dänen ihr Königsgeschlecht von Skjǫld oder Scyld abstammen liessen, und vielleicht trat dieser schon damals hin und wieder in der englischen Überlieferung an die Stelle, die eigentlich Sceáf gebührte.[2] In späterer Zeit dachte man sich

[1] Vgl. auch Müllenhoffs Vermutung über einen in dem Mythus vorkommenden *hornsele*, Zs. VII, 422.

[2] Möller S. 43 nimmt an, dass die Reihe der Hypostasen des Ing ursprünglich mit *Scyld Scêfing* begonnen habe, und dass erst nachträglich, in folge der Auffassung von *Scêfing* als Sohn des Sceáf, dieser letztere an die Spitze der Reihe getreten sei. Ich möchte jedoch den von ihm geltend gemachten — sehr beachtenswerten — Gründen folgendes entgegenhalten: 1. werden dem Scyld im Beówulfliede bei seiner Bestattung, die ja der Art seines Kommens entspricht (V. 43 ff.), zwar die Attribute des Königtums, nicht aber die des Ackerbaus beigegeben. Es fehlt die Garbe, der er seinen Namen *Scêfing* verdanken soll. Dies wäre eine sehr merkwürdige Lücke, wenn der Beówulf wirklich die ursprüngliche Gestalt des Mythus böte. Sehr begreiflich ist sie jedoch, wenn wir annehmen, dass es sich hier in der That um die zweite (das Königtum repräsentierende) Hypostase des Ing handelt, die ihr Mythengebiet auf Kosten der übrigen erweitert hat. Solche Erweiterung stellte sich mit Notwendigkeit ein, sobald man eine der Hypostasen zum Gegenstand besonderer und abgerundeter Darstellung machte, und lässt sich zumal in betreff Beówas oder des an seine Stelle getretenen Beówulf nachweisen, dessen lange glückliche Regierung z. B. doch zweifellos auf die vierte Hypostase, Tǣtwa, zu beziehen ist. 2. Wenn Ethelwerd, der Sceáf an die Spitze der Reihe stellt und — als erster unter den

auch die Erscheinung des Gottes Ing als den Dänen geworden (Runenlied 22), was freilich mit einer Verschiebung der lokalen Anschauung zusammenhängen wird, die zur Zeit der ersten Ausbildung der Beówulfsage noch nicht stattgefunden haben kann.

Hatte aber diese Sage von Anfang an einen Hintergrund, auf dem sich von germanischen Völkern hauptsächlich Dänen, Gauten und, durch letztere herangezogen, Schweden bewegten, spielten die Angeln und Sachsen selber auf diesem Schauplatz keine Rolle, so ist leicht begreiflich, dass sie später in ihrer neuen Heimat keine Veranlassung fanden, sich nachträglich in dieser Welt, die nun vollends eine ihrer eigenen Geschichte fremde geworden war, einen Platz zu schaffen, der doch nur ein sekundärer hätte sein können.

Alles dies setzt aber voraus, dass die für die Beówulfsage bedeutungsvollen historischen Ereignisse die Geschichte der englischen Stämme wenigstens nicht unmittelbar beeinflussten. Wollten wir mit neueren Forschern [1], welche ältere

---

englischen Chronisten — den Mythus von seiner wunderbaren Ankunft *in insula Oceani, quae dicitur Scani* (III, 3) berichtet, erst dem zehnten Jahrhundert angehört, so hat er doch jedesfalls eine ältere Quelle benutzt. Dieser Quelle aber waren die in den altenglischen Annalen z. J. 865 (bzw. 866) auftauchenden, aber nicht in die Genealogie gehörenden Namen *Heremôd, Itermon, Haðra, Hwala, Bedwig* (Coll. Tib. B. IV. *Beówi*) unbekannt; sie hatte also das ursprüngliche treuer bewahrt. Dass die Parker-HS der Annalen den Namen *Sceáf* auch in der Ableitung *Sceáfing* gar nicht bietet, beruht offenbar auf zufälliger Auslassung des Passus *Haðra Hwalaing, Hwala Bedwiging, Bedwig· Sceáfing*; ich mache zugleich auf die Korruptel *Hrawraing* statt *Haðraing* in der HS aufmerksam. Asser aber hat aus *Bedwig Sceáfing, id est filius Nôê, sê wæs geboren on þǣre earce Nôês* aus leicht begreiflichen Gründen: *Bedwig, qui fuit Sem, qui fuit Noe* gemacht. Aus der Beschaffenheit der englischen Überlieferung kann demnach, wie mir scheint, eine Stütze für Möllers Annahme nicht gewonnen werden.

[1] Pontus Fahlbeck (Antiqvarisk Tidskrift för Sverige VIII, Nr. 2, S. 26 ff.) hat die Identität der Gauten und Jüten mit grossem Scharfsinn zu beweisen gesucht, und Bugge (Beitr. XII, 1 ff.) ist seiner Ansicht beigetreten und hat einige neue Gründe für dieselbe geltend gemacht. Vgl. ferner Heinzel, Über die Hervararsaga (Wiener Sitzungsberichte 1887) S. 469 f. — Von älteren Forschern, welche derselben Meinung waren, sei insbesondere H. Leo erwähnt. Aber auch Müllen-

Anschauungen wieder zu Ehren zu bringen sich bemühen, die *Geátas* des Beówulfliedes mit den Jüten identifizieren, so würde die eben gegebene Erklärung sofort hinfällig. Die Frage, welches Volk unter jenen *Geátas* zu verstehen sei, kann also hier nicht umgangen werden. Sie lässt sich aber nicht wohl beantworten ohne vorhergängige Erledigung einer anderen Frage: Welcher Herkunft sind die englischen sogenannten Jüten? Tragen sie ihren Namen mit Recht oder mit Unrecht? Sind sie von der Nordspitze der kimbrischen Halbinsel nach Britannien ausgewandert oder woher sonst?

Die einzige alte und unzweideutige Nachricht gewährt die klassische Stelle in Bedas Kirchengeschichte I, 15: „De Iutarum origine sunt Cantuarii et Victuarii, hoc est ea gens, quae Vectam tenet insulam et ea, quae usque hodie in prouincia Occidentalium Saxonum Iutarum natio nominatur, posita contra ipsam insulam Vectam.“ Hiernach wurde Kent, die Insel Wight und ein dieser gegenüberliegender Küstenstrich in Westsachsen von einem und demselben Stamme bevölkert, der in dem zuletzt genannten Gebiet noch zu Bedas Zeit den Namen *Iutae* führte. Dass Beda sich als die alte Heimat dieses Stammes das spätere Jütland denkt, ergiebt sich deutlich aus der Lage, die er der alten Heimat der Angeln anweist: „illa patria, quae Angulus dicitur et ab eo tempore usque hodie manere desertus inter prouincias Iutarum et Saxonum perhibetur.“

Bevor ich weitergehe, bemerke ich, dass die konstante englische Überlieferung über die Herkunft der Angeln mir einer fest stehenden historischen Thatsache gleich gilt. Sie ist, wie vor allem aus dem Wîdsîđlied sich ergiebt, in sich so sicher gegründet und wird von allen Seiten dermassen bestätigt, stimmt auch ihrerseits so vollkommen zu der Angabe des Tacitus (Germ. 40) über die *Anglii*, dass es andrer Angriffe als der bisher versuchten bedürfte, um sie auch

---

hoff huldigte ihr noch in seinem Aufsatz über den Mythus von Beówulf (Zs. VII, 419 ff.) und hat sie erst später zu Gunsten der Ettmüllerschen Deutung (*Geátas* = altn. *Gautar*) aufgegeben. Mit Recht erinnert übrigens Bugge (a. a. O. S. 2, Anm. 1) an eine Bemerkung Körners (Engl. Studien I, 486 f.).

nur im geringsten zu erschüttern. Mögen auch die verschiedenen Fragen, welche diese Tradition erregt, keineswegs alle eine befriedigende Lösung gefunden haben und vielleicht niemals finden, so folgt daraus freilich, dass die Tradition unvollständig, jedoch keineswegs, dass sie unrichtig sei. Die verschiedenen Stämme, welche in Britannien den Angelnnamen führen, können wir uns allerdings schwerlich insgesamt von der kimbrischen Halbinsel nördlich vom Eiderfluss hergekommen denken,[1] auch wenn wir hier — wie wir müssen — das ang-

[1] Hieraus ergiebt sich nicht nur die Frage nach den ursprünglichen Wohnsitzen der übrigen Angeln, sondern die noch schwerer zu beantwortende nach dem Verhältnis der eigentlichen zu den uneigentlichen Angeln, wie es einerseits in der ursprünglichen Verwandtschaft der Stämme begründet war, andrerseits bei der Auswanderung nach Britannien sich gestaltete. Möller (Das altenglische Volksepos S. 86. 89. 91 Anm.) hat über diese Fragen einiges Licht zu verbreiten gesucht, und seine kurz gefassten Bemerkungen verdienen alle Beachtung. Doch kann ich ein allgemeines und ein besonderes Bedenken nicht unterdrücken. 1. Möller wird in seiner Hypothese der Thatsache nicht gerecht, an der wir unter allen Umständen festhalten müssen, dass nämlich die Nordhumbrier einerseits, die Mercier und Ostangeln andrerseits unter sich enger verwandt waren, sich wenigstens sprachlich näher standen, als einer dieser Stämme den West- und Südsachsen oder den Kentern. Wie wäre aber ohne diese Thatsache auch nur die von Möller angenommene frühzeitige Übertragung des Angelnnamens von den Ost- und Mittelangeln auf die Nordhumbrier zu erklären? Die Sachsen haben diesen Namen nicht nur später als die Nordhumbrier erhalten, sie haben ihn niemals in diesem Sinne geführt, sondern nur insofern sie mit den übrigen deutschen Bewohnern Britanniens unter den Generalnenner *Angli, Angelcyn, Engle* zusammengefasst wurden. 2. Bei dem *genus Ambronum*, welches Nennius (Kap. 66, Monumenta historica Britannica I, 76) i. J. 627 durch den h. Paulinus getauft werden lässt, denkt Möller (S. 89) an das oldenburgische Ammerland und die Insel Amrum, sowie an die *Ymbre*, über welche nach Wîds. 32 Sceafthere herrschte. Auf diese schwierige Frage gehe ich für jetzt nicht näher ein (vgl. übrigens Lappenberg I, 101. 102 Anm.; Zeuss, Die Deutschen und ihre Nachbarstämme S. 147 ff.; Müllenhoff, Nordalb. Stud. I, 159, Zs. XI, 283; Rieger, Zs. XI, 202 ff.; Müllenhoff, Deutsche Altertumskunde II, 114. 118 Anm. usw.). „Vielleicht“ aber ist, wie Zeuss (a. a. O., S. 151 Anm. 1) bemerkt, „überall *Ambrones* von einem Britten nur in verächtlicher Bezeichnung des Volkes gesetzt.“ Wie die Glosse: *id est Ald-Saxonum* diese Annahme widerlegen soll (Möller a. a. O. Anm. 2), ist schwer einzusehen; der Name *Ambrones* war wohl nur klassisch gebildeten Männern ver-

lische Gebiet weit über den Umfang des späteren Angelns hinaus auf ganz Schleswig und das südliche Jütland dazu ausdehnen. Dessen ungeachtet unterliegt es keinem Zweifel, dass gerade das anglische Kernland auf der kimbrischen Halbinsel zu suchen ist und dass beispielsweise die Mercier, deren Könige ihren Stammbaum auf den alten Offa zurückführten, eben daher ihren Ursprung nahmen.

Die Herkunft der *Cantuarii* und *Victuarii* ist nicht so sicher bezeugt wie die, wenigstens eines grossen Teils, der Angeln. Für sie sind wir wesentlich auf das Zeugnis Bedas angewiesen. Mit welchen Gründen aber hat man wiederholt, und so wiederum in neuester Zeit, dies Zeugnis angefochten?

Man sagt, die Jüten (altn. *Jótar*) seien dänischen Stammes, die Kenter aber könnten, wie schon ihre Sprache zeige, diesem Stamme nicht angehört haben; die *Iutae* in Wessex und auf der Insel Wight seien möglicherweise, oder gar sicher, wirklich dänische Jüten gewesen (Jessen, Undersøgelser til nordisk Oldhistorie S. 47 Anm. 2. 55 und Anm.; Möller S. 88 und Anm. 3).

Vor allem ist gegen eine Trennung der Jüten in Wessex und auf der Insel Wight von den Jüten Kents zu protestieren. Jene waren so wenig dänischen Stammes wie diese. Allerdings weist Jessen (S. 55 Anm.) auf den Umstand hin, dass in den altenglischen Annalen z. J. 534 einer ihrer Führer *Stûf* heisst, und bemerkt dazu: „Stuv (Stúfr) er et skandinavisk navn". Allein ausländische Namen kommen zu allen Zeiten vor, und aus dem Namen *Stûf* zu schliessen, dass die von dessen Träger geführte Schaar aus Skandinaviern bestand, wäre um so bedenklicher, als die Annalen z. J. 514 sie aus Westsachsen bestehen lassen. Überdies nimmt

ständlich, und derjenige, der ihn erklärte, wollte mit seinem *Ald-Saxones*' vielleicht nur andeuten, dass jene Ambronen derselben überseeischen Heimat entstammten wie die *Saxones*, d. h. die Deutschen in Britannien, überhaupt. Wenn aber Möller meint, die Ambronen hätten „in Britannien das Reich Deira, Yorkshire, in Besitz genommen", so ergiebt sich aus Beda II, 14, dass bei jener Taufe durch Paulinus nicht an Bewohner Deiras, sondern Berniciens zu denken ist; denn obwohl Nennius von 40, Beda nur von 36 Tagen redet, so kann es doch nicht zweifelhaft sein, dass beide dieselbe Begebenheit meinen.

der Name von Stûfs Begleiter, *Wihtgâr* als Eponymus der *Victuarii*, sich sehr verdächtig aus; beide aber, Stûf und Wihtgâr, waren nach den Annalen z. J. 534 Neffen Cerdics, der übrigens selber bekanntlich einen fremden und zwar keltischen Namen trägt, und seines Sohnes Cynrîc. Wären die Jüten in Wessex und auf Wight dänischen Stammes gewesen, so hätten sich Spuren dieser ihrer Nationalität, es hätten sich wenigstens Überlieferungen, Nachrichten über dieselbe — wenn nicht bei Beda, so doch z. B. bei Ælfrêd — erhalten müssen. Nun erinnert Jessen (a. a. O.) freilich daran, dass nach Beda IV, 16 die Bevölkerung der Insel Wight durch Ceadwalla ausgerottet und durch Westsachsen ersetzt wurde.[3] Allein gerade dieses tragische Ereignis, das zu des Historikers eigener Zeit stattfand und ihm Anlass giebt, das rührende Geschick der beiden jungen Brüder König Ârwalds eingehend zu erzählen, hätte ihm auch Gelegenheit gegeben, die dänische Nationalität der ausgerotteten Bevölkerung zu erwähnen, wenn jene thatsächlich vorhanden gewesen wäre. Überdies denkt kein Mensch daran, die Jüten von Wight und die Jüten auf der gegenüberliegenden Küste von Westsachsen, die Beda I, 15 beide unter den Namen *Victuarii* zusammen zu fassen scheint, für Zweige verschiedener Stämme anzusehen. Gerade die Jüten in Westsachsen aber, die nicht ausgerottet wurden, führten noch in Bedas Tagen den Namen *Iutae* bzw. *Iuti* (IV, 16). Wie wäre man aber damals dazu gekommen, dänische Jüten in Wessex und die englischen Bewohner Kents zu Gliedern desselben Stammes zu machen? Hätte man nicht im ganzen Süden Englands gewusst, dass jene Enclave in Westsachsen, wie kurz vorher auch die Insel Wight, von einem Volk bewohnt sei, das sich von allen englischen Stämmen durch Sprache, Sitte, Überlieferung unterschied? Sollte man nicht in Kent sich ziemlich klar darüber gewesen sein, ob man jener Bevölkerung enger verwandt war oder ihr ferner stand als den Angeln und Sachsen? Und konnte Beda, trotzdem er im Norden lebte,

---

[1] Die Annalen z. J. 686 sagen bloss: *Hêr Ceadualla and Mûl Cent and Wieht forhergedon.*

verborgen bleiben was ihm jeder Geistliche, der den Süden bereist hatte, erzählen, was er von Canterbury aus auf die leichteste Art erfahren konnte? Wenn wir uns Beda in diesem Fall so ganz und gar unwissend, so durchaus schlecht berichtet denken müssten, so wüsste ich nicht, warum wir auf die Mehrzahl seiner Nachrichten überhaupt noch irgendwelchen Wert zu legen hätten.

Man nimmt an, dass eine Namensverwechslung den betreffenden Irrtum veranlasst habe. Auf die in Betracht kommenden Namensformen soll gleich näher eingegangen werden. Für jetzt bemerke ich nur, dass die Bewohner Kents ihren alten Stammesnamen zu Bedas Zeit allem Anscheine nach nicht mehr führten; denn sonst hätte die besondere Hervorhebung dieses Umstandes bei den Jüten in Wessex keinen Sinn gehabt. Jener Stammesname der Kenter wird also nur noch in der kentischen Überlieferung gelebt haben. Sollte aber diese Überlieferung keine Andeutung über die ursprüngliche Heimat des Volks, keine über dessen Verwandtschaft mit den Jüten in Wessex enthalten haben? Enthielt sie derartige Andeutungen, so hatte dies sicher seinen guten Grund, der nicht bloss in einer gewissen Namensähnlichkeit bestanden haben kann. Hätte aber Beda ausschliesslich auf jene Namensähnlichkeit hin die Kenter zu Jüten und zwar zu dänischen Jüten gemacht, so verdiente er bei besonnenen Historikern allen Kredit zu verlieren.

Es kann vernünftiger Weise nicht bezweifelt werden: die Jüten in Wessex und die Bewohner Wights waren ebensowenig Dänen wie die Bewohner Kents. Und es ist nicht der geringste Grund vorhanden, die Nachricht, dass diese Völkerschaften demselben Stamm angehörten, anzufechten. Dieser Stamm aber nannte sich früher und hiess zum Teil noch zu Bedas Zeit *Iutae* oder (nach Hist. Eccl. IV, 16) *Iuti*, bzw., wie sie die altenglischen Annalen z. J. 449 nennen, *Iutas* oder *Iotas;* und der Überlieferung nach war er aus Jütland nach Britannien gekommen. Nun versteht es sich freilich von selbst, dass diese englischen Jüten mit den späteren Bewohnern Jütlands nicht eines Stammes gewesen sein können. Daraus folgt aber keineswegs, dass sie nicht denselben Landstrich wie diese — natürlich nicht zur selben Zeit — bewohnt und nicht denselben Namen wie diese getragen haben können. Ist es nicht denkbar, dass der Name der Jüten, auch nachdem die Hauptmasse dieses Stamms nach Britannien abgezogen war, an ihrem ursprünglichen Wohnsitz haften blieb und demnächst auf die in denselben eindringenden, mit den Resten der alten Bevölkerung nach und nach sich verschmelzenden Dänen übertragen wurde? Ich wüsste nicht, was für ein triftiger Grund sich gegen diese Annahme geltend machen liesse, welche mir vielmehr die vorhandene Schwierigkeit in befriedigendster Weise zu lösen scheint.

Die Zeit, wann die Dänen Jütland besetzt haben, lässt sich genauer nicht bestimmen. Die dänische Sage schreibt die Eroberung des Gebiets Helgi und Hrólfr Kraki zu.[1] Auf jeden Fall musste seit der Gründung des dänischen Inselreichs durch Vertreibung der Heruler eine, wahrscheinlicher ein paar oder mehr Generationen verflossen sein. Jenes Ereignis, das zweifellos mit der Begründung der Dynastie Halfdans zusammenfällt, setzt Müllenhoff (Vorlesungen) in die zweite Hälfte des fünften Jahrhunderts, etwa in das Jahr 470, was von der Wahrheit nicht weit abliegen kann.[2] Die Besitzergreifung Jütlands durch die Dänen wird darnach schwerlich vor dem sechsten Jahrhundert begonnen haben; frühestens zu einer Zeit, wo die jütische Auswanderung nach Britannien, die bereits um die Mitte des fünften Jahrhunderts anhebt, lange vollzogen war. Es kann überhaupt keinem Zweifel unterliegen, dass wir mit Dahlmann (a. a. O.) die dänische Einwanderung in die kimbrische Halbinsel und die anglische Auswanderung in den engsten Zusammenhang zu setzen haben; eben deswegen aber haben wir uns die Verbreitung der Dänen nach Süden hin bis zur Eider als eine allmähliche, stossweise sich vollziehende zu denken. Ob der

---

[1] Dahlmann, Geschichte von Dänemark I, 16.

[2] Auf die grosse Bedeutung der bei Jordanes Kap. 3 erhaltenen, vermutlich auf König Rôdwulf zurückgehenden, Nachrichten weist Müllenhoff, Deutsche Altertumskunde V, 62, mit Recht die skandinavischen Gelehrten hin. Vgl. auch a. a. O. II, 57 ff. 61 ff.

Beówulf in seinem ersten Teil bereits Dänen als Bewohner der Nordspitze Jütlands (*Vendill* oder *Vendsysel*) voraussetzt (Möller S. 5 Anm.), ist recht zweifelhaft. In Wulfgâr, dem *Wendla leód,* der nach V. 348 an Hrôđgârs Hof lebt, haben wir, wie jetzt auch Bugge (Beitr. XII, 7) wahrscheinlicher findet, wohl einen wandilischen Fürsten zu erblicken. Auch die bekannte Stelle bei Procop, Bell. got. II, 15, scheint mir die Frage nicht zu entscheiden. Gerade weil die betreffende Erzählung auf einer Tradition beruht, „die ihrem Grundbestandteile nach unläugbar aus dem Munde des Volkes [nl. der Donau-Heruler] selbst herrührt“ (Müllenhoff, D. A. II, 95), werden wir den Wortlaut nicht zu sehr urgieren dürfen. Freilich wenn es von der die alte Heimat wieder aufsuchenden Herulerschaar heisst, sie hätte nach den Warnen die Dänen passiert und sei dann über den Ocean zu Schiff nach der Insel Thule, d. h. nach Skandinavien, gelangt,[1] so scheinen die Dänen als Bewohner des Kontinents gedacht zu sein. Indess die von Procop gemeinten Warnen (*Οὐάρνοι*) sassen nicht da, wo Möller sie sucht, und die von jenen Herulern eingeschlagene Richtung führte sie schwerlich über die kimbrische Halbinsel (vgl. die Ausführung Müllenhoffs a. a. O. S. 95—97). Die Frage ist übrigens für meinen augenblicklichen Zweck durchaus irrelevant. Mögen bereits um das Jahr 513 Dänen auf der Nordspitze Jütlands gesessen haben oder nicht, die Glaubwürdigkeit von Bedas Angabe betreffend die Herkunft der englischen Jüten bleibt in jedem Fall unberührt.

Aber die Übereinstimmung zwischen der kentischen Mundart und dem Friesischen? Haben wir aus ihr nicht mit Möller (S. 88) zu schliessen, dass „die Kenter vor ihrem Auszug nur in der Nachbarschaft der Friesen gesessen haben“ können? Ich gestehe, dass hier ein Umstand vor-

[1] *οὕτω γοῦν πολλῶν ἐκ τοῦ βασιλείου αἵματος ἡγουμένων σφίσιν ἤμειψαν μὲν τὰ Σκλαβηνῶν ἔθνη ἐφεξῆς ἅπαντα, ἔρημον δὲ χώραν διαβάντες ἐνθένδε πολλὴν ἐς τοὺς Οὐάρνους καλουμένους ἐχώρησαν. μεθ᾽ οὓς δὴ καὶ Δανῶν τὰ ἔθνη παρέδραμον οὐ βιαζομένων σφᾶς τῶν τῇδε βαρβάρων. ἐνθένδε τε ἐς ὠκεανὸν ἀφικομένοι ἐναυτίλλοντο, Θούλῃ τε προσχόντες τῇ νήσῳ αὐτοῦ ἔμειναν.* De Bello Got. II, 15.

liegt, der einen schwankend machen könnte. Wenn das Kentische wie das Friesische als *i*-Umlaut von *u* und *û* ein *e* und *ê* entwickelt, so ist dies ein durchaus beachtenswerter Zug. Allein kommt es erfahrungsgemäss nicht auch sonst vor, dass in räumlich getrennten Sprachgebieten ähnliche Lautwandlungen vor sich gehen? Und wenn es gestattet wäre, aus der berührten Erscheinung, die übrigens erst geraume Zeit nach der Gründung des Königreichs Kent ans Licht trat, ohne weiteres einen Schluss auf die ursprüngliche Heimat der Kenter zu ziehen,[1] müssten wir da nicht in allen ähnlichen Fällen eine ähnliche Schlussfolgerung gestatten? Niemand wird leugnen können, dass der mercische Dialekt dem Friesischen näher stand als die westsächsische Mundart. Gleichwohl wird Möller mir gewiss zustimmen, wenn ich behaupte, dass die ursprüngliche Heimat der Mercier dem Wohnsitz der Friesen ferner lag, als dies mit der ursprünglichen Heimat der Westsachsen der Fall war. Das Dunkel, welches auf der älteren Geschichte der germanischen Stämme ruht, ist zu dicht, als dass wir uns erlauben dürften, das positive Zeugnis eines glaubwürdigen Schriftstellers, welches einiges Licht hineinzutragen verheisst, anders als aus unbedingt zwingenden Gründen abzulehnen.

Kommen wir jetzt zu den Namensformen, welche Beda verwechselt haben soll. Möller (S. 88) setzt zwei verschiedene altgermanische Stämme an: *Euti-* und *Jeuto-*. Von jenem leitet er den Namen der Wîdsîđ 26 erwähnten *Ŷte* sowie den vorausgesetzten echten Stammesnamen der Kenter her; von diesen den Namen der *Jôtas,* altn. *Jótar,* und der *Iutae* bei Beda. Ich glaube, dass wir aus éinem Stamm und zwar aus *Euti-* die verschiedenen Formen ausreichend zu erklären vermögen.

Der Stamm *Euti-* musste im Nom. und Acc. Pluralis für das älteste Englisch die Formen *Eóti, Ióti, Iúti* ergeben, später *Eóte, Ióte*, beziehungsweise im Westsächsischen *Iéte* und endlich *Ŷte.* Die langsilbigen *i*-Stämme unterschieden

[1] Die Konsequenzen des hier vorausgesetzten Standpunktes findet man vollständig gezogen von Jellinghaus in Herrigs Archiv LXXVIII, 271 ff.

sich von den *o*-Stämmen nur im Nom. und Acc. Pluralis, und auch diese Kasus haben nur ausnahmsweise ihre ursprüngliche Form bewahrt, zumeist in Völkernamen. Nun zeigen Formen wie *Engle, Dene, Mierce* usw. den *i*-Umlaut durchgeführt, und dies ist immer ein Umstand, der das Bewusstsein der ursprünglichen Flexion lebendig erhalten konnte. Der Diphthong *eó, ió* aber wird nur im Westsächsischen, nicht im Anglischen und nicht im Kentischen umgelautet. Ist es daher nicht denkbar, dass auch im Nom. Acc. Plur. der Name *Eóte, Ióte* zur *o*-Flexion übertrat, so dass *Eótas, Iótas* entstand? Die Bezeichnung des Namens bei Beda deutet bereits auf eine gewisse Unentschiedenheit hin. Das *iú* statt *eó, ió* entspricht altnordanglischem Brauch; aber I, 15, wo er die Jüten überhaupt meint, schreibt er *Iutae* (Gen. *Iutarum*), IV, 16 dagegen, wo er speziell von den Jüten in Wessex redet, *Iuti* (Gen. *Iutorum*). Jene Form entspricht der englischen auf *-as*, diese der englischen auf *-i, -e*. Vielleicht dürfen wir hieraus schliessen, dass der völlige Übergang zur *o*-Flexion früher auf kentischem als in dem Gebiet der Jüten in Wessex stattgefunden habe. In den altenglischen Annalen z. J. 449 kommen die Dative *Iótum, Iútum* und der Genitiv *Iútna* vor. Das *iú* ist aus Bedas Vorgang zu erklären, das *ió* aber vermutlich auf kentischen Einfluss zurückzuführen; die kentische Mundart begünstigt ja mehr als die übrigen Dialekte die Form *ió* neben *eó*. Das Eindringen der schwachen Form in den Gen. Plur. *(Iútna)* ist bekanntlich eine weitverbreitete Erscheinung. Im Cod. Bened. von Ælfrêds Beda IV, 16 (Rieger, Zs. f. D. Ph. III, 400 f.) steht der Gen. *Ŷtena* — richtiger wäre *Ŷtna* —, die westsächsische Form; die bessere Lesart der Stelle hat *Eóta*, und diese Form mochte im Gebiet der Jüten von Wessex gelten. Letztere dürften also im Nom. Acc. Pl. *Eóte*, die Kenter aber werden gewöhnlich *Iótas* gesagt haben. Nun zeigt aber die kentische Mundart vielfach die Tendenz, das erste Element eines anlautenden Diphthongs zu konsonantieren, so dass beispielsweise bereits in einer Urkunde v. J. 781 sich die Form *Geânberht* statt *Eánberht* findet (Sievers, Gramm.[2] § 212 Anm. 2). Aus *Iótas* wurde auf diese Weise

Jôtas oder, in anderer Schreibung, *Geôtas, Giôtas.* Denken wir uns dieselben sprachlichen Tendenzen wie bei den Kentern auch bei den in der alten Heimat zurückgebliebenen Resten der Jüten wirksam, so erklärt sich die altn. Form *Jótar* ganz von selbst; aber auch aus einem jütischen *Iótas, Iútas* konnte altn. nur *Jótar, Jútar* und keine andere Form entstehen.

Es zeigt sich also, dass die sprachliche Untersuchung, weit entfernt die Jessen-Möllersche Ansicht zu bestätigen, eher zum gerade entgegengesetzten Resultat führen könnte. Wären nämlich die Jüten in Westsachsen von den Kentern zu trennen, und einer von beiden Stämmen mit dem *Ŷtum* des Wîdsîðliedes, der andere aber mit den dänischen Jüten zu identifizieren, so müsste man doch wohl die *Eóte* in Wessex für *Ŷte,* die *Jôtas* bzw. *Iótas* in Kent für Jüten halten. Wir haben jedoch gesehen, dass von einer Trennung beider Stämme abzusehen und an dänische Nationalität hier überhaupt nicht zu denken ist, während die verschiedenen Namensformen sich wohl vereinigen lassen. Ich nehme demnach an, dass die Kenter allerdings mit den nach Wîds. 26 von Gefwulf beherrschten *Ŷte* éines Stammes und Nachkommen der alten Bewohner Jütlands waren. Ob die unter Gefwulfs Zepter lebenden *Ŷte* selber auf Jütland zu suchen seien, wage ich bei dem Dunkel, das auf der Geschichte des Stammes ruht, nicht zu entscheiden; doch ist es keineswegs unwahrscheinlich, da unter den in derselben Zeile genannten *Eówan* doch wohl die *Aviones* zu verstehen sind (Müllenhoff, Zs. XI, 281). Ganz im unklaren bleiben die Wohnsitze der in des Frankenkönigs Theodebert Brief an Kaiser Justinian (Duchesne I, 862, Bouquet IV, 59) erwähnten *Saxones Eucii,* statt *Eutii.* Möller (S. 88) denkt an „Reste des nach Britannien gezogenen Volksstammes“, die „diesseits der Nordsee an der niederländischen Küste“ verblieben seien; Zeuss dagegen (Die Deutschen und ihre Nachbarstämme S. 500, vgl. 357. 387) meint: „das Stammvolk, von welchem jene streitbaren Schaaren ausgegangen, hatte, wie es scheint, noch durch das 6. Jahrhundert die Flächen im Osten der Elbe in der Nähe der Ostsee in Besitz“. Sicher dünkt mich, dass Möllers Ansicht in dem Zusammenhang, wo Venantius

Fortunatus [1] die *Euthiones* erwähnt, welche doch mit jenen *Saxones Eucii* identisch sein sollen, keine Stütze findet. Venantius zählt Völker auf, welche die Macht des Frankenkönigs Chilperichs zu ihrem Schaden kennen gelernt hätten; er nennt zuerst südliche *(Geta, Wasco)*, dann nördliche und beobachtet bei diesen, wenn überhaupt eine bestimmte Ordnung, die Reihenfolge von Osten nach Westen *(Danus, Euthio, Saxo, Britannus)*. Hiernach hätten die *Euthiones* zwischen den Dänen und Sachsen ihre Wohnsitze gehabt. — Auf die *Eotenas* der Finnepisode im Beówulf gehe ich für diesmal gar nicht ein, da die Episode in Verbindung mit dem Finnsburgfragment eine eigene Untersuchung erfordert. Je grösser aber die Zahl der unerledigten Probleme, desto weniger empfiehlt es sich, die sicheren Daten, welche uns die englische Überlieferung an die Hand giebt, mit ungerechtfertigtem Skepticismus abzulehnen.

Kommen wir jetzt zu den *Geátas* des Beówulfliedes, so zeigt sich, dass der Annahme, dieselben seien als Jüten, als Bewohner Jütlands aufzufassen, unübersteigliche Hindernisse im Wege stehen. Da ist zunächst die etymologische Schwierigkeit, welche Bugge (Beitr. XII, 6 f.) unumwunden anerkennt: der Name *Geátas* entspricht dem altn. *Gautar*, dem schwed. *Gøtar* und ist von altn. *Jótar* durchaus verschieden, wie denn auch *Gautar* und *Jótar* in altnordischen Quellen niemals verwechselt werden. Wie wären denn aber die Angeln dazu gekommen, sie zu verwechseln? Oder, wenn die Jüten zwei verschiedene alte Namen gehabt haben sollen, woher kommt es, dass die altnordischen Quellen nur den éinen Namen kennen? [2] Und — hiermit betreten wir das Gebiet der sach-

[1] Ad Chilpericum regem, Carm. IX, 1, 73 f. (ed. Leo):
quem Geta, Vasco tremunt, Danus, Euthio, Saxo, Britannus,
cum patre quos acie te domitasse patet.

[2] Gar nicht in Betracht kommt der Umstand, dass isländische Schriften den Namen *Reiðgotaland* und auch *Gotland* zuweilen auf Dänemark oder speziell auf Jütland anwenden (Bugge a. a. O. S. 6 f., vgl. Fahlbeck a. a. O. S. 54. 55 f. Anm.); denn 1) liegt hier keine Verwechslung zwischen Jüten und Gauten, sondern zwischen Dänen und Goten zu Grunde; 2) wird diese Verwechslung frühestens seit dem 9. Jahrhundert eingetreten sein, vgl. Heinzel, Über die Hervararsaga

lichen Schwierigkeiten — was für Jüten wären diese Gauten eigentlich gewesen? Gewiss keine englischen; aber auch keine dänischen. Für das Reich Hrêđels, Hæđcyns, Hygelâcs ist auf Jütland schlechterdings kein Platz. Und wenn auch die obige Erörterung über die Jüten durchaus irrig und Bedas Angabe einfach zu verwerfen sein sollte, so wäre die Schwierigkeit damit keineswegs gelöst. Wie wäre es zu erklären, dass diese auf Jütland lebenden Gauten immer nur mit den Schweden Krieg geführt, zu den Angeln aber, denen sie doch ganz anders gefährlich gewesen wären, gar keine Beziehungen, zu den Dänen, die sich später Jütlands bemächtigten und schon zu Hrôđgârs Tagen begierige Blicke auf die Halbinsel werfen mochten, nur freundschaftliche Beziehungen gehabt hätten? Ich finde, dass Fahlbecks und Bugges Annahme, statt die Völkerverhältnisse im Beówulf zu erhellen, das Dunkel nur noch viel dunkler macht. Wenn etwas an jenen Verhältnissen deutlich ist, so ist es dies, dass die Gauten den Dänen vollkommen selbständig und zugleich in einer Weise gegenüberstehen, welche die Möglichkeit eines Konflikts so ziemlich ausschliesst. Dies ist vollkommen begreiflich, wenn die Gauten in Skandinavien wohnten, wo ihre Macht und die schwedische, sich gegenseitig in Schach haltend, den Dänen die Möglichkeit gewährten, ohne Gefahr von Osten her besorgen zu müssen, ihrer Politik wesentlich die Richtung nach Westen zu geben. Ganz unverständlich aber wäre das Verhältnis, wenn die Gauten gegen die Dänen eine ähnliche Stellung eingenommen hätten wie in unserer Zeit etwa die Türkei gegen Russland.

Als nun die gautischen Waffen den schwedischen endgültig unterlegen waren — ein Resultat, worauf schon die historischen Momente im Beówulf nach Müllenhoffs Auffassung nicht undeutlich hinweisen — da war der siegreiche Gegner natürlich vor allem darauf bedacht, die Seemacht des überwältigten Feindes dauernd zu schwächen. Die

(Wiener Sitzungsberichte 1887) S. 497 f.; 3) findet sich diese Verwechslung eben in Quellen, welche Jüten und Gauten regelmässig unterscheiden. Ælfrêds *Gotland* ist Bugge selber (a. a. O. S. 7) mit Recht geneigt als *Geótland* zu erklären.

Dänen aber werden nicht lange darauf selber mit den Schweden in Kriege verwickelt worden sein. Man darf dies vielleicht schon aus der Rolle schliessen, welche nach der nordischen Sage Hrólfr Kraki in dem Kampfe Aðils' (= Eádgils) gegen Áli (= Onela) spielt, mit grösserer Wahrscheinlichkeit aus den Sagen von Ívarr Víðfaðmi und Haraldr Hilditann. Schwerlich aber haben sie sich damals oder später um Wiederaufrichtung der gautischen Seemacht bemüht, am allerwenigsten in der Epoche, wo ihre eigenen Seekönige der Schrecken des christlichen Europas wurden. Und somit begreifen wir es vollkommen, wenn der Schwerpunkt des gautischen Lebens von der Seeküste ins Binnenland verlegt wurde, sodass von der Zeit an, wo geschichtliche Kunde die Verhältnisse Vestergötlands beleuchtet, Skara als Hauptstadt des Landes erscheint (Fahlbeck a. a. O. S. 30 f.) Dass ein Volk im Laufe der Zeit seine Lebensgewohnheiten verwandelt, ist — auch abgesehen von den besonderen Gründen, welche die Gauten dazu zwangen — keineswegs so unerhört, wie Fahlbeck zu glauben scheint. Die Angelsachsen waren zur Zeit, wo sie Britannien eroberten, zweifellos in eminentem Sinne ein Seevolk. Das ergiebt sich aus der Eroberung selbst, das lehrt uns auch ihre Poesie. Die natürliche Beschaffenheit Englands hinderte sie nicht daran, ihre alte Lebensweise fortzusetzen, ihre nautischen Anlagen weiter auszubilden; aber ihre steten Kämpfe gegen die Kelten und untereinander, das Bedürfnis, in den weiten Landgebieten, welche die brittische Insel ihnen bot, sich einzurichten, lenkte ihre Aufmerksamkeit von dem beweglichen Elemente ab. Dem Anprall der dänischen Piraten gegenüber erwies sich die englische Seetüchtigkeit im neunten Jahrhundert gänzlich ohnmächtig, und als Ælfrêd der Grosse seinem Lande eine Kriegsflotte schuf, sah er sich genötigt, zu ihrer Bemannung Friesen heranzuziehen (Lappenberg I, 332).

Auch die anderen Argumente Fahlbecks und Bugges erweisen sich als keineswegs unwiderleglich. Wenn fränkische Chronisten das Volk des Chochilaichus (bzw. Chochilagus) als *Dani* bezeichnen, so ist dies doch gewiss leichter zu begreifen, als jene Verschiedenheit in der Bezeichnung desselben Volks zwischen Skandinaviern und Angeln es wäre. Wenn aber im Beówulf selber das Land der Gauten als ein grösstenteils vom Meere umflossenes gedacht wird, so haben wir S. 149 gesehen, dass diese Auffassung wesentlich der jüngeren Version des Drachenlieds, G, angehört, ausserdem nur in einem späteren Zusatz zu F sich geltend macht. Dem Kern der älteren Version ist sie durchaus fremd, und das vermutlich auf gautischer Grundlage beruhende Lied von Ongenþeows Fall (S. 190) scheint eine abweichende Anschauung vorausgesetzt zu haben. Die S. 150 angedeutete Möglichkeit, dass die Vorstellung von der Lage des Gautenlandes im englischen Epos sich im Laufe der Zeit verwirrt habe, wird durch Erwägung aller in Betracht kommenden Umstände zur hochgradigen Wahrscheinlichkeit erhoben. Wenn die Küste der Insel Seeland bereits in den ältesten Teilen der Grendeldichtung, als ein felsiges Ufer gedacht ist (S. 176 f.), brauchen wir uns dann darüber zu wundern, wenn in den jüngeren Partien der Dichtung vom Drachenkampf das Land der Gauten wie eine Insel oder doch Halbinsel vorgestellt wird? Auf solcher Verwirrung der geographischen Anschauung könnten auch die Formen *Geáta* und *Geátum* in Ælfrêds Übersetzung von Beda I, 15 beruhen, wenn hier nicht einfach *ea* statt *eo* verschrieben ist, sodass *Geôta, Geôtum* (phonetisch *Jôta, Jôtum*) gemeint wäre. Die Form *Geotena* aber, d. h. also *Geótena* oder *Geôtena*, die in der Beówulfhandschrift V. 443 statt *Geáta* stehen soll, ist mir zweifelhaft. Der dritte Buchstabe, der durch seine liegende Stellung einen fremdartigen Eindruck macht, schwankt zwischen *o* und *a*, sieht auf den ersten Blick dem *o* ähnlicher, ergiebt sich jedoch bei genauerem Zusehen (soweit das Facsimile eine Entscheidung gestattet) wohl als *a* gemeint; daher ich Wülker, der *Geatena* druckt, nur beistimmen kann.

DREIZEHNTES KAPITEL.

HEIMAT UND ENTSTEHUNGSZEIT DES BEOWULFS.

Nachdem wir den durchaus englischen Charakter der Beówulfdichtung erkannt haben, erhält die Frage, bei welchem der englischen Stämme, bzw. in welchem der altenglischen Reiche, und zu welcher Zeit das Epos sich entwickelt habe, erhöhte Bedeutung.

Wenden wir uns behufs ihrer Lösung zunächst an sprachlich-metrische Kriterien, so führen uns diese nicht eben weit.

In chronologischer Hinsicht ergiebt sich folgendes. Die grammatischen Resultate von Sievers' subtilen metrischen Untersuchungen zeigen uns, dass in betreff des Vorhandenseins von unkontrahierten Formen, welche spätere Synärese getilgt hat, der Beówulf etwa in éine Reihe mit den übrigen älteren Denkmälern der altenglischen Poesie zu setzen ist. Lichtenhelds eindringende Forschungen über das schwache Adjektiv und den bestimmten Artikel gestatten uns eine genauere Anordnung, wobei der Beówulf so ziemlich an den Anfang der betreffenden Reihe tritt, und denselben Platz weist ihm die schon von Rieger hervorgehobene strenge Beobachtung der alten metrischen Regel an. Auf Grund dieser Kriterien sind wir demnach zu der Annahme berechtigt, dass der Text des Epos seinen wesentlichen Bestandteilen nach vermutlich noch im siebenten, spätestens aber zu Anfang des achten Jahrhunderts entstanden sei. Da aber die kritische Analyse uns gelehrt hat, dass dieser Text das

Resultat einer Entwicklung bildet, welche — um nicht zu viel zu sagen — sich durch eine längere Reihe von Jahren hindurchzieht, so werden wir diese Entwicklung entweder ganz oder doch zum grössten Teil in das siebente Jahrhundert — jedesfalls nicht später — zu setzen haben.

Über den Dialekt, in dem der Beówulf zuerst niedergeschrieben wurde, giebt uns die überlieferte Sprachform des Textes keine klare Auskunft, es sei denn, dass man mit bestimmten Voraussetzungen schon an sie heranträte. Rönnings Versuch (Beovulfskvadet S. 93 ff, vgl. darüber auch Heinzel, Anz. f. D. A. X, 238), mittelst sprachlicher Analyse den Beówulf als ein ursprünglich nordhumbrisches Gedicht zu erweisen, muss als gänzlich gescheitert betrachtet werden. Rönning giebt zunächst eine Liste von Flexionsformen und namentlich lautlichen Eigentümlichkeiten,[1] welche von der westsächsischen Norm der älteren Grammatik abweichen. Das Verzeichnis enthält archaisches und andrerseits sehr junges Sprachmaterial neben dialektischen Varietäten in bunter Mischung durcheinander und ist gerade in den wesentlichsten Punkten durchaus unvollständig. Sodann hebt Rönning einige Erscheinungen als besonders wichtig hervor. Keine einzige darunter ist für nordhumbrischen Ursprung wirklich beweisend; die meisten sind nicht einmal vorzugsweise der nordhumbrischen Mundart geläufig; von einigen wie *scađan* statt *sceađan* (Rönning S. 96, vgl. Sievers, Gramm.[2] § 157,4) gilt das gerade Gegenteil. Mit besserer Methode und gründlicherer Kenntnis der Mundarten wird man auf diesem Gebiet weiter kommen, ohne gleichwohl hoffen zu dürfen, solange die Dialektforschung nicht ein engeres Bündnis mit der Textkritik eingeht, zu unzweideutigen Ergebnissen zu gelangen.

Bestimmtere Resultate scheinen sich jedoch mit Hülfe metrischer Beobachtungen gewinnen zu lassen. So hat Sievers gefunden (Beitr. X, 464 ff.) dass von Parallelformen, wie *bindeđ — bint, sêceđ — sêcđ, sended (sendedne) — send (sen-*

[1] Auch die als abweichend angeführten Flexionsformen verdanken was sie eigentümliches haben, zum grössten Teil rein lautlicher Entwicklung.

dne) im Beówulf, wie auch in den Dichtungen Cynewulfs und der grossen Mehrzahl der Denkmäler altenglischer Poesie, nur die nichtsynkopierten Formen vorkommen, bzw. nur diese metrisch zu rechtfertigen sind. Nun bedient die anglische Prosa sich ausschliesslich eben dieser Formen, während die sächsische und die kentische „daneben, und zwar im allgemeinen vorwiegend, die altertümlicheren Formen *bint, sēcđ* resp. *send (sendne)* u. s. w. gebrauchen". Auf diese Beobachtung gründet Sievers den Satz, „dass alle Gedichte, welche sich ausschliesslich der längeren Formen bedienen," — daher auch der Beówulf — „anglischen Ursprungs sind, und umgekehrt das Vorkommen einsilbiger Formen mit Sicherheit auf Entstehung im Süden (sächsisch oder kentisch) hinweist". Leider kann man diesem Satz nur eine bedingte Gültigkeit zugestehen. Er gilt natürlich nur für die Zeit, aus der uns ein ausreichendes Sprachmaterial in südlicher Prosa überliefert ist, nicht für die vorhergehende Periode. Denn da jene „altertümlicheren" synkopierten Formen noch ältere nichtsynkopierte Formen mit Notwendigkeit voraussetzen, so fragt es sich, wann die kentisch-sächsische Synkopierung stattfand? Hatte sie sich um die Zeit, wo der Beówulf entstand, bereits vollzogen? Wer wird es wagen, diese Frage mit Ja zu beantworten? Über die ältesten Denkmäler vgl. übrigens Dieter S. 69 f. 74 f.

Eine andere Beobachtung von Sievers (Beitr. X, 463 f. vgl. 251. 300) scheint noch genauere Dialektbestimmung zu ermöglichen. In Versen des Typus D, wie er sich ausdrückt, findet Auflösung der zweiten Hebung, zumal in der zweiten Halbzeile, sehr selten statt. Um es genauer, jedoch im Anschluss an Sievers' eigene Auffassung und Darstellungsweise auszudrücken: Verse nach dem Schema –́ (⏑́⏑) | –́ –̀ × finden sich, wenn wir Fälle wie *wiht unhǣlo* (S. 251 § 2) mitzählen, in der ersten Hälfte der Langzeile 98, in der zweiten 131; Verse nach dem Schema –́ (⏑́⏑) | ⏑́⏑ –̀ × dagegen in der ersten Hälfte 13, in der zweiten 10.[1] Von jenen 13 Fällen aber

[1] Zu den 7 bei Sievers (S. 251, c. d.) angeführten Belegen (Wiederholungen desselben Verses zählen ja natürlich mit, wo es sich um

sind 2, unter diesen 10 gar 5, in denen eine Form des Namens *Hygelâc* den Vers schliesst (z. B. *mǽg Higelâces*). Sievers nimmt daher an, dass statt *Hygelâc* im Beówulf *Hyglâc* anzusetzen sei. Er zeigt ferner, dass die synkopierte Form in Nordhumbrien die ausschliesslich herrschende gewesen sei, während im Binnenland und im Süden die nichtsynkopierte in häufigerem Gebrauch gewesen sein müsse (S. 464), woraus denn nordhumbrische Herkunft des Beówulfs wahrscheinlich würde.

Ich untersuche hier nicht, ob der Süden und das Binnenland im Gebrauch von *Hyge* (und *Sige*) in der Komposition eine so entschiedene Vorliebe für die volle Form verraten, dass eine so weittragende Schlussfolgerung sich daran ohne grosse Bedenken knüpfen liesse. Sievers selber verkennt nicht, dass die vorkommenden Ausnahmen die Sicherheit seines Arguments beeinträchtigen. Ich beschränke mich darauf, den ersten Teil seiner Beweisführung, nämlich den Nachweis der ausschliesslichen Berechtigung der Namensform *Hyglâc* im Beówulf anzufechten. Wohl gemerkt: ich leugne nicht, dass im Originalbeówulf, sei es überall, sei es an einigen Stellen, *Hyglâc* gestanden haben könne; ich behaupte nur, dass dies sich aus metrischen Gründen nicht erweisen lässt.

Wie schon sehr oft gesagt, jedoch noch öfter vergessen worden ist: man hat zwischen Beobachtung und Regel wohl zu unterscheiden; zur Regel lässt sich eine Beobachtung erst erheben, wenn man den Grund der beobachteten Erscheinung erkannt hat. Worauf beruht nun die Seltenheit der Versform $\frac{\acute{-}}{\acute{\smile}\smile}$ | $\acute{\smile}\smile\ \grave{-}\ \times$? Hielt man etwa solche Halbzeilen für schlecht, so dass man sie möglichst zu vermeiden suchte? Aber woher denn jene 11 Fälle, die nach Abzug der zwei Hygelâcverse in der ersten Halbzeile übrig bleiben? Für die zweite Hälfte der Langzeile behalten wir allerdings, wenn wir denselben Abzug machen, nur 5 Fälle. Immerhin, glaube ich, sind die Zahlenverhältnisse nicht der Art, dass sie den

---

die Frage nach der Gesetzmässigkeit oder Beliebtheit eines metrischen Schemas handelt) kommen noch (S. 252, b) *unlifigende* 467, *unlyfigendne* 1308, *unlifigendum* 2908.

Versuch, diese fünf Fälle — darunter drei Kasusformen des Partizips *unlifigende* — durch Emendation zu beseitigen, rechtfertigen würden. Wenn aber nicht, wo bleibt die ganze Schlussfolgerung die Form *Hygelâc* betreffend?

Das häufigere oder seltnere Vorkommen einer sonst zulässigen Versform beruht weniger auf Vorliebe oder Abneigung als auf dem Grade der Leichtigkeit, mit der sich die eine oder andere Form einstellt. Nun ist das Schema $\frac{\acute{-}}{\acute{\smile}\smile}$ | ⏑́⏑ –̀ × darum schwieriger zu realisieren als das Schema $\frac{\acute{-}}{\acute{\smile}\smile}$ | –́ –̀ ×, weil die natürliche Prosodie der Sprache sich viel eher mit letzterem als mit ersterem Schema verträgt. Nehmen wir den Fall, wo das ganze Schema durch éin Wort ausgefüllt wird, so giebt es Worte von der Form –̋ –́ –̀ × oder ⏑̋⏑ –́ –̀ × eine ziemliche Anzahl: *lindhœbbende, unmurnlîce, merelîđende, Sigescyldingas* usw., Worte, die só zu messen sind: –̋ ⏑́⏑ –̀ ×, wie *unlifigende,* nur äusserst wenige, und Worte von der Prosodie ⏑̋⏑ ⏑́⏑ –̀ × vielleicht gar keine. Nehmen wir aber den — weitaus am meisten vorkommenden — Fall, wo zwei Worte den Vers ausfüllen, so hat das erste die Form –́ oder ⏑́⏑, das zweite die Form –́ –̀ × oder ⏑́⏑ –̀ ×. Auf die prosodische Gestalt des zweiten Wortes kommt es also an, und wer weiss nicht, dass Worte von der Messung –́ –̀ × sehr viel häufiger sind als solche von der Messung ⏑́⏑ –̀ ×?

Der Unterschied zwischen der ersten und der zweiten Halbzeile aber erklärt sich auf folgende Weise. Unter den Kombinationen zweier Worte, die in betracht kommen können, giebt es wenigstens eine, nämlich Verbum und Nomen, die zwar im ersten Halbvers (*wearđ winegeômor* 2239), jedoch bei strenger Beobachtung der Allitterationsregel im zweiten Halbvers nicht zu brauchen ist. Unter den übrigen Kombinationen sind die am häufigsten vorkommenden die eines Substantivs mit zugehörigem Adjektiv (sei es in der Variation S + A oder A + S) und die eines Nomens mit davon abhängigem Genitiv. In beiden Fällen bedient die Sprache sich mit Vorliebe allitterierender Formeln, wodurch sie denn wieder von der zweiten Halbzeile ausgeschlossen werden. Seltener tritt natürlich die

Alliteration ein bei Adjektiven, die mit *un-* komponiert sind, und ebenso beim Possessivpronomen und Pronominaladjektiv. Alle diese Bildungen aber (*unhǽlo, eówerne, ôđerne* usw.) haben die Form –́ –̀ ×. Ebenso tritt Allitteration seltener ein bei Eigennamen. Unter diesen aber sind wiederum Formen von der Messung –́ –̀ × (*Ecgþeowes,*[1] *Ecglâfes, Hrôđgâres, Wihstânes, Beówulfes, Scyldingas, Scylfingas* usw.) nicht bloss viel zahlreicher vertreten als solche von der Messung ⏑́ ⏑ –̀ × (*Hererîces, Heorowearde, Sigemunde* usw., *Hygelâces* dürfen wir nicht berücksichtigen); sondern einige derselben (z. B. *Ecgþeowes, Scyldingas, Scylfingas* usw. kommen ausserordentlich häufig vor.

Die von Sievers beobachtete Erscheinung hat also ihren Grund in der Sprache und nicht in irgend einer metrischen Regel. Hieraus folgt, dass sie ihrerseits zur Lösung einer sprachlichen Frage, wie die ob *Hygelâc* oder *Hyglâc* zu lesen sei, nicht verwertet werden darf.

Ist es nun metrischer und sprachlicher Forschung bisher nicht gelungen, die anglische Herkunft des Beówulfs mit einiger Sicherheit zu erweisen, so ist dieselbe doch aus andern Gründen sehr wahrscheinlich und wird heute fast allgemein angenommen. Müllenhoff freilich schwankt zwischen einem anglischen Gebiet und Westsachsen. „Für die Bestimmung der Heimat des Gedichts,“ sagt er Zs. XIV, 243, „ist nicht ausser Acht zu lassen, dass der Mythus von Beówa und Grendel bei den Westsachsen verbreitet war und von ihnen selbst in England lokalisiert wurde (Zs. XII, 282), und es wäre wohl denkbar, dass das Volksepos im Südwesten der Insel blühte, während die geistliche Dichtung hauptsächlich im Norden zuerst durch Cædmon, dann durch Cynewulf gepflegt wurde, so dass sich das Verhältnis von Aldhelm und Beda in der nationalen Dichtung gewissermassen umkehrte.“ Verweilen wir einen Augenblick bei diesem Gesichtspunkt.

---

[1] Ich fasse die zweite Silbe in *Egþeowes* als lang, gleichwohl aber *eo* nicht als Diphthong, sondern als gebrochenen Vocal. Der Halbvocal *w* kann, zwischen kurzem und schwächer betonten Vocal stehend, sich ersterem als Silbenauslaut anschliessen, vgl. bei Orm *þeowwess, þewwess.*

Es ist wahr, dass der Beówamythus, wie es scheint, vorzugsweise bei den Westsachsen gepflegt wurde (vgl. die Urkunden bei Kemble No. 353, bei Gray Birch No. 677, dazu 679; Kemble No. 1116, Gray Birch No. 730); auch die Lokalitäten am Severnfluss bei Worcester, an die sich die Namen *Grindeles pytt*[1] und *Grindeles bec*[2] knüpfen, werden ursprünglich — vor der Ausdehnung des mercischen Reichs — auf westsächsischem Gebiet gelegen haben. Allein folgt aus dem Fortleben des Mythus, wie es zumal durch die Namen *Beówan ham* neben *Grendles mere* in Verbindung mit der Beschaffenheit der betreffenden Lokalität bezeugt wird (Müllenhoff Zs. XII, 282), auch eine Pflege des aus dem Mythus erwachsenen Epos? Liegt im gegenwärtigen Fall nicht vielmehr die geradezu entgegengesetzte Schlussfolgerung nahe? Freilich bedeutet Entstehung einer epischen Sage und Entwicklung eines Epos nicht notwendig den Untergang des zu Grunde liegenden Mythus. Aber wenn nun die epische Sage in ihrem Kern den Mythus so getreu wiedergiebt, dass fast eine Tautologie dabei herauskommt, können wir uns da eine bedeutende Ausgestaltung der Sage im Epos neben einem energischen Fortleben des reinen Mythus denken? Wenn das Beówulfepos sich bei den Westsachsen entwickelte, warum hiess denn jene Lokalität in Wiltshire nicht *Beówulfes ham* statt *Beówan ham*? — Aber die epische Sage war vielleicht noch nicht entstanden, als die Lokalität ihren Namen erhielt. Sehr möglich; allein der Grund, weshalb dies sehr möglich ist, schliesst zugleich die Möglichkeit einer Entstehung der Beówulfsage

[1] Kemble No 59, Gray Birch No 120.

[2] Kemble No 570. — Der in einer Urkunde aus Sussex (Kemble No 1001, vgl. Gray Birch No 145) vorkommende Name lautet nicht *Beówa*, sondern *Beoba*, wobei zu beachten, dass *b* in alten Texten zwar für *f* (= *v*) oder genauer für urspr. *ƀ*, nicht jedoch für *w* steht. — Für Nordhumbrien bringt Haigh (The Anglo-Saxon Sagas S. 24, vgl. 17 und sonst) allerlei Ortsnamen bei, die zum grössten Teil schwerlich etwas mit Beówamythus oder Beówulfsage zu thun haben. Infolge des Mangels an alten Urkunden ist das nordhumbrische Material unvollständig und weniger zuverlässig. Doch fehlt es an jedem Grund zur Annahme, dass der Mythus, als verschieden von der Sage, im nördlichen England lokalisiert gewesen sei.

bei den Westsachsen aus. Er besteht nämlich darin, dass zur Zeit, wo die Sage sich zu bilden begann, die Westsachsen bereits von ihrer neuen Heimat Besitz ergriffen hatten. Dieser Punkt bedarf einer kurzen Ausführung.

Dass der Beginn der Sagenbildung von Beówulf noch in der alten Heimat der Angelsachsen stattfand, muss notwendig angenommen werden. Das Epos weiss, abgesehen von seinen mythischen Thaten, von Beówulf gar wenig zu berichten. Sogar seine Leistungen im Gau der Hattuarier und bei der Rückkehr in das Gautenland werden nur beiläufig berührt; das eigentlich treibende Element im Epos blieb der mythische Kern. Offenbar hatte das — ursprünglich vielleicht einem gautischen Original nachgesungene — Lied von Hygelâcs Zug nach dem Niederrhein im Laufe der Zeit geringe Entwicklung erfahren; denn sonst würde das Epos einen minder spärlichen Gebrauch davon gemacht haben. Gleichwohl war der Eindruck des Ereignisses selbst mächtig genug gewesen, um den Anstoss zur Bildung der Beówulfsage zu geben. Hierin liegt eine Art Widerspruch, der sich m. E. nur auf folgende Weise löst. Die Übertragung der Thaten Beówas auf Beówulf muss wenigstens zum Teil noch unter dem unmittelbaren Eindruck jenes Ereignisses und innerhalb der Welt, wo jenes Ereigniss zuerst erfahren wurde, also in der alten Heimat der Angelsachsen stattgefunden haben. Als das Volk dann in die neue Heimat eingewandert war, sich in einer ganz neuen Welt und ganz neuen Aufgaben gegenüber sah, erhielten sich zwar die Erinnerungen an jenes und verwandte Ereignisse, aber sie verloren an Bedeutung und erfuhren keine erhebliche poetische Entwicklung. Das Interesse am alten Mythus aber war nach wie vor lebendig, und daher blieb auch Beówulf, insofern er Beówas Nachfolger geworden war, ein volkstümlicher Held, daher erfuhr auch die Beówulfsage, jedoch vorzugsweise nur insofern sie mythischen Gehalt in sich barg und in sich aufnahm, reichere poetische Ausgestaltung.

Der älteste Teil der Sage wird die Erzählung von Beówulfs Wettschwimmen mit Breca gewesen sein. Hatte der historische Held sich auf dem Rückzug vom Niederrhein als ein Mann von gewaltiger Körperkraft und ein Schwimmer von grosser Ausdauer bewiesen, so war hier die naheliegendste Gelegenheit zur Anknüpfung des Mythus an seine Persönlichkeit geboten, und wir sehen aus Beów. 2359 ff., wie hier die historische Begebenheit ihrerseits mythische Proportionen annahm und ohne Zweifel frühzeitig angenommen hat. Demnächst wird der Kampf mit Grendel von Beówulf gesagt und gesungen worden sein. Zuletzt hat man den Kampf mit dem Drachen auf ihn übertragen; denn dieser setzt als vorhergehend seine lange glückliche Regierung im Gautenlande und als Abschluss seinen Tod voraus, und die Vorstellung von jener wie von diesem konnte sich erst bilden, als der Held und sein Vaterland räumlich und zeitlich in ideale Ferne gerückt waren.[1] Der erste Teil der Sage entstand gewiss noch in der alten Heimat der Angelsachsen; der dritte aller Wahrscheinlichkeit nach in der neuen Heimat; über den mittleren Teil, den Kampf mit Grendel kann man zweifelhaft sein. Auf jeden Fall aber hat man anzunehmen, dass die Sagenbildung

---

[1] Wülker (Grundriss S. 306) meint, die fünfzig Jahre, welche Beówulfs Regierung gedauert haben soll, hätten erst verstreichen müssen, bevor „die Sage sich des geschichtlichen Helden bemächtigen konnte," und so gelangt er, indem er noch einige Jahrzehnte zugiebt, zu dem Jahre 600 als dem ungefähren Zeitpunkt, wo die Beówulfsage entstand. Allein die Sage bildete sich schwerlich in ihren drei Teilen auf einmal, und auch der dritte Teil würde nur dann den Ablauf eines halben Jahrhunderts mit Notwendigkeit voraussetzen lassen, wenn Beówulfs lange Regierung eine historische Thatsache wäre oder wenn wir annehmen müssten, dass die Angelsachsen auch in ihrer neuen Heimat das Datum des Zuges, auf dem Hygelâc seinen Tod fand, genau im Gedächtnis behalten hätten. Letzteres ist gewiss nicht wahrscheinlich, und was ersteres angeht, so bemerkt Müllenhoff (Zs. VII, 427) mit Recht: „das Alter des Helden und seine lange segensreiche Herrschaft wird sich mythologisch vollkommen rechtfertigen lassen, so dass also . . . . der Mythus wie gewöhnlich die Geschichte umgestaltet hätte." Entschiedener hebt Müllenhoff in seinen Vorlesungen den mythischen Charakter von Beówulfs Regierung über die Gauten hervor. — Krüger (Herrigs Archiv LXXI, 144) scheint anzunehmen, dass es Lieder über Beówulfs Königsherrschaft bei den Gauten, seinen Tod und seine Bestattung gegeben habe, noch bevor der Beówamythus auf ihn übertragen wurde.

bei demselben Stamm, wo sie ihren Anfang nahm, sich auch weiter entwickelte.

Das Ereignis, welches den Anstoss zur Bildung der Beówulfsage gab, fällt etwa in das Jahr 515. Bis die Überlieferungen über Gauten und Schweden, die durch jenes Ereignis erst rechte Bedeutung erhielten, gesammelt und in Fleisch und Blut des Volkes übergegangen waren, bis die Sage sich zu bilden begonnen und in ihren Anfängen sich einigermassen konsolidiert hatte, muss ein gewisser Zeitraum verstrichen sein; und wenn wir hierfür als Minimum fünfzehn Jahre ansetzen, greifen wir gewiss nicht zu weit. Man hat doch erst Beówulf mit Beówa verglichen, bevor man ihn mit dem göttlichen Heros verwechselte, und nicht dieselbe Generation, welche die Vergleichung anstellte, wird die Verwechslung vorgenommen haben. Jenes that der Vater, der um das Jahr 515 etwa im Mannesalter stand, dieses der herangewachsene Sohn, der als Knabe Beówulf hatte preisen und als einen zweiten Beówa feiern hören.

Unsere Erwägungen führen also zu dem Resultat, dass die Beówulfsage nur bei einem solchen unter den englischen Stämmen heimisch sein kann, von dem erst nach 530 noch grössere Massen nach Britannien ausgewandert sind. Auf die Massen ist Gewicht zu legen; denn eine epische Sage bildet sich nur innerhalb einer grösseren Gemeinschaft. Was erzählt wird, muss sofort von vielen begierig aufgenommen und geglaubt werden, wenn das Sagengewächs, wie ein festwurzelnder Baum, sich fröhlich entfalten soll. Wie sollten z. B. die Westsachsen, die ihren Beówa und sonstige Heroen und Götter in hohen Ehren halten mochten, im übrigen aber mit dem Kampf gegen die Britten und mit der Konsolidierung ihres neuen Reichs vollauf zu thun hatten und sich für die Gauten und Schweden wohl nur mässig interessierten, von der Erzählung einiger Nachzügler ihrer Einwanderung, auch wenn ein begabter Sänger darunter war, einen solchen Eindruck erhalten haben, dass daraus das Beówulfepos hätte entstehen können? — Es kann sich also nur um einen Stamm handeln, von dem ein erheblicher Bruchteil erst nach 530 in Britannien eingewandert ist.

Trifft unsere Annahme zu, und verdienen andrerseits die historischen Überlieferungen der Angelsachsen über die Gründung ihrer Staaten einigen Glauben, so kommen die Westsachsen nicht in Frage, noch weniger die Südsachsen oder gar die Jüten; aber, soweit wir sehen können, auch die Ost- und Mittelsachsen nicht. Es blieben demnach nur die Angeln übrig, und unter diesen scheinen die Nordhumbrier und die Mercier am meisten Anspruch auf die Beówulfsage bzw. das Beówulfepos zu haben.[1]

Über die Einwanderung derjenigen Angeln, welche das Königreich Mercien als jüngstes der englischen Reiche in Britannien begründet haben, sind uns keine Nachrichten überliefert (vgl. Heinrich von Huntingdon Lib. II, zu den Jahren 527. 584, Lappenberg I, 115 f.). Höchst wahrscheinlich aber trifft Müllenhoff (D. A. II, 98 f.) das Richtige, wenn er die Gründung Merciens mit der Übersiedlung des altanglischen Königsgeschlechts in Verbindung bringt, welche er etwa in das Jahr 575 setzt und als den Abschluss der gesamten englischen Einwanderung in Britannien ansieht. Thatsache ist, dass unter den Ahnherren der mercischen Könige in ihrer Geschlechtstafel die Namen des alten Angelnkönigs Offa, seines Vaters Wǣrmund und seines Enkels Eómǣr erscheinen; und die Sagen, welche sich schon vor der Übersiedlung der Angeln an Offa geknüpft haben müssen, auf die einerseits Beów. 1931 ff., andrerseits Wîds. 35 ff. angespielt wird, und die zum Teil später von den Dänen annektiert wurden, erhielten sich, wie die Vitae Offae I und II beweisen, auch in der jüngeren mercischen Überlieferung lebendig. Die erwähnte Stelle im Beówulf aber setzt bei der Zuhörerschaft nicht nur die ge-

[1]) Wenn die Angabe im Appendix zur Chronik des Florenz von Worcester (Monumenta histor. Brit. edd. Petrie und Sharpe S. 636) Glauben verdiente, der zufolge das ostanglische Reich nach dem kentischen, jedoch vor dem westsächsischen gegründet wäre, so würden die Ostangeln gar nicht in Betracht kommen können. Es dürfte jedoch hier eine Verwechslung zwischen den ersten anglischen Ansiedlungen in jener Gegend und der Gründung des Reichs vorliegen, und Ostangeln sich in diesem Betracht ähnlich verhalten wie Mercien; vgl. Florenz, Monumenta S. 637; Heinrich von Huntingdon Lib. II, zu den Jahren 527. 571 (Monumenta S. 712. 714).

naueste Kenntnis der betreffenden Personen und Sagen voraus (Müllenhoff, Zs. XIV, 243), sondern — in der unvermittelten, ja sachlich unmotivierten Art ihrer Einführung — auch ein so warmes Interesse für dieselben, dass wir uns die Stelle schwerlich in einem anderen Reiche als in Mercien entstanden denken können.

Zu Gunsten Nordhumbriens andrerseits spricht, ausser der Kunde von einer frühen Blüte der Kultur und der Poesie in jenen Gebieten, vor allem die grosse Anzahl von Personennamen aus dem Beówulfepos, die Sievers (Beitr. X, 464) in dem Liber Vitae der Kirche von Durham nachgewiesen hat und deren sich noch mehrere andere darin nachweisen lassen.[1] Was ferner die Überlieferung über die Stiftung der nordhumbrischen Reiche berichtet, würde sich recht gut mit der Annahme vertragen, dass die Beówulfsage hier früher als in anderen englischen Staaten Pflege gefunden habe. Die Gründung des Reichs von Bernicien durch Ida i. J. 547 knüpft sich an die letzte grosse Übersiedlung der Angelsachsen, von der wir bestimmtere Kunde haben, und es liesse sich wohl denken, dass die Sage bei jener Gelegenheit nach Britannien gebracht worden wäre.[2]

---

[1] Ausser den von Sievers a. a. O. verzeichneten Namen finden sich noch ein *Wulfgâr* 365, ein *Eedgils (= Eádgils)* 210, ein *Ôslâf* 2, ein *Folcwald* 163, ein *Heremôd* 190 und zwei *Hâma* 210. 349. Ferner kommt *Sigmund* nicht einmal, sondern zweimal (166. 250) und *Herebald*, statt zweimal, nicht weniger als siebenmal vor: 203. 229 f. 240. 273. 313. 371. 382.

[2] Die Gründung von Deira i. J. 559 scheint, wie man schon früher richtig gesehen hat (so Sharon Turner, Hist. of the Anglo-Saxons B. III, ch. 4), nicht auf einer neuen anglischen Einwanderung, sondern auf einer Teilung des Volks zu beruhen, das bei der Gründung von Bernicien thätig gewesen war. Die Annalen (z. J. 547 und 560 bz. 559) reden bei der Thronsbesteigung Idas wie Ælles nicht von Bernicien und Deira, sondern schlechtweg von *Norþanhymbra cynecyn* (Florenz z. J. 547 *regalis Northanhimbrorum prosapia)* und *Norþanhymbra rîce,* und dazu stimmt Nennius (Kap. 66, Monumenta I, 74), dem zufolge zu Idas Zeiten Deira und Bernicien ein einziges Reich bildeten. Deutlich setzt ferner die englische Überlieferung die Gründung Deiras durch Ælle mit dem Tod Idas, dem in Bernicien sein Sohn Adda auf den Thron folgte, in Verbindung.

Es wird sich also darum handeln, zwischen den Ansprüchen Merciens und Nordhumbriens zu entscheiden oder vielmehr beide gegen einander auszugleichen. Nähere Erwägung der in Betracht kommenden Verhältnisse zeigt nämlich, dass allerdings beide Gebiete, wenn auch in verschiedenem Grade und in verschiedener Weise, an der Hervorbringung des Beówulfepos beteiligt sein müssen.

Die Bedingungen, die wir als für die Entwicklung des Epos massgebend uns zu denken haben, sind durchaus eigentümlicher und sehr bestimmter Art. Das Aufkommen des grossen epischen Stils setzt einen gewissen Aufschwung des Nationalbewusstseins bei dem Volk oder doch eine Hebung des Gefolgschaftsbewusstseins im Kreise der Königsdegen, wo er sich bildete, voraus. Zugleich herrscht in den älteren Teilen des Epos, vor allem in A′, eine Verfeinerung und Milde der Sitten, welche auf eine relativ hohe Kulturstufe und daher auf eine gewisse Stabilität der öffentlichen Zustände hindeutet. Hierzu kommt nun das Verhältnis des Epos zum Christentum. Der Beginn des epischen Aufschwungs muss noch in eine Zeit fallen, wo die daran Beteiligten zum grössten Teil Heiden waren. Denn das begeisternde Element in der epischen Sage war damals ausschliesslich ihr mythischer Gehalt, und wenn — wie nicht zu bezweifeln — die christliche Bildung dem Leben des Epos ein frühes Ende bereitet hat (Litteraturgesch. I, 35 f.), so können wir uns schwerlich denken, dass sie dessen Entstehung begünstigt habe. Andrerseits muss der Fortgang der epischen Bewegung bis zum Höhepunkt sich in die christliche Zeit erstreckt haben, da der Kern von A durchaus christlich, wenn auch ganz unkonfessionell ist. Das Christentum, das hier vorausgesetzt wird, muss daher ein tolerantes, sich den nationalen Anschauungen akkommodierendes gewesen sein. Ein fröhlicher Aufschwung des Nationalgefühls, der nationalen Sitte und Kultur, ein mildes Heidentum und ein mildes Christentum — das sind die Bedingungen, unter denen wir uns die alten Teile des Beówulfs einzig entstanden denken können.

Auf Mercien nun treffen diese Bedingungen in ihrer Verbindung nicht zu. Das mercische Heidentum, das in den

Zeiten der beginnenden Machtentfaltung des Staats seinen Hauptvertreter an dem kriegsgewaltigen, unruhigen, rücksichtslosen König Penda fand, hatte einen rauhen, wilden Charakter, und das Christentum, das unter der Regierung dieses Fürsten zuerst blutig verfolgt wurde, dann nur eine ähnliche Duldung genoss wie seiner Zeit unter Julianus Apostata, musste sich, als es nach Pendas Tod (655) zur Herrschaft gelangte, seines Gegensatzes zur alten Volksreligion noch lange mit einiger Bitterkeit bewusst bleiben. Auch der Umstand, dass Mercien an dem ersten Aufblühen der christlichen Wissenschaft in den englischen Reichen so gar keinen Anteil hat, wirft ein hinlänglich klares Licht auf die vorausgegangene Epoche heidnischer Kultur.

Alle Bedingungen finden wir dagegen aufs glücklichste vereinigt, wenn wir die nordhumbrische Geschichte während der ersten Hälfte des siebenten Jahrhunderts ins Auge fassen. Da sind zunächst die Voraussetzungen für einen Aufschwung des Nationalgefühls und des Gefolgschaftsbewusstseins in mehr als genügender Fülle vorhanden. Ich erinnere an die Vereinigung von Bernicien und Deira zu einem nordhumbrischen Reich, eine Verbindung, die, zwar zeitweilig unterbrochen, immer wieder zu Stande kam: zuerst, seit 588, unter Aiđilfriđ von Bernicien, dann, seit 616, unter Eádwini von Deira, seit 635 unter Ôswald, einem jüngeren Sohn Aiđilfriđs, später unter Ôswalds Bruder, Ôswiu, der 642 die Herrschaft über Bernicien antrat, 649 Deira mit Ausnahme eines seinem Neffen Oiđilwald überlassenen Teils unter seine unmittelbare Gewalt brachte. Glückliche Kämpfe gegen die Kelten, wie die von Aiđilfriđ gegen die Scoten siegreich geschlagene Schlacht von Degraston (603) und Ôswalds grosser Sieg über den Brittenkönig Cadwalla (635), erhöhten das Ansehen und die Macht der nordhumbrischen Herrscher. Schon Eádwini ordneten sich die brittischen Reiche, selbst die Inseln Man und Mona, unter; er war der erste nordhumbrische Bretwalda in Britannien, und diese Würde ging nach ihm auf Ôswald, dann auf Ôswiu über. Einzelne Niederlagen, bei denen schliesslich immer Pendas destruktives und intrigierendes Genie, seine rastlose Kampfeslust und sein Kriegsglück im Spiele waren, konnten die emporstrebende nordhumbrische Macht zwar in ihrem Lauf zeitweilig hemmen, jedoch nicht auf die Dauer lahm legen; und diese Macht erreichte ihren Höhepunkt, als Ôswiu und sein Sohn Alhfrid i. J. 655 am Flusse Winwæd über Penda, den Besieger der Westsachsen und Ostangeln, ihrerseits einen entscheidenden Sieg davon trugen in jener blutigen Schlacht, wo der mercische König, sein ostanglischer Bundesgenosse und fast alle seine Heerführer samt einem grossen Teil seines Heeres den Tod fanden.

Auch die Voraussetzungen für ein friedliches Gedeihen der Kultur lassen sich trotz der vielen Kriege, die jenen Zeitraum beunruhigten, in genügendem Masse nachweisen. Eádwini, obwohl er sich die Krone mit dem Schwert erkämpfen musste (616) und sie zugleich mit dem Leben durch das Schwert wieder verlor (633), obwohl er auch i. J. 626 die Westsachsen, deren König Cwichelm einen Meuchelmörder gegen ihn gedungen hatte, mit Krieg überzog und gewaltig züchtigte,[1] macht im ganzen doch den Eindruck eines Friedensfürsten. In dem Glanz seiner Macht und seines weitreichenden Einflusses erinnert er einigermassen an den späteren westsächsischen König Eádgâr. Die Ruhe und Sicherheit sollen in seinem Reich so gross gewesen sein, „dass nach dem angelsächsischen Sprichworte die Frau mit dem Säuglinge von einem Meere zum andern ruhig ziehen konnte. Der König liess eherne Becher neben den von ihm gegrabenen Brunnen an der Heerstrasse aufhängen, und keine Hand als die dankbare des lechzenden Wanderers berührte sie.“ (Lappenberg I, 150.) Unter Eádwini begann auch das Christentum, mit dem Jahre 627, wo der König es selber annahm, in Deira und dann auch in Bernicien sich zu verbreiten. In Bernicien soll Paulinus, während er sich mit König und Königin auf dem königlichen Hof *Adgefrin* (Beda II, 14) befand, sechsunddreissig Tage lang getauft haben. Gleichwohl entstand bis zur Zeit, wo Ôswald auf dem *Hefenfelth* (= *Heofon-*

---

[1] *And hê þâ fôr on West Seaxum mid fyrde, and âfylde þǣr V. ciningas, and þæs folces mycel ofslôh.* Altengl. Annalen, Bodl. Laud. 636, z. J. 626.

feld) das Kreuz aufpflanzte (635), das ihm ein Siegeszeichen wurde, in jenem Reich kein einziges Heiligtum; woraus der wesentlich heidnische Charakter, den Bernicien unter der Regierung des ersten nordhumbrischen Bretwaldas behielt, deutlich genug hervorgeht.[1] In Deira aber, seinem Stammland, errichtete Eádwini zu York, das Paulinus' Bischofssitz wurde, noch i. J. 627 eine dem h. Petrus geweihte hölzerne Kirche, die bald einer aus Stein aufgeführten Basilika Platz machte. Eine zweite, jedoch hölzerne Basilika entstand *in Campodono, ubi tunc etiam villa regia erat* (Beda II, 14); dieselbe wurde nach Eádwinis Tod von den Heiden zerstört. Die heidnische Reaktion, welche damals im Gefolge des Glücks fremder Waffen eintrat, war von kurzer Dauer. Das Christentum erhob sich wieder mit der Macht des nordhumbrischen Königtums. Erhielt es dadurch in gewissem Sinn einen nationalen Charakter, so trat es andrerseits mit einer gewissen Weitherzigkeit, in einer echt humanen Gestalt und ohne die peinliche Pedanterie auf, welche der einheimischen Sitte und Anschauung ohne Not den Krieg erklärt hätte. Es war von grosser Bedeutung, dass die Lehrer, welche unter Ôswalds Regierung Nordhumbrien endgültig dem Christentum gewannen, der irisch-schottischen Kirche angehörten. Wenn die englische Poesie, soviel wir wissen, in Nordhumbrien eine kräftigere Blüte entfaltete als anderswo, so hängt dies mit jener von den schottischen Glaubensboten geübten Schonung der nationalen Eigenart vermutlich ebensogut zusammen wie der dort länger als im übrigen England sich erhaltende Gebrauch der Runen. Ôswald selber war aus dieser Schule hervorgegangen, in Schottland erzogen und getauft, und die religiöse Begeisterung, welche diesen König charakterisiert, verband sich mit einem Wesen voll Kraft zugleich und voller Milde (Lappenberg I, 153).

Irre ich nicht, so befinden wir uns hier in dem Luftkreis, wo das Beówulfepos entstehen konnte. Ich nehme an, dass der Aufschwung des epischen Stils unter Eádwini be-

[1] Beda III, 2; eine Stelle, worauf schon Lappenberg a. a. O. aufmerksam gemacht hat.

gann und unter Ôswald seinen Höhepunkt erreichte. Die beiden ältesten Teile des Beówulfs, das Lied vom Kampf mit dem Drachen und die Dichtung von Beówulfs Reise (A'), werden in Nordhumbrien und in jenen Zeiten entstanden sein. Da aber, wie wir gesehen, beide Dichtungen sich durchaus unabhängig von einander entwickelt haben, da ferner der „Drachenkampf" vermutlich älter ist und nicht wie „Beówulfs Reise" sich frühzeitig über südlichere Gebiete verbreitet zu haben scheint, so liegt die Annahme nahe, dass jener in Bernicien, diese in Deira entstanden sei, und dass der Prozess, dem sie ihre Gestalt verdanken, für jenen bereits in den früheren, für diese erst in den späteren Jahren von Eádwinis Regierung begonnen habe.

Lange über den Tod Ôswalds (642) oder doch über die Mitte des siebenten Jahrhunderts hinaus wird die Blütezeit des nordhumbrischen Epos sich schwerlich erstreckt haben. Schon in Ôswiu, der 664 auf dem Konzil von Whitby sich für die römische Kirche gegen die irische erklärte, nimmt das Christentum der nordhumbrischen Könige eine theologische Färbung an. Zugleich griff der Eifer für christliche Lehre und kirchliche Werke, für Kapellen- und Klosterbau, für Askese und Weltentsagung in immer weiteren Kreisen um sich, in demselben Masse wie die Bekanntschaft mit den Überlieferungen der h. Urkunde und der christlichen Legende sich mehr verbreitete. Unter Ôswiu oder doch unter Ecgfriđ (670—685) sang Cædmon seine Hymnen und biblischen Epen. Unter Aldfriđ (685—705), der selber ein gelehrter Theologe war und anfänglich Bischof hatte werden sollen, entwickelte die christlich nordhumbrische Wissenschaft in Beda ein Licht, dessen Glanz weithin leuchtete.

Es ist nicht wahrscheinlich, dass während der zweiten Hälfte des siebenten Jahrhunderts das Volksepos in Nordhumbrien eine bedeutendere Produktivität entfaltet habe. Um diese Zeit aber hatte die Dichtung von Beówulfs Reise in Mercien bereits Verbreitung gefunden.

Mercien stand nach Pendas Tod drei Jahre lang unter der Botmässigkeit der Nordhumbrier, wenn auch im ersten dieser Jahre die Südmercier sich einer gewissen Selbständigkeit unter Pendas Sohn, Peada, erfreuten, dem Ôswiu das Königtum über jene überlassen hatte. Im J. 658 aber gelang es den drei Ealdormännern Immin, Eofa und Eádberht, die nordhumbrische Herrschaft abzuschütteln, und Pendas jüngerer Sohn Wulfhere kehrte aus der Verbannung auf den Thron seines Vaters zurück. Seiner Regierung fehlte es nicht an Glanz — scheint doch Wulfhere sogar die Würde eines Bretwaldas bekleidet zu haben (Lappenberg I, 171); — vor allem hatte sie einen im ganzen friedlichen Charakter, der freilich gegen den Schluss hin durch eine unglückliche Unternehmung gegen Nordhumbrien getrübt wurde. Ihm folgte (675) sein Bruder Æđelrêd auf den Thron, dessen Herrschaft, im Gegensatz zu der seinigen, nach einem kriegerischen und Unheil verkündenden Anfang einen ruhigen Verkauf gehabt zu haben scheint. Doch wurde diese Ruhe durch ein ungeheures Ereignis, auf das wir noch zurückkommen, die Ermordung der Gattin Æđelrêds (697) gestört. Der König zog sich später von den Regierungsgeschäften zurück, setzte seinen Neffen Cœnrêd, Wulfheres Sohn, zuerst (702) zum Regenten über die Südhumbrier, dann zu seinem Nachfolger in ganz Mercien ein (704) und begab sich in das Kloster Bardeney, dem er bis zu seinem Tode (716) als Abt vorstand.

Durch Ôswius Sieg über Penda (655) war für Mercien, wie schliesslich für ganz Britannien, auch der Sieg des Christentums über das Heidentum entschieden. Die Anhänger der christlichen Lehre, die sich unter Penda zuerst mit grausamer Strenge verfolgt, dann verhöhnt sahen und gleichwohl in der Stille an Zahl zugenommen hatten, durften jetzt das Haupt frei emporheben. Ein Bistum der Mercier und Mittelangeln wurde alsbald eingerichtet, und das christliche Bekenntnis, dem auch Wulfhere sich günstig erwies, machte rasche Fortschritte. Gleichwohl dauerte es lange Zeit, bis die neue Religion die gesamte Bevölkerung des weiten Reichs ergriffen hatte, und man hat sich das mercische Heidentum weit mehr als das nordhumbrische in stetem Kampf mit den Resten des heidnischen Glaubens zu denken. In Mercien gab es weniger Geistliche und weniger Anstalten geistlicher Bildung als in anderen englischen Reichen; hier erblühte keine christliche Wissenschaft und, soweit wir wissen, auch keine christliche Poesie. Um so besser konnte sich die Pflege alter Überlieferungen und der einheimischen Volksdichtung hier erhalten.

Der Beówamythus war den Merciern ohne Zweifel von Haus aus vertraut; früh mag auch die Beówulfsage sich bei ihnen verbreitet haben. Die Dichtung von Beówulfs Reise, in der die epische Darstellung eine so mächtige Entfaltung nahm und als deren Heimat wir Deira vermuteten, wird ihnen schon in Pendas Tagen bekannt geworden sein. Während der kurzen Zeit der nordhumbrischen Fremdherrschaft und in der Folge wurde dieselbe, wie es scheint, unter ihnen geradezu heimisch.

Bei dem Versuch, den Anteil Merciens an dem Beówulfepos zu bestimmen, empfiehlt es sich, von dem nächstliegenden und sichersten auszugehen. Wir bemerkten vorhin (S. 221 f.), dass die Stelle 1931 ff. im Beówulf wohl in Mercien entstanden sein müsse; diese Annahme wird sich uns durch folgende Erwägungen noch bestätigen. S. 116 sagten wir, dass die Einführung der Hygd in V. 1925 ff. keinen anderen Grund zu haben scheine als „das lebhafte Bedürfnis eines Sängers, sich über die Þrŷđo äussern zu können“, dieses Bedürfnis aber sei vermutlich aus dem Umstand hervorgegangen, „dass damals der Name Þrŷđo in Folge zeitgenössischer Ereignisse, die sich an eine Königin ähnlichen Namens knüpften, eine ganz besondere Aktualität hatte.“ Diese Vermutung gewinnt an Wahrscheinlichkeit, wenn wir die beiden Versionen der Þrŷđo-Sage, die nach einander an der Stelle auftreten, in ihrem Verhältnis zu einander berücksichtigen. Wir haben S. 117 gesehen, dass die zweite Version (1945 ff.) nicht von demselben Dichter erwähnt worden sein kann, der nach der ersten berichtet hatte. Aber wenn Müllenhoff irrt, indem er den ganzen Abschnitt 1931—1962 seinem zweiten Interpolator zuschreibt, so hat er andrerseits vollkommen recht, wenn er (in seinen Vorlesungen) die zweite Version für die alte und ursprüngliche erklärt, indem Þrŷđo ursprünglich nichts anderes gewesen sei als der Typus der germanischen Jungfrau. Dies hatte auch Suchier erkannt. Beitr. IV, 510 bemerkt er, dass

„diese (zweite) Fassung, und nicht die zuerst berichtete Variante von der fortgesetzten Wildheit, der echten Sage“ angehöre, und er wirft weiter die Frage auf, „woher denn jene Variante stammen möge.“ Die Antwort sucht er mit Recht in der mercischen Geschichte; im übrigen aber kann ich ihm nicht zustimmen. Er denkt an beginnende Umbildung der Sage von Þrŷđo unter dem Eindruck, der von Cyneþrŷđ, der Gattin Offas II, ausging. Allein die betreffende Stelle in Beówulf wird weder so jung sein, dass Cyneþrŷđ in Betracht kommen könnte, noch nötigt sie uns, eine eigentliche Veränderung der Sage selbst anzunehmen. Fasst man nämlich V. 1931—1944 genauer ins Auge, so ergiebt sich, dass was als jüngere, abweichende Sagenform erscheint, vielleicht nur auf tendenziöser Darstellung der alten Sage beruht; denn ein eigentlicher Widerspruch zwischen beiden Berichten ist nicht vorhanden. Diese Tendenz aber, das böse und abschreckende in Þrŷđos Handlungen einseitig hervorzuheben, über ihre guten Seiten aber hinwegzugehen, könnte sehr wohl unter dem Eindruck derselben Ereignisse entstanden sein, welche dem Namen Þrŷđo damals eine solche Aktualität verliehen.

Nun erfahren wir, worauf oben bereits kurz hingedeutet wurde, dass i. J. 697 Æđelrêds Gattin, die Schwester des nordhumbrischen Königs Ecgfriđ, von dem Adel der Südhumbrier (der nördlichsten Gruppe der Mercier) erschlagen wurde.[1] Es ist sehr möglich, dass die Wirkung dieses Geschehnisses auf Æđelrêd seinen Entschluss, der Krone und der Welt zu entsagen, hervorrief oder doch zeitigte; und der Umstand, dass er damit begann, die Herrschaft über die Südhumbrier seinem Neffen zu überlassen, könnte in diesem Zusammenhang eine gewisse Bedeutung haben. Wie dem sei, das so ungewöhnliche und grauenvolle Verbrechen jener Edlen

[1] Beda V, 24: Anno DCXCVII. *Osthryd regina a suis, id est Merciorum, primatibus interemta.* — Annalen (Cott. Tib. B. IV.) zum selben Jahre: *Hêr Sûđanhymbre ofslôgon Ôstrŷđe, Æđelrêdes cwêne, Ecgferđes swester.* Vgl. in einer, thörichterweise in die Jahre 691—692 gesetzten, Urkunde Æđelrêds (Gray Birch No. 76, Kemble No. 33) Verleihung von Land an Bischof Oftfor betreffend, die Worte: *pro absolutione criminum vel meorum vel conjugis quondam meae Osthrythae.*

setzt auf Seiten der Königin eine entsprechende Schuld voraus; und die Vermutung liegt wohl am nächsten, dass sie sich durch Härte und Grausamkeit verhasst gemacht habe. Da nun die Königin Ôstrŷđ oder genauer Ôsþrŷđ hiess, so mochte von ihr wie von einer zweiten Þrŷđo unter den Merciern geredet werden; was denn die Einschaltung jener Verse 1925—1944 vollkommen begreiflich erscheinen liesse.

Ist unsere Vermutung richtig, so haben wir zugleich einen Fingerzeig zur ungefähren Bestimmung der Entstehungszeit jener Stelle gefunden. Sie dürfte eher nach als vor 697, jedoch nicht viel später und noch im siebenten Jahrhundert gedichtet sein.

Die Stelle bildet nun, wie wir gesehen haben, eine Erweiterung in E. Als den jüngsten Teil des Epos können wir E nicht viel früher als jene Interpolation, nicht lange vor 697 ansetzen.

B, D und E aber gehören innerlich und äusserlich zusammen (S. 122 ff.), und wir werden daher in diesen Partien bzw. Versionen des Epos zunächst Produkte Merciens zu erblicken haben. Hierzu stimmt die genaue Kunde von dänischen Dingen und das Interesse für dieselben, das diese Partien charakterisiert; denn wir dürfen solches Interesse vor allem bei demjenigen englischen Stamm voraussetzen, dessen Ahnen das anglische Kernland in nächster Nachbarschaft der Dänen bewohnten. Die zahlreichen Episoden, welche zumal D und E enthalten, bekunden den mercischen Reichtum an Sagen und Liedern. Unter jenen Episoden wird die den Heađobeardenkampf betreffende auf einheimischer, wenn auch in letzter Instanz den Dänen entlehnter, Dichtung beruhen. Dagegen war das Lied von Finn und Hengest, welches durch den Abschnitt 1068—1159^{b} vorausgesetzt wird, höchst wahrscheinlich aus einem englischen Nachbarreich importiert. Denn aus einer Vergleichung mit dem Finnsburgfragment ergiebt sich für die Beówulfepisode eine Trübung des ursprünglichen Sachverhalts, wonach die Vielheit der gegen Finn verbündeten Stämme nicht mehr hervortritt und die Hôcinge zu Dänen geworden sind. Welchem englischen Stamm aber die Finnsburgdichtung ursprünglich angehörte, wage ich — im Gegensatz zu Möller — nicht zu bestimmen. — Als charakteristisch für die mercische Fassung der Dichtung vom Grendelkampf ist ferner hervorzuheben, dass sie im Verhältnis zur nordhumbrischen Originaldichtung eine minder einheitliche religiöse Anschauung zeigt. Während einerseits in B die *Wyrd* zum Teil noch beinahe persönlich gefasst wird (vgl. 455. 572 f.), tritt andrerseits die Anschauung von einem direkten Eingreifen der göttlichen Vorsehung in die menschlichen Geschicke in B wie in D besonders energisch hervor (oben S. 111 f.). Das ganze Verhältnis entspricht der Vorstellung, die wir uns von dem manche Widersprüche in sich bergenden mercischen Christentum zu machen haben.

Ist nun aber D in Mercien entstanden, so werden wir auch C, als ganzes genommen, gleichfalls für ein Erzeugnis des mercischen Bodens halten müssen. Denn nicht nur wird C von D vorausgesetzt, sondern D geht selbständig auf der von C eingeschlagenen Bahn weiter, indem es wie dieses die ältere Dichtung X benutzt. Der ganze Prozess der Entstehung des zweiten Abenteuers wird uns am leichtesten verständlich, wenn wir annehmen, dass X die mercische Dichtung von Beówulfs Reise war, welche von A′, der nordhumbrischen Dichtung, in der Gunst der mercischen Hörer und Sänger verdrängt wurde, so dass man sie nur mehr zur Erweiterung des ursprünglich nordhumbrischen Epos benutzte. Wenn C als die ältere Gestalt des zweiten Abenteuers zugleich Kenntnis von A′ und X, D als die jüngere nur von C und X voraussetzt, so stimmt dies aufs beste zu unsrer Annahme, wonach C und X so gut wie D mercischen Ursprungs waren, A′ dagegen nordhumbrischer Herkunft. Nun sei beiläufig erwähnt, dass auch C entschiedenes Interesse für dänische Dinge, wenngleich in anderer Weise als D, voraussetzt; man denke nur an die grosse Rolle, welche die Erinnerung an den mythischen Dänenkönig Heremôd in der älteren Version des zweiten Abenteuers spielt.

Das Dasein von X, das uns leider nur in einzelnen Bruchstücken erhalten ist, bezeugt uns, dass die Beówulfepik in Mercien nicht bloss reproduktiv, sondern in einer gewissen Epoche wirklich schöpferisch war. An einer früheren Stelle

(S. 100 f.) haben wir es gewagt, X mit A′ zu vergleichen, und jene Vergleichung wolle man sich jetzt mit Rücksicht auf den Gegensatz zwischen Mercien und Deira in das Gedächtnis rufen. Die Entstehung von X aber haben wir uns so erklärt, dass eine von der deirischen abweichende Überlieferung über den Grendelkampf unter den ersten Einwirkungen der in Deira entstandenen Dichtung A′ die Formen des grossen epischen Stils in selbständiger Ausgestaltung angenommen habe. Jener Vorgang ist wohl noch in die Zeit Pendas und zwar genauer in die Jahre 642—655 zu setzen.

C wird in die durch Wulfheres Regierung bestimmte Epoche, B, D und E in die Regierungszeit Æđelrêds fallen.

Bei der Mannigfaltigkeit im Charakter der mercischen Epik ist übrigens nicht nur an die zeitliche Verschiedenheit, sondern auch an die Mannigfaltigkeit der Stämme und Gebiete zu denken, welche das grosse mercische Reich bildeten. B, D und E sind jedesfalls nicht in demselben Gebiet wie C, und ebenso nicht in derselben Gegend wie X entstanden.

Was A anbelangt, so ist der Kern dieser Dichtung — so gut wie die in C erkennbaren Reste von A′ — ohne Zweifel nordhumbrischen und zwar, wie wir sahen, vermutlich deirischen Ursprungs. Insofern aber A jedesfalls seine Begrenzung auf den bis V. 836 reichenden Teil von A′ erst in Mercien erhalten hat, da diese ja durch die Entstehung von C veranlasst wurde, so wäre es denkbar, dass es in seiner vorliegenden Gestalt gleichfalls die Spuren der Thätigkeit mercischer Sänger an sich trüge. Und dieses scheint auch in der That der Fall zu sein. Eine genaue Sonderung der Erweiterungen in A je nach ihrem nordhumbrischen oder mercischen Ursprung dürfte sich ohne Willkür schwerlich durchführen lassen. An einigen Stellen aber wird man bei solcher Bestimmung kaum irre gehen können. So wird beispielsweise nicht zu bezweifeln sein, dass die Verse 90^b—98, welche uns an den Ton der geistlichen Poesie Nordhumbriens, z. B. an Phönix 393 ff. so lebhaft gemahnen, auch in der ursprünglichen Heimat von „Beówulfs Reise“ gedichtet wurden. Andrerseits können die Verse 175—178, die von jenen durch eine Kluft getrennt sind (vgl. oben S. 20 f.), wohl nur von einem mercischen Sänger herrühren.[1] Ebenso muss auch der Eingang von A den Zusatz über die Genealogie der dänischen Könige in Mercien erhalten haben, da ja B diese Genealogie gleichfalls berücksichtigt und das von der jüngeren Version benutzte alte und noch ganz mythische Scyldlied doch wohl ein mercisches Lied war.

Die nordhumbrische Dichtung von Beówulfs Reise (A′) muss bald nach 655 in Mercien vollkommen heimisch gewesen sein, da nicht viel später C entstanden und A seine gegenwärtige Gestalt im wesentlichen erhalten haben muss. Da wir aber einige, wenn auch nur leise, Spuren einer Rückwirkung der auf A beruhenden jüngeren Version B auf die ältere bemerkt haben, so wird die schriftliche Fixierung von A, die vielleicht zusammenfiel mit der Redaktion, welche diesen Teil mit den Teilen C und F zu einem Ganzen vereinigte, frühestens in die Jahre 680—690 zu setzen sein.

Die ältere Gestalt des bernicischen Drachenlieds (F) ist, wie wir gesehen haben, schlecht überliefert. Gleichwohl tragen die Erweiterungen in F einen viel einheitlicheren und zu der Beschaffenheit des Kerns gleichmässiger stimmenden Charakter, als dies mit den Erweiterungen in A der Fall ist; und Spuren mercischen Einflusses sind, soviel ich sehe, in F mit einiger Sicherheit nicht nachzuweisen. Hieraus folgt, da im übrigen alles uns nach dem Reich der Mitte als der Heimat unserer Beówulfredaktionen hinweist, dass F nicht

[1] Man fühlt sich an Zustände und Stimmungen erinnert, wie sie in einer von Osrîc, König der Hwiccas, einem Unterkönig Æđelrêds von Mercien, am 6. November 676 ausgestellten Urkunde (Gray Birch No. 43, Kemble No. 12) sich abspiegeln: *Cum nobis evangelica et apostolica dogmata post baptismi sacramentum, Deo suffragante, fuissent delata, et omnia simulacrorum figmenta ridiculosa funditus diruta, tum primitus ad augmentum catholicae et orthodoxae fidei pontificalem dumtaxat cathedram erigentes, juxta synodalia decreta construere censuimus. At vero nunc cum gratia superna longe lateque profusius enitesceret, coenobialia etiam loca sparsim virorum, sparsimque virginum Deo famulancium, erigenda statuimus, ut ubi truculentus et nefandus prius draco errorum deceptionibus serviebat, nunc versa vice ecclesiasticus ordo in clero conversantium, domino patrocinante, gaudens tripudiet.*

lange vor dem Zustandekommen der Redaktion ACF in Mercien bekannt geworden sein kann.

In der Version G deutet die erste der beiden Stellen, welche eine Beziehung auf die Grendeldichtung enthalten, also V. 2351[b]—2354[a], auf mercischen Ursprung und auf eine Zeit hin, wo C bereits vorhanden war. Gleicher Herkunft mögen die Stellen sein, wo heidnischer Aberglaube sich geltend macht, wie 3069 ff. Aber die ganze Version können wir uns unmöglich in Mercien entstanden denken, da sie in diesem Fall doch wohl auf F beruhen müsste und sich etwa erst seit 680 entwickelt haben könnte, eine Annahme, die sich mit dem Gesamtcharakter von G durchaus nicht verträgt. Die jüngere Version des Drachenlieds muss daher in ihrem Kerne, wie die ältere, nichtmercischen Ursprungs sein. Entstand nun F seiner Grundlage nach in Bernicien, so könnte G sich in Deira, dem natürlichen Vermittlungsgebiet zwischen dem Nordreich und Mercien, gebildet haben, wobei denn z. B. die Übereinstimmung zwischen Beówulfs Rede 2518 ff. (von der nur die Verse 2526—2528 abzutrennen wären) und A 677 ff. sich auf das einfachste erklären würde. Bei einer nur bruchstückweise erhaltenen Version kann übrigens ein Versuch, ältere und jüngere Teile von einander zu sondern, selbstverständlich nur in Ausnahmefällen auf Erfolg hoffen. Dies aber möge in diesem Zusammenhang noch bemerkt werden, dass von den beiden Versionen F und G nicht gerade die ältere zuerst in Mercien bekannt geworden zu sein braucht.

Die jüngere Redaktion BDEG kann nicht wohl vor dem Anfang des achten Jahrhunderts zu Stande gekommen sein; da die Stelle 1925—1944, welche älter ist als 1945—1962 und als die Redaktion des Ganzen, vermutlich in die letzten Jahre des siebenten Jahrhunderts fällt.

Wir setzen demnach die erste Beówulfredaktion (ACF) um das Jahr 690, die zweite (BDEG) um das Jahr 710 an. Von der Gesamtredaktion, durch welche ACF mit BDEG kontaminiert wurde, lässt sich nicht viel mehr sagen, als dass sie vermutlich noch dem achten Jahrhundert angehört, und in dasselbe Jahrhundert fallen schliesslich wohl auch die Zusätze des letzten nennenswerten Interpolators.

Da der uns vorliegende Beówulftext auf mercischer Redaktion beruht, giebt er uns von den späteren Schicksalen des Epos in Nordhumbrien keine Kunde. Es ist jedoch wahrscheinlich, dass Mercien von dem nördlichen Nachbarreich nicht nur empfing, sondern ihm auch gab. Auch anderen benachbarten Reichen wird es das Epos, als dies noch im Munde der Sänger lebte, vermittelt haben. So ist anzunehmen, dass die Mercien eigentümliche Form der Grendeldichtung (X), beziehungsweise die ihr zu Grunde liegende Sage auch in Ostanglen bekannt war. Zwischen dem Inhalt von X, wie wir ihn auf Grund der erhaltenen Bruchstücke uns zu denken haben (oben S. 97), und den nordischen Sagen von Grettir und von Ormr Stórólfsson (Bugge, Beitr. XII, 58 ff.) findet nämlich eine merkwürdige Übereinstimmung statt. Da aber Ostanglen früher als andere englische Reiche in dauernden Besitz der Dänen gelangte (Lappenberg I, 307), so konnte die Sage hier am leichtesten den Weg von der englischen in die skandinavische Überlieferung finden.

VIERZEHNTES KAPITEL.

DIE BEOWULFHANDSCHRIFT UND IHRE VORSTUFEN.

Der Vollständigkeit halber versuchen wir die Schicksale des Beówulftextes jetzt noch weiter herunter zu verfolgen. Wir verfügen nunmehr über die „bestimmten Voraussetzungen“ (S. 212), die uns in Verbindung mit Erwägungen allgemein historischer Art vielleicht dazu befähigen werden, die etwas zweideutige Antwort, welche die überlieferte Lautform des Beówulfs uns auf die Frage nach dessen Geschichte giebt, richtig zu interpretieren. An erster Stelle aber ist ein Wort von der Handschrift zu sagen.

Die Beówulfhandschrift wird hergebrachtermassen in das zehnte Jahrhundert gesetzt. Merkwürdigerweise sprechen die Gelehrten, die sie in neuerer Zeit kollationiert oder in buchstäblichem bzw. gar in photographischem Abdruck herausgegeben haben (Kölbing, Wülker, Holder, Zupitza), sich in ihren betreffenden Publikationen über das Alter der Handschrift gar nicht aus. Nur beiläufig bemerkt Wülker in seinem Grundriss (S. 307), sie sei, „wohl in den Anfang des zehnten Jahrhunderts zu setzen“. Dieses halte ich für irrig. Die Schriftzüge nicht nur der zweiten, V. 1939[b] mit dem Wort *môste* beginnenden, sondern ebenso der ersten Hand scheinen eher der zweiten Hälfte als dem Anfang des zehnten Jahrhunderts anzugehören. Dazu kommt folgender Umstand. Wie Sievers (Zs. XV, 457) mitteilt, ist die im Codex auf den

Beówulf folgende Judith von derselben Hand wie die zweite Hälfte jenes Epos geschrieben. Nun hat aber neuere Forschung (E. Groth, Komposition und Alter der ae. Exodus S. 35 ff.; Kluge, Beiträge IX, 447 f.) es sehr wahrscheinlich gemacht, dass die Judith — trotz ihrer poetischen Vorzüge — in die Zeit der Nachblüte der geistlichen Epik und zwar in das zehnte Jahrhundert zu setzen sei. Ja, die von Kluge urgierte, „zeitlich nahe Zusammengehörigkeit" von Judith und Byrhtnôđ lässt an die zweite Hälfte dieses Jahrhunderts denken. Dass zwischen der Thätigkeit der beiden Hände am Beówulf ein längerer Zeitraum verflossen sei, ist nicht anzunehmen. Wir werden demnach die Beówulfhandschrift als Ganzes genommen frühestens in die zweite Hälfte des zehnten Jahrhunderts zu setzen haben.

Der Umstand, dass die zweite Hand des Beówulfmanuskripts zugleich die Judith geschrieben hat, lässt sich noch weiter verwerten. Bekanntlich weicht der zweite Beówulfschreiber in seiner Orthographie vielfach vom ersten Schreiber ab (vgl. Hornburg, Die Komposition des Beówulf S. 29 f.). Insbesondere setzt er häufig *ió*, wo sein Vorgänger konsequent *eó* schreibt. Vgl. z. B. beim ersten Schreiber *beódan* 385, *gebeódan* 603, beim zweiten zwar auch *gebeódan* 3110, aber *biódan* 2892; beim ersten: *beó* Imp. 386. 1173, 1 Sg. Präs. Ind. 1825, *beóđ* 1838, beim zweiten: *bió* 2747, *bióđ* 2063; beim ersten: *beóre* 480. 531, *beórsele* 482. 492. 1094, beim zweiten: *beóre* 2041, aber *biórsele* 2635; und ähnliche Beispiele liessen sich in grosser Menge anführen. Manchmal setzt die zweite Hand auch *io* statt *eo* wie *hiorodryncum* 2358, *hiorosercean* 2539.[1] Von Eigennamen seien Formen wie *Bió-wulf* neben *Beówulf*, *Ecgþióes* = *Ecgþeowes*; *Iofor* = *Eofor*, *Hiorote, Hiorte* = *Heorote* beispielsweise erwähnt.

Sind nun diese *ió* und *io* vom zweiten Schreiber in den Text eingeführt? Hornburg nimmt dies ohne weiteres an und

---

[1] Als diakritisches Zeichen nach einem Palatal und vor *o* findet sich *i* statt *e* gelegentlich auch im ersten Teil, wie in *giogođ* 1189; ungleich häufiger jedoch im zweiten. Ein Fall wie *friođuwǽre* 1096 beweist natürlich nichts, da hier *i* und nicht *e* zu Grunde liegt.

erlaubt sich, aus dieser Annahme alsbald recht kühne Folgerungen zu ziehen. Aber ist nicht das Fragment der Judith zur Vergleichung da? Haben wir nicht allen Grund anzunehmen, dass eine etwaige Vorliebe des betreffenden Schreibers für *eó* und *io* sich ebenso in seiner Abschrift der Judith wie in der des Beówulfs verraten würde? In der Judith aber finden wir ohne Ausnahme stets *eó* und *eo* geschrieben. Wie also ist dies zu erklären? Wenn man nicht zu künstlichen oder abenteuerlichen Annahmen greifen will, so giebt es nur éine befriedigende Erklärung. Der zweite Schreiber des Beówulfs hat sich treuer an seine Vorlage gehalten als der erste; er hat die *ió* und *io* in seiner Vorlage bereits gefunden und, sofern er geändert hat, vermutlich eher *eó* statt *ió* als umgekehrt gesetzt.

Gelegentlicher Gebrauch vou *ió* statt *eó* ist kein sicheres dialektisches Merkmal. Die Sprache, in der das Beówulfepos uns vorliegt, hat im ganzen westsächsische Färbung, und in westsächsischen Handschriften ist *ió* neben *eó* häufig. Es fragt sich jedoch, in wiefern man einunddemselben Schreiber, sofern nicht Widerstreit zwischen dem Dialekt seiner Vorlage und seiner eigenen Mundart Schwanken hervorrief, den Gebrauch beider Formen des Diphthongs durch einander zutrauen darf. Offenbar eher in verschiedenen Worten als in demselben Wort; am wenigsten aber wohl in einunddemselben Eigennamen, wenn er sich auf einunddieselbe Person bezog. Dass ein Schreiber, dem beispielsweise *Beówulf* die mundgerechte Form für den Namen des epischen Helden war, ihn gleichwohl ausnahmsweise *Biówulf* geschrieben haben könne, ist bereitwilligst zuzugeben; ein fortgesetztes Schwanken zwischen beiden Formen aber wäre m. E. nicht wohl denkbar. Wenn nun im zweiten Teil des Beówulfs ein solches Schwanken herrscht, so ist anzunehmen, dass die zahlreichen *eó* von anderer Hand herrühren als die zahlreichen *ió*. Dem Schreiber, der die *Biówulf*formen und ähnliches in den Text einführte, wird *ió* statt *eó* die normale Gestalt des Diphthongs gewesen sein. War dies aber der Fall, so liegt die Annahme nahe, dass es ein kentischer Schreiber gewesen sei. Finden sich nun noch andere Spuren der kentischen

Mundart im Beówulf? Allerdings, jedoch nicht sehr zahlreiche, und bei dem jetzigen Stand der Dialektforschung vermag eigentlich nur die Masse derartiger Spuren in einem altenglischen Text zu einem sicheren Resultat zu führen. Die Cantianismen im Beówulf sind von der Art, dass sie zum Teil auch Anglismen sein können; das bedenklichste an der Sache aber ist, dass sie beinahe alle von der Art sind, wie sie vereinzelt auch in eigentlich westsächsischen Texten vorkommen. Gleichwohl sei hier hingewiesen auf *e*, *ê* statt *ea*, *eâ* nach Palatalen in *scel* 455. 2804. 3010, *beget* 2872, *ofgêfan* 2846; *e* als *i*-Umlaut von *a* 1) vor *l*- in *eldo* 2111, *eldum* 2214. 2611, 2) vor *r*- in *under* statt *underne* 2911 (wests. *undyrne*, 3) nach *g* in *fêđegestum* 1976 (sonst im Beówulf häufig *gæst*, einmal die altwests. Form *giest* — *gryregieste* 2560 —, häufig die jüngeren wests. Formen *gyst* und *gist*); *e* als *i*-Umlaut von *eá* in *lêg* 3115, *lêge* 2549, *lêgdraca* 3040, *þreánêdlan* 2224; Konsonantierung des Anlauts im Diphthong *eó* in *geômor* statt *Eómor* 1960, usw.

Erwägt man, dass die angeführten Formen — mit einer einzigen unerheblichen Ausnahme — sich alle nur in dem zweiten Teil des Beówulfs finden, wo auch die zahlreichen *ió* statt *eó* vorkommen, so wird man der Annahme, dass die Cottonhandschrift auf ein kentisches Manuskript zurückgehe, eine gewisse Wahrscheinlichkeit nicht absprechen können. Dieselbe Annahme aber wird uns auch durch andere Gründe nahe gelegt. Bekanntlich verlor das kentische Reich, nachdem es schon früher starken Einfluss seitens Merciens erfahren, i. J. 774 und noch entschiedener i. J. 796 dauernd seine Selbständigkeit und stand fortan bald unter mercischer, bald unter westsächsischer Herrschaft, bis letztere sich auf immer befestigte. Mit seiner alten Kultur war Kent daher vorzugsweise geeignet, zwischen Mercien und Westsachsen die litterarische Vermittlung zu übernehmen, und wir dürfen nicht zweifeln, dass es dies in sehr vielen Fällen wirklich gethan hat.

Nehmen wir nun für den Beówulf eine kentische Handschrift als Quelle des Cottonmanuskripts an, so erscheinen die Cantianismen im ersten Teil des letzteren so gut wie vollständig getilgt, während im zweiten Teil sich ihrer immerhin nur wenige finden. Es ist daher wahrscheinlich, dass das kentische Manuskript nicht die unmittelbare Vorlage der Cottonhandschrift bildete, sondern dass letztere zunächst auf einer älteren westsächsischen Handschrift beruhte, deren Sprache nicht sehr verschieden war von der in der zweiten Hälfte des Cottonmanuskripts herrschenden, jedoch wohl etwas mehr Cantianismen enthielt als diese.

Die Urhandschrift unseres Beówulfs war aber jedesfalls wohl eine mercische. Folgende Spuren anglischer Mundart scheinen sich über kentische und westsächsische Zwischenstufen hinweg in die Cottonhandschrift hinübergerettet zu haben: *æ* als *i*-Umlaut von *a* vor *l*- in *wælm* 2546, *wælmes* 2135, *cearwælmum* 2066, *sæld* 1280; *ê* statt *eá* vor *h, g, c* in *âlêh* 80, *nêh* 2411, *þêh* 1613. 2967, *bêg* 3164, *bêcn* 3161, *êc* 3131. Freilich kommt derartiges wiederum auch in westsächsischen Texten vor, und im Spätwestsächsischen ist *ê* statt *eá* vor Palatalen sogar das gewöhnliche (Sievers, Gramm.[2] § 101, 2). Sollten aber jene Formen im Beówulf auf westsächsischen oder gar spätwestsächsischen Einfluss zurückzuführen sein, so müssten ihrer in dem vom ersten Schreiber herrührenden Teil der Cottonhandschrift mehr vorkommen als in dem zweiten; während das gerade umgekehrte der Fall ist. So werden wir denn wohl auch die Formen *sǽgon* 1423, *gesêgon* 3129, *gesêgan* 3039 (neben dem gewöhnlichen *-sâwon*) mit der anglischen Herkunft des Beówulftextes in Verbindung zu bringen haben; und bezeichnend ist wiederum, dass das anglisch-kentische *ê* von dem zweiten Cottonschreiber respektiert, von dem ersten in *ǽ* verwandelt wurde.

Man möge von den in diesem Kapitel angestellten Untersuchungen halten was man wolle, folgender Behauptung wird man doch wohl zustimmen müssen: die überlieferte Lautform des Beówulftextes erklärt sich auf die befriedigendste Weise unter eben jener Annahme, die wir als a priori wahrscheinlich nachgewiesen haben.

FÜNFZEHNTES KAPITEL.

ERGEBNISSE.

Es mag nützlich sein, die Hauptresultate unsrer Untersuchungen zum Schluss übersichtlich zusammenzufassen und so der Anschauung näher zu bringen. Den Vorwurf, den ich ohnehin befürchten muss, dass ich nämlich in meinen Annahmen und Vermutungen zu sehr ins einzelne gehe und grössere Bestimmtheit erstrebe, als bei der Dürftigkeit des Materials zu erreichen sei, werde ich so vollends herausfordern. Ich bin jedoch der Überzeugung, dass der Wissenschaft mit allgemeinen Phrasen gar nicht gedient ist, und dass nur solche Hypothesen ihr förderlich sein können, welche sich mit hinlänglicher Klarheit und Bestimmtheit hinstellen lassen, um im einzelnen wie im ganzen sei es Bestätigung, sei es Widerlegung zu ermöglichen. Unter diesem Gesichtspunkt wolle man auch die folgende Zusammenstellung beurteilen.

Aus dem Beówamythus, den die Westsachsen damals bereits nach Britannien verpflanzt hatten, bildete sich, zunächst noch in der alten Heimat der englischen Stämme, unter dem Einfluss geschichtlicher Ereignisse die Beówulfsage. Sie entwickelte sich etwa im zweiten Viertel des sechsten Jahrhunderts, vermutlich bei dem Teil der Angeln, der i. J. 547 in Britannien das Reich Bernicien, 559 Deira gründete.

Von den drei grossen Abenteuern, welche von dem mythischen Heros auf den Helden der Sage übertragen wurden: dem Wettschwimmen mit Breca, dem Kampf mit

Grendel, dem Kampf mit dem Drachen, bildete das erste gewiss schon vor der Übersiedlung dieser Angeln einen Bestandteil der Beówulfsage, das dritte wurde dazu wahrscheinlich erst nach der Übersiedlung.

Die Sage lebte vorzugsweise in Liedern, welche mitunter längere Zeit hindurch sich nur wenig veränderten, zu gewissen Epochen aber eine ganz neue Gestalt gewannen.

Im ersten Viertel des siebenten Jahrhunderts nahm die epische Kunst in Bernicien einen mächtigen Aufschwung, der — soviel wir wissen — dem jüngsten, das Volksbewusstsein am meisten beschäftigenden Teil der Sage zu gute kam. Die Dichtung von Beówulfs Kampf mit dem Drachen, wie sie sich damals bildete, stellte das Ende eines reichen und edlen Heldenlebens in erschütternder und zugleich erhebender Weise dar. Nach Inhalt und Umfang, im ganzen auch ihrer Anlage nach entsprach diese Dichtung noch der Vorstellung, die man sich von einem epischen Einzellied macht; in ihrer Darstellungsweise aber näherte sie sich bereits den Proportionen des Epos.

Inzwischen lebte die Beówulfsage seit der Gründung von Deira in diesem Reiche ein selbständiges Dasein. In Deira wurde vorzugsweise der Teil der Sage beliebt, der Beówulfs Reise nach Heorot und die Säuberung dieser Halle durch den siegreichen Kampf mit Grendel betraf. Der Anstoss zur reicheren Entfaltung des epischen Stils pflanzte sich von Bernicien nach dem engverbundenen südlichen Nachbarreich fort und fand hier noch günstigere Bedingungen vor als in jenem. So entwickelte sich seit etwa 625 die Dichtung von Beówulfs Reise zu einer Vollendung, welche für uns den Höhepunkt der altenglischen Epik bezeichnet. Die Erzählung gestaltet sich zu einem breit und gleichmässig dahinfliessenden Strom,[1] der uns nur auf Umwegen dem Ziel entgegenführt, aber eben dadurch uns die Landschaft, welche er erschliesst, erst in ihrem vollen Reiz kennen lehrt. Die epische Darstellung nimmt ein volleres Bild der den Sänger um-

[1] Dasselbe, freilich fast unvermeidliche, Bild gebraucht, wie ich sehe, auch Rönning S. 173.

gebenden Welt in sich auf und lässt zugleich einen reicheren Zusammenhang der Sagenwelt, in die sie uns einführt, ahnen, indem sie auf ungesuchte und doch überraschende Weise uns Ausblicke in einen tieferen Hintergrund gestattet. In die Haupthandlung ist ein anderer Teil der Beówulfsage, das Wettschwimmen mit Breca, auf kunstvolle Weise episodisch eingefügt, und die ganze Anlage der Dichtung dient schliesslich nur dem Zweck, die Grösse des Helden dem Hörer Zug für Zug in wirkungsvoller Steigerung zum Bewusstsein zu bringen. Die Dichtung beschränkt sich nicht darauf, Beówulfs Reise, Kampf und Sieg darzustellen, sondern erzählt auch von der Anerkennung und Belohnung, die ihm zu Teil wurde, und lässt ihn schliesslich wieder den Weg in die Heimat antreten. Hiermit war die Gelegenheit zu unbegrenzter Erweiterung gegeben, wie die ganze Anlage der Dichtung den Keim zu einer reichen Entwicklung in sich schloss

Die Folgen der Christianisierung von Deira, welche gleich nach dem Aufschwung des epischen Stils einen Anfang nahm, gestatteten diesem Keim nicht, sich wie man hätte hoffen dürfen zu entfalten. Das Interesse, welches theologische Fragen, die biblische Geschichte und die Legende, kirchliche Wissenschaft und geistliche Poesie während der zweiten Hälfte des siebenten Jahrhunderts in Anspruch nahmen, zerstörten in Deira wie in Bernicien jene Einheit, Unbefangenheit und Intensität des epischen Geistes, welche zu einer grossartigen Ausbildung des Beówulfepos im Sinne der gelegten Grundlage erforderlich gewesen wäre.

Schon vor der Mitte des siebenten Jahrhunderts aber war die südnordhumbrische Dichtung von Beówulfs Reise in Mercien bekannt geworden und hatte hier in einer noch vorwiegend heidnischen, unruhigen, kriegerischen Epoche ein höheres Leben der Epik angeregt. Hier war von Beówulfs Thaten am dänischen Königssitz eine von der deirischen abweichende Überlieferung verbreitet, die vermutlich auf selbständiger Verbindung des alten Mythus und der nordhumbrischen Heldensage[1] beruhte und Beówulf den Meerriesen

[1] Hiermit soll nicht behauptet werden, dass die mercischen

Grendel zugleich mit dessen Mutter auf dem Seegrunde bekämpfen liess. Die dichterische Darstellung dieser Sagenform schlug jetzt einen volleren epischen Ton an und gewann eine Gestalt, die – soweit die erhaltenen Reste uns ein Urteil gestatten – dem südnordhumbrischen Epos nicht unebenbürtig, doch das Gepräge grösserer Leidenschaftlichkeit und einen von Stimmungen stärker beeinflussten Charakter an sich trug.

Als nun aber seit d. J. 655 die deirische Beówulfdichtung in Mercien immer häufiger gesagt und gesungen wurde, gewann sie noch grössere Beliebtheit als die einheimische und begann diese zu verdrängen. Dabei wurde sie nicht nur nach und nach um allerlei kleine Zusätze vermehrt, sondern erfuhr eine bedeutende Erweiterung dadurch, dass man dem Kampf mit Grendel in Heorot den Kampf mit Grendels Mutter auf dem Seegrunde als zweites Abenteuer folgen liess und dabei die einheimische Dichtung in erheblichem Umfang verwertete.

Von beiden Abenteuern bildeten sich während des letzten Viertels des siebenten Jahrhunderts im Munde mercischer Sänger jüngere, im einzelnen vielfach abweichende Darstellungen aus, welche einerseits von der Erstarkung des mercischen Christentums Zeugnis ablegen, andrerseits die Nachwirkung heidnischer Vorstellungen manchmal in überraschender Weise durchscheinen lassen, im ganzen aber ein grosses Interesse für das Dänenreich sowie das Bestreben verraten, den epischen Vortrag durch episodische Einschaltung eines mannigfachen Sagen- und Liedermaterials immer mehr zu erweitern. Das Bedürfnis nach Abwechslung rief dann noch eine neue Behandlung des Stoffs von Beówulfs Reise hervor, in Gestalt einer kurzgefassten Erzählung, die dem Helden selber nach seiner Rückkehr in die Heimat in den Mund gelegt wird.

Indessen hatte auch das bernicische Lied vom Drachenkampf in zwei Versionen, einer wesentlich bernicischen und

---

Angeln diese Sage erst in Britannien kennen lernten. Wohl aber darf man es als wahrscheinlich bezeichnen, dass die Beówulfsage von dem Stamm, der sich nördlich vom Humber ansiedelte, auf die übrigen englischen Stämme überging, bzw. unter diesen selbständige Sagenformen hervorrief.

einer jüngeren, in Deira entstandenen, in Mercien Eingang gefunden.

Die erstere dieser Versionen wurde bald nach ihrem Bekanntwerden, um das Jahr 690, mit den älteren Gestaltungen der beiden Abenteuer von Beówulfs Reise lose verknüpft und so schriftlich aufgezeichnet.

Die andere lebte einige Zeit im mündlichen Vortrag weiter und wurde um einige Zusätze vermehrt, bis sie gegen das Jahr 710 mit den jüngeren Versionen der beiden Reiseabenteuer und der diese in knappe Erzählungsform zusammenfassenden jüngsten Partie des Epos zu einer Art Ganzes verbunden und gleichfalls niedergeschrieben wurde.

Im weiteren Verlauf des achten Jahrhunderts fand sich ein Redaktor, der beide Aufzeichnungen zu einem grösseren Ganzen in einander verwob, indem er die ältere Aufzeichnung seinem Text zu Grunde legte, die jüngere daneben soviel wie möglich ausbeutete, sich jedoch der eigenen Zusätze enthielt. Bald darauf aber stellte sich ein Interpolator ein, der den Text um einige theologische Abschweifungen, teils erbaulichen, teils dämonogenealogischen Inhalts, bereicherte.

Eine Abschrift der so vermehrten Gesamtredaktion gelangte, wie es scheint, nach Kent, um hier — etwa im Verlauf des neunten Jahrhunderts — von neuem abgeschrieben zu werden. Diese kentische Beówulfhandschrift bildete dann vermutlich die Vorlage westsächsischer Schreiber und so mittelbar auch der in der zweiten Hälfte des zehnten Jahrhunderts thätigen beiden Schreiber des Cottonmanuskripts.

Wie für die Ausbildung der Beówulfsage der Umstand von höchster Bedeutung war, dass sie in die Epoche der englischen Übersiedlung fiel, so ist die Ausbildung des Epos von Beówulf in hervorragendem Masse dadurch bestimmt worden, dass sie in dem durch die Christianisierung der englischen Stämme gekennzeichneten Zeitraum vor sich ging. Diejenigen Reiche aber, welche an der Entwicklung des Epos vorzugsweise beteiligt waren, die nordhumbrischen und das mercische, sind zugleich diejenigen, welche vom Anfang des siebenten Jahrhunderts bis zur Begründung der westsächsischen Hegemonie den Verlauf der englischen Geschichte hauptsächlich bestimmt haben. Die handschriftliche Geschichte des Beówulfs endlich erinnert uns daran, dass Westsachsen die anglischen Reiche nicht nur in ihrer Machtstellung beerbte, sondern, unter Vermittlung Kents, zum Teil auch in ihrer Kultur.

NACHTRÄGE UND BERICHTIGUNGEN.

Mit der Korrektur der letzten Druckbogen dieses Buchs beschäftigt, gelange ich in Besitz der soeben erschienenen Schrift von G. Sarrazin: Beówulf-Studien, ein Beitrag zur Geschichte altgermanischer Sage und Dichtung, Berlin 1888. Nach oberflächlicher Kenntnisnahme von ihrem Inhalt verzichte ich für diesmal darauf, mich mit dem Verfasser, dessen frühere Beówulfarbeiten ich, soweit das erforderlich schien, in meinem elften Kapitel berücksichtigt habe, des weiteren auseinanderzusetzen. Ziele, Methode und Resultate seiner „Studien" weichen von denen meiner „Untersuchungen" dergestalt ab, dass eine Verständigung zwischen uns, wenn überhaupt, jedesfalls nur von der ausgleichenden Wirkung der Zeit zu erhoffen sein wird. So tiefgehender Verschiedenheit im ganzen gegenüber ist es mir aber doppelt erfreulich, im einzelnen die Übereinstimmung konstatieren zu können, welche in betreff der Gautenfrage zwischen Sarrazin und mir obwaltet. Doch vermag ich auch hier die Gründe, die ihn an der älteren, auch von mir geteilten Ansicht festhalten lassen, nicht alle zu billigen.

Früher als Sarrazins Untersuchungen, jedoch gleichfalls erst nachdem der grössere Teil meiner Schrift bereits fertig gedruckt war, erschien die, von Adolf Socin besorgte, fünfte Auflage von Heynes Beówulfausgabe. Soweit ich die Sache bis jetzt übersehe, bietet die neue Edition mir zu nachträglichen Änderungen oder Zusätzen keinen Anlass.

Dagegen sei diese Gelegenheit dazu benutzt, einige bei der Korrektur übersehene Druckfehler und sonstige kleine Versehen in meinem Buch zu berichtigen. S. 38, Z. 1 v. o. statt 574—578, lies: 574—577. S. 40, letzte Zeile, statt „die alten Verse 812 ff.", lies: „die alten Verse 813 ff." S. 43, Z. 6 v. o. statt „die möglichst genau", lies: „der möglichst genau." S. 59, Z. 6 v. o. und S. 60, Z. 13 v. u. statt „Scyldingen" lies: „Scyldinge." S. 61, Z. 11 v. o. ändere „Ahnlichkeit in „Ähnlichkeit." S. 75, Z 2 v. o. statt „Heoróte" lies: „Heorote." S. 159, Z 1 v. o. ist hinter „zurück" ein Komma ausgefallen.

Ende März 1888.

B. t. B.